Organizadora: Editora Moderna
Obra coletiva concebida, desenvolvida e produzida pela Editora Moderna.

Editor Executivo:
Cesar Brumini Dellore

5ª edição

© Editora Moderna, 2018

Elaboração de originais:

Ana Lúcia Barreto de Lucena
Bacharel em Ciências Sociais pela Universidade Federal de Minas Gerais. Editora.

André dos Santos Araújo
Licenciado em Geografia pela Universidade Cruzeiro do Sul. Editor.

Andrea de Marco Leite de Barros
Mestre em Ciências pela Universidade de São Paulo, área de concentração: Geografia Humana. Editora.

Carlos Vinicius Xavier
Mestre em Ciências pela Universidade de São Paulo, área de concentração: Geografia Humana. Editor.

Cesar Brumini Dellore
Bacharel em Geografia pela Universidade de São Paulo. Editor.

Cintia Fontes
Mestra em Educação pela Universidade de São Paulo, área de concentração: Educação, opção: Ensino de Ciências e Matemática. Licenciada em Geografia pela Universidade de São Paulo. Professora em escolas particulares de São Paulo.

Fernando Carlo Vedovate
Mestre em Ciências pela Universidade de São Paulo, área de concentração: Geografia Humana. Editor e professor da rede pública de ensino e de escolas particulares de São Paulo.

Jonatas Mendonça dos Santos
Mestre em Ciências pela Universidade de São Paulo, área de concentração: Geografia Humana. Professor de escolas particulares de São Paulo.

Maíra Fernandes
Mestre em Arquitetura e Urbanismo pela Universidade de São Paulo, área de concentração: Planejamento Urbano e Regional. Bacharel e licenciada em Geografia pela Universidade de São Paulo. Professora em escolas particulares de São Paulo.

Marina Silveira Lopes
Mestre em Ciências da Religião, área de concentração: Religião e Campo Simbólico. Bacharel em Geografia pela Pontifícia Universidade Católica de São Paulo. Professora de Geografia Humana do Brasil e Antropologia Cultural das Faculdades do Vale do Juruena.

Silvia Ricardo
Doutora em Ciências pela Universidade de São Paulo, área de concentração: História Econômica. Editora.

Coordenação editorial: Cesar Brumini Dellore
Edição de texto: André dos Santos Araújo, Andrea de Marco Leite de Barros, Carlos Vinicius Xavier, Maria Carolina Aguilera Maccagnini, Silvia Ricardo
Assistência editorial: Mirna Acras Abed Moraes Imperatore
Gerência de *design* e produção gráfica: Sandra Botelho de Carvalho Homma
Coordenação de produção: Everson de Paula, Patricia Costa
Suporte administrativo editorial: Maria de Lourdes Rodrigues
Coordenação de *design* e projetos visuais: Marta Cerqueira Leite
Projeto gráfico e capa: Daniel Messias, Otávio dos Santos
Pesquisa iconográfica para capa: Daniel Messias, Otávio dos Santos, Bruno Tonel
Foto: Andrey Armyagov/Shutterstock
Coordenação de arte: Carolina de Oliveira
Edição de arte: Enriqueta Monica Meyer
Editoração eletrônica: Casa de Ideias
Edição de infografia: Luiz Iria, Priscilla Boffo, Giselle Hirata
Coordenação de revisão: Elaine C. del Nero, Maristela S. Carrasco
Revisão: Fernanda Guerriero, Palavra Nova, Renata Palermo, Renato da Rocha Carlos
Coordenação de pesquisa iconográfica: Luciano Baneza Gabarron
Pesquisa iconográfica: Camila Soufer
Coordenação de *bureau*: Rubens M. Rodrigues
Tratamento de imagens: Fernando Bertolo, Joel Aparecido, Luiz Carlos Costa, Marina M. Buzzinaro
Pré-impressão: Alexandre Petreca, Everton L. de Oliveira, Marcio H. Kamoto, Vitória Sousa
Coordenação de produção industrial: Wendell Monteiro
Impressão e acabamento: HRosa Gráfica e Editora
Lote: 781655
Cod: 12112226

Dados Internacionais de Catalogação na Publicação (CIP)
(Câmara Brasileira do Livro, SP, Brasil)

Araribá plus : geografia / organizadora Editora Moderna ; obra coletiva concebida, desenvolvida e produzida pela Editora Moderna ; editor executivo Cesar Brumini Dellore. – 5. ed. – São Paulo : Moderna, 2018.

Obra em 4 v. para alunos do 6º ao 9º ano.
Bibliografia.

11. Geografia (Ensino fundamental) I. Dellore, Cesar Brumini.

18-16964   CDD-372.891

Índices para catálogo sistemático:
1. Geografia : Ensino fundamental 372.891
Maria Alice Ferreira - Bibliotecária - CRB-8/7964

ISBN 978-85-16-11222-6 (LA)
ISBN 978-85-16-11223-3 (LP)

Reprodução proibida. Art. 184 do Código Penal e Lei 9.610 de 19 de fevereiro de 1998.
Todos os direitos reservados
EDITORA MODERNA LTDA.
Rua Padre Adelino, 758 – Belenzinho
São Paulo – SP – Brasil – CEP 03303-904
Vendas e Atendimento: Tel. (0_ _11) 2602-5510
Fax (0_ _11) 2790-1501
www.moderna.com.br
2023
Impresso no Brasil

1 3 5 7 9 10 8 6 4 2

Imagem de capa
Satélite em órbita do planeta Terra: o aumento do fluxo de informações conecta lugares e modifica as relações culturais e econômicas em escala global.

APRESENTAÇÃO

A Terra abriga múltiplas relações e, por isso, pode ser vista por meio de diferentes lentes – a Geografia é uma delas. Ao estudar com os livros da coleção **Araribá Plus Geografia**, você vai exercitar a interpretação do mundo com base no olhar geográfico, isto é, pela maneira como materializamos no espaço nossos projetos e nossas necessidades.

A todo momento, os seres humanos se relacionam entre si e com o meio em que vivem, construindo novas paisagens e novas relações sociais. Ao longo do estudo, você vai conhecer as características de alguns continentes, como seu território, sua população e sua economia, e perceber que em todos eles existem problemas parecidos com os que enfrentamos no Brasil. Também vai conhecer a diversidade de povos e culturas e entender como as diferenças podem ser o ponto de partida para melhorarmos o mundo em que vivemos.

Com o professor, você e seus colegas vão realizar um trabalho colaborativo em que a opinião de todos será muito importante na construção do conhecimento. Para isso, contaremos também com a prática das chamadas **Atitudes para a vida**, que ajudam a lidar com situações desafiadoras de maneira criativa e inteligente. Esse é o primeiro passo para alcançar uma postura consciente e crítica diante de nossa realidade.

Ótimo estudo!

ATITUDES PARA A VIDA

11 ATITUDES MUITO ÚTEIS PARA O SEU DIA A DIA!

As Atitudes para a vida trabalham competências socioemocionais e nos ajudam a resolver situações e desafios em todas as áreas, inclusive no estudo de Geografia.

1. Persistir
Se a primeira tentativa para encontrar a resposta não der certo, **não desista**, busque outra estratégia para resolver a questão.

2. Controlar a impulsividade
Pense antes de agir. Reflita sobre os caminhos que pode escolher para resolver uma situação.

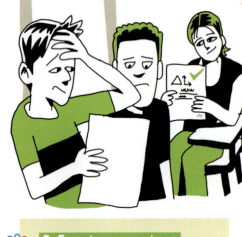

3. Escutar os outros com atenção e empatia
Dar atenção e escutar os outros são ações importantes para se relacionar bem com as pessoas.

4. Pensar com flexibilidade
Considere diferentes possibilidades para chegar à solução. Use os recursos disponíveis e dê asas à imaginação.

5. Esforçar-se por exatidão e precisão
Confira os dados do seu trabalho. Informação incorreta ou apresentação desleixada podem prejudicar a sua credibilidade e comprometer todo o seu esforço.

7. Aplicar conhecimentos prévios a novas situações
Use o que você já sabe! O que você já aprendeu pode ajudá-lo a entender o novo e a resolver até os maiores desafios.

6. Questionar e levantar problemas
Fazer as perguntas certas pode ser determinante para esclarecer suas dúvidas. Esteja alerta: indague, questione e levante problemas que possam ajudá-lo a compreender melhor o que está ao seu redor.

8. Pensar e comunicar-se com clareza
Organize suas ideias e comunique-se com clareza. Quanto mais claro você for, mais fácil será estruturar um plano de ação para realizar seus trabalhos.

9. Imaginar, criar e inovar
Desenvolva a criatividade conhecendo outros pontos de vista, imaginando-se em outros papéis, melhorando continuamente suas criações.

10. Assumir riscos com responsabilidade
Explore suas capacidades! Estudar é uma aventura; não tenha medo de ousar. Busque informação sobre os resultados possíveis e você se sentirá mais seguro para arriscar um palpite.

11. Pensar de maneira interdependente
Trabalhe em grupo, colabore. Unindo ideias e força com seus colegas, vocês podem criar e executar projetos que ninguém poderia fazer sozinho.

No Portal *Araribá Plus* e ao final do seu livro, você poderá saber mais sobre as *Atitudes para a vida*. Veja <www.moderna.com.br/araribaplus> em **Competências socioemocionais**.

CONHEÇA O SEU LIVRO

UM LIVRO ORGANIZADO
Seu livro tem 8 Unidades, que apresentam uma organização regular. Todas elas têm uma abertura, 4 Temas, páginas de atividades e, ao final, as seções *Representações gráficas*, *Atitudes para a vida* e *Compreender um texto*.

- O boxe *Atitudes para a vida* indica as atitudes cujo desenvolvimento será priorizado na Unidade.

- As questões propostas em *Começando a Unidade* convidam você a analisar uma ou mais imagens e a verificar conhecimentos preexistentes.

ABERTURA DE UNIDADE
Um texto apresenta o assunto que será desenvolvido e os principais objetivos de aprendizagem da Unidade.

TEMAS
Cada Unidade apresenta 4 Temas que desenvolvem os conteúdos de forma clara e organizada, mesclando texto e imagens.

- Gráficos, mapas, tabelas e infográficos estimulam a leitura de informações em diferentes linguagens.

- Recursos digitais complementam os conteúdos do livro.

Sugestões de leituras, vídeos e *sites* dão suporte para você aprofundar seus conhecimentos.

Elementos visuais, como ilustrações e fotos, exemplificam e complementam os conteúdos desenvolvidos.

- No glossário, você encontra explicações sobre as palavras destacadas no texto.

- Atividades solicitam a leitura e a interpretação de fotos, mapas, gráficos, tabelas e ilustrações que complementam as informações do texto.

SAIBA MAIS
Seção com informações adicionais sobre algum assunto abordado na Unidade e atividades que estimulam a análise geográfica com base em situações concretas.

TECNOLOGIA E GEOGRAFIA
Seção com exemplos de aplicação de tecnologia que interferem na maneira como a sociedade interpreta e interage com o espaço geográfico.

REPRESENTAÇÕES GRÁFICAS
Programa que desenvolve, em cada Unidade, técnicas e diferentes tipos de representação gráfica. Explica, com uma linguagem clara e direta, o que é e como é utilizado cada um dos instrumentos apresentados.

ATIVIDADES

Organizar o conhecimento
Atividades de organização e sistematização do conteúdo.

Aplicar seus conhecimentos
Atividades de aplicação de conceitos em situações relativamente novas, que desenvolvem a leitura de textos e imagens.

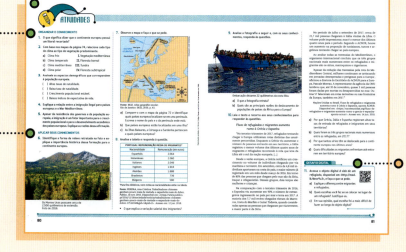

Desafio digital
Atividades que integram o conteúdo estudado ao uso de recursos digitais.

7

CONHEÇA O SEU LIVRO

ATITUDES PARA A VIDA
Os textos desta seção apresentam situações em que atitudes selecionadas foram essenciais para a conquista de um objetivo. As atividades estimulam a compreensão das atitudes, ao mesmo tempo que levam à reflexão sobre a importância de colocá-las em prática.

ÍCONES DA COLEÇÃO

 Glossário

 Atitudes para a vida

 Indica que existem jogos, vídeos, atividades ou outros recursos no **livro digital** ou no **portal** da coleção.

COMPREENDER UM TEXTO
Seção com diferentes tipos de texto e atividades que desenvolvem a compreensão leitora.

Obter informações
Desenvolve a habilidade de identificar e fixar as principais ideias do texto.

Interpretar
Estimula a interpretação, a compreensão e a análise das informações do texto.

Pesquisar/Refletir/Usar a criatividade
Propõe a pesquisa de novas informações, a associação do que você leu com seus conhecimentos ou a elaboração de trabalhos que estimulam a criatividade.

JOVEM EM FOCO
Proposta de debate que estimula a reflexão coletiva acerca de dados e informações ligados a uma temática do universo jovem.

8

CONTEÚDO DOS MATERIAIS DIGITAIS

O *Projeto Araribá Plus* apresenta um Portal exclusivo, com ferramentas diferenciadas e motivadoras para o seu estudo. Tudo integrado com o livro para tornar a experiência de aprendizagem mais intensa e significativa.

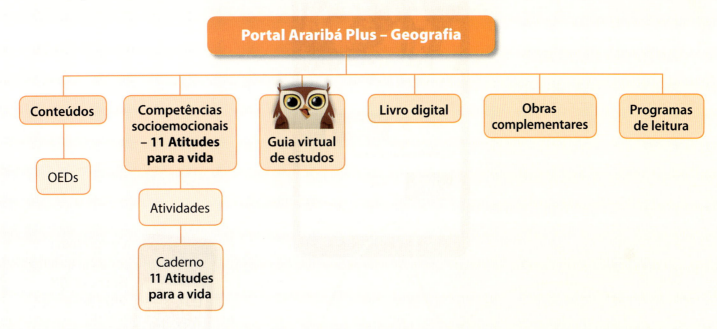

Livro digital com tecnologia HTML5 para garantir melhor usabilidade e ferramentas que possibilitam buscar termos, destacar trechos e fazer anotações para posterior consulta. O livro digital é enriquecido com objetos educacionais digitais (OEDs) integrados aos conteúdos. Você pode acessá-lo de diversas maneiras: no *smartphone*, no *tablet* (Android e iOS), no *desktop* e *on-line* no *site*:

http://mod.lk/livdig

CONTEÚDO DOS MATERIAIS DIGITAIS

ARARIBÁ PLUS APP

Aplicativo exclusivo para você com recursos educacionais na palma da mão!

Objetos educacionais digitais diretamente no seu *smartphone* para uso *on-line* e *off-line*.

Acesso rápido por meio do leitor de código *QR*.
http://mod.lk/app

Stryx, um guia virtual criado especialmente para você! Ele o ajudará a entender temas importantes e a achar videoaulas e outros conteúdos confiáveis, alinhados com o seu livro.

Eu sou o **Stryx** e serei seu guia virtual por trilhas de conhecimentos de um jeito muito legal de estudar!

Reprodução proibida. Art.184 do Código Penal e Lei 9.610 de 19 de fevereiro de 1998.

BETO UECHI

10

LISTA DOS OEDs DO 9º ANO

UNIDADE	TEMA	TÍTULO DO OBJETO DIGITAL
1	4 (Atividades)	Como funciona uma missão de paz da ONU?
2	2	Inclusão digital no Brasil
2	4 (Atividades)	A vida no mar poluído
3	2 (Atividades)	A vida de um refugiado
4	3	Europa: organização do espaço e agropecuária
4	4 (Atividades)	A geopolítica do Ártico
5	4 (Atividades)	Ásia: cidades populosas
6	2 (Atividades)	Deixando a terra: realocando a tradição
7	2	Japão: indústria, tecnologia e lixo eletrônico
7	2 (Atividades)	Acidente nuclear de Fukushima
8	1	Petróleo
8	4 (Atividades)	Castas indianas

http://mod.lk/app

SUMÁRIO

UNIDADE 1 — GEOPOLÍTICA 16

TEMA 1 – INTERESSES E CONFLITOS 18
Geopolítica, 18; Conflitos e tensões no mundo, 18

TEMA 2 – ÁREAS ESTRATÉGICAS NO MUNDO 22
A construção dos conceitos de Oriente e Ocidente, 22; Expansão do Ocidente, 23; Poder de influência, 24

ATIVIDADES 28

TEMA 3 – PRODUÇÃO E DESIGUALDADE 30
Produção industrial, 30; Produção mundial de alimentos: excesso ou escassez?, 32

TEMA 4 – DIPLOMACIA E ORGANIZAÇÕES MULTILATERAIS 34
O papel da diplomacia, 34; Organizações multilaterais e geopolítica, 35

ATIVIDADES 38

REPRESENTAÇÕES GRÁFICAS – Projeções cartográficas e geopolítica 40

ATITUDES PARA A VIDA – Fazenda urbana 41

COMPREENDER UM TEXTO – Uma nova abordagem para a paz 42

UNIDADE 2 — GLOBALIZAÇÃO 44

TEMA 1 – GLOBALIZAÇÃO ECONÔMICA 46
O que é globalização?, 46; Revolução tecnológica, 46; O mercado global, 47; Globalização e exclusão social, 50

Tecnologia e Geografia – A automação e a reorganização do mercado de trabalho 51

TEMA 2 – GLOBALIZAÇÃO CULTURAL 52
A globalização cultural e os novos meios de comunicação, 52

ATIVIDADES 54

TEMA 3 – A GLOBALIZAÇÃO E OS FLUXOS INTERNACIONAIS 56
Os fluxos financeiros, 56; Transporte de mercadorias e pessoas, 56

TEMA 4 – GLOBALIZAÇÃO E MEIO AMBIENTE 58
Indústria e fontes energéticas, 58; As mudanças climáticas, 60; Fontes de energia não poluentes, 61; A questão da água, 62

ATIVIDADES 64

REPRESENTAÇÕES GRÁFICAS – Cartografia na era digital 66

ATITUDES PARA A VIDA – Ferramentas digitais e escassez de água 67

COMPREENDER UM TEXTO – Você sabe como resistir aos apelos da propaganda? 68

UNIDADE 3 — O CONTINENTE EUROPEU 70

TEMA 1 – ASPECTOS NATURAIS 72
Localização, 72; Relevo e hidrografia, 73; Clima e vegetação, 74

Saiba mais – O povo do gelo 75

TEMA 2 – POPULAÇÃO 76
Características demográficas, 76; Imigração na Europa, 77

ATIVIDADES 80

TEMA 3 – USO DOS RECURSOS NATURAIS 82
Indústria e urbanização, 82; Matriz energética europeia, 83

TEMA 4 – CONQUISTAS AMBIENTAIS 86
A revisão das políticas energéticas, 86; Em busca da sustentabilidade, 86

ATIVIDADES 88

REPRESENTAÇÕES GRÁFICAS – Interpretação de imagem de satélite 90

ATITUDES PARA A VIDA – Ouvindo os idosos 91

COMPREENDER UM TEXTO – A cidade toda para ele 92

UNIDADE 4 — UNIÃO EUROPEIA E RÚSSIA 94

TEMA 1 – UNIÃO EUROPEIA 96
A hegemonia europeia, 96; Origem e evolução da união europeia, 98; Políticas sociais na União Europeia, 99; Relações comerciais, 100; O Espaço Schengen, 100; A saída do Reino Unido, 101

TEMA 2 – ALEMANHA E FRANÇA 102
Destaques da União Europeia, 102; Alemanha, 102; França, 105

ATIVIDADES 106

TEMA 3 – DESIGUALDADES NA UNIÃO EUROPEIA 108
Desigualdades regionais, 108; Adesão à UE, 111

TEMA 4 – RÚSSIA 112
Aspectos naturais, 112; População, 113; Importância dos recursos minerais, 114; Desintegração da União Soviética, 115; Potência regional, 116

Saiba mais – Vida na Sibéria 117

ATIVIDADES 118

REPRESENTAÇÕES GRÁFICAS – Georreferenciamento e Sistema de Posicionamento Global (GPS) 120

ATITUDES PARA A VIDA – Atleta olímpico 121

COMPREENDER UM TEXTO – Superpotência exerce papel central na geopolítica mundial 122

JOVEM EM FOCO – Acesso a bens e serviços 124

SUMÁRIO

UNIDADE 5 — O CONTINENTE ASIÁTICO — 126

TEMA 1 – ASPECTOS NATURAIS 128
Localização da Ásia, 128; Relevo, 129; Hidrografia, 130; Clima e vegetação, 131; Paisagens e modos de vida, 132

TEMA 2 – POPULAÇÃO 134
Distribuição da população, 134; Tendências demográficas, 136; Deslocamentos populacionais, 136; Desigualdades econômicas e sociais, 137

ATIVIDADES 138

TEMA 3 – ECONOMIA 140
Agropecuária e exploração de recursos minerais, 140; A atividade industrial, 142

TEMA 4 – MEIO AMBIENTE 144
Desmatamento, 144; Poluição atmosférica, 145; Poluição da água, 146

Tecnologia e Geografia – A dessalinização da água do mar 147

ATIVIDADES 148

REPRESENTAÇÕES GRÁFICAS – Sensoriamento remoto 150

ATITUDES PARA A VIDA – Solução para o lixo 151

COMPREENDER UM TEXTO – História da Ásia 152

UNIDADE 6 — CHINA — 154

TEMA 1 – CHINA: DINÂMICA ECONÔMICA 156
Potência econômica mundial, 156; Do comunismo à abertura comercial, 157

TEMA 2 – POPULAÇÃO E DISPARIDADES REGIONAIS 160
População, 160; China rural e urbana, 162

ATIVIDADES 164

TEMA 3 – ENERGIA E QUESTÕES AMBIENTAIS 166
Dependência dos combustíveis fósseis, 166; Poluição na China, 167; Investimentos em energias alternativas, 169

TEMA 4 – CHINA NO COMÉRCIO MUNDIAL 170
Comércio internacional, 170; Influência global, 171; Potência regional, 171; Comércio entre China e Brasil, 172; A presença chinesa na África, 174

Saiba mais – A nova rota da seda 175

ATIVIDADES 176

REPRESENTAÇÕES GRÁFICAS – Mapa de síntese: indicadores 178

ATITUDES PARA A VIDA – Futebol nas escolas chinesas 179

COMPREENDER UM TEXTO – A presença chinesa no espaço 180

UNIDADE 7 — JAPÃO E TIGRES ASIÁTICOS 182

TEMA 1 – JAPÃO: ESPAÇO E POPULAÇÃO 184
O arquipélago japonês, 184; Extensão territorial, 185; População, 186

TEMA 2 – JAPÃO: POTÊNCIA DO ORIENTE 188
Geopolítica do leste da Ásia, 188; O "milagre econômico", 190; Indústria e tecnologia, 191; A megalópole japonesa, 192; Agricultura, 193; Energia, 193; Problemas ambientais, 193

ATIVIDADES 194

TEMA 3 – OS TIGRES ASIÁTICOS 196
Economias de destaque, 196; Os Tigres Asiáticos hoje, 198

TEMA 4 – COREIA DO SUL 200
Origem da Coreia do Sul, 200; A industrialização sul-coreana, 200; Investimento em educação, 201; População, 200

ATIVIDADES 202

REPRESENTAÇÕES GRÁFICAS – Mapa analítico e mapa de síntese 204

ATITUDES PARA A VIDA – Jogos Olímpicos e a unificação coreana 205

COMPREENDER UM TEXTO – Mangá, animê, *games* e internet 206

UNIDADE 8 — ORIENTE MÉDIO, ÍNDIA E OCEANIA 208

TEMA 1 – ORIENTE MÉDIO: REGIÃO ESTRATÉGICA 210
Uma região estratégica, 210; Aspectos naturais, 211; Abundância de petróleo, 212

TEMA 2 – CONFLITOS NO ORIENTE MÉDIO 214
Tensões e conflitos, 214

ATIVIDADES 220

TEMA 3 – ÍNDIA 222
Aspectos gerais, 222; População, 222; Desigualdades sociais, 223; Economia e presença estatal, 224; Potência emergente, 226; Conflitos étnicos e separatistas, 226

Tecnologia e Geografia – Tecnologia e planejamento urbano 227

TEMA 4 – OCEANIA 228
Aspectos gerais, 228; População, 229; Austrália, 230; Nova Zelândia, 231; Papua Nova Guiné, 231

ATIVIDADES 232

REPRESENTAÇÕES GRÁFICAS – Batimetria 234

ATITUDES PARA A VIDA – Mudanças na sociedade 235

COMPREENDER UM TEXTO – As baleias encalhadas na tradição maori 236

JOVEM EM FOCO – A adolescência e a família 238
REFERÊNCIAS BIBLIOGRÁFICAS 240
ATITUDES PARA A VIDA 241

UNIDADE 1

GEOPOLÍTICA

De acordo com um estudo publicado pelo Instituto para Pesquisas de Conflitos Internacionais, da Universidade de Heidelberg, na Alemanha, observou-se a ocorrência de 385 conflitos no mundo em 2017; desses, 222 envolveram ações violentas, e em 163 não houve uso da violência.

Motivações políticas e econômicas, disputas territoriais, desigualdades sociais, intolerância étnica e religiosa são as causas principais desses conflitos. Para solucioná-los, deve-se priorizar a negociação, com respeito à vida e às leis internacionais.

Após o estudo desta Unidade, você será capaz de:

- interpretar os interesses que impulsionam a dinâmica e os conflitos do mundo atual;
- reconhecer a importância do controle de áreas estratégicas no cenário internacional;
- examinar o papel da agropecuária e da indústria e da segurança alimentar no mundo;
- diferenciar o papel da diplomacia e das organizações multilaterais.

Atualmente mais de quarenta nações buscam independência para exercer livremente sua soberania. Na Espanha, destaca-se o movimento a favor da separação da Catalunha. Na foto, manifestantes em um ato favorável à independência catalã, em Barcelona (Espanha, 2017).

COMEÇANDO A UNIDADE

1. Qual é o significado da independência política para uma nação?

2. Você tem notícia de algum conflito que esteja ocorrendo no mundo? Quais são os grupos ou países envolvidos?

3. Em sua opinião, por que é importante buscar soluções negociadas para os conflitos?

ATITUDES PARA A VIDA

- Aplicar conhecimentos prévios a novas situações.
- Imaginar, criar e inovar.

TEMA 1 — INTERESSES E CONFLITOS

Por que existem tantos conflitos no mundo?

GEOPOLÍTICA

Quem cunhou e primeiro utilizou o termo **geopolítica** foi o cientista político sueco Rudolf Kjellén, entre o final do século XIX e o início do século XX, inspirado na obra *Geografia política*, de Friedrich Ratzel, publicada em 1897. Entretanto, foram os trabalhos dos geógrafos Karl Ernst Haushofer (alemão) e Halford John Mackinder (britânico) que fundamentaram e delinearam a geopolítica clássica, que consiste em um instrumento da política externa de um país, baseado na valorização do território como forma de exercer a hegemonia mundial.

Embora haja outras teorias sobre o assunto, pode-se definir geopolítica como a ciência que estuda estratégias do Estado para administrar seu território, visando à sobrevivência de seu povo e à sua melhor inserção no plano internacional.

CONFLITOS E TENSÕES NO MUNDO

Devido a uma combinação de fatores (econômicos, militares, territoriais, religiosos etc.), os países interferem mais ou menos no cenário mundial. Os países desenvolvidos, cuja população representa um grande mercado consumidor, com exército mais bem equipado e treinado e com abundância de recursos energéticos, por exemplo, tendem a ter maior influência em decisões que afetam outros países (figura 1).

Na primeira década do século XXI, o mundo assistiu a mudanças geopolíticas que têm definido um novo equilíbrio de forças, marcado pela ascensão de alguns Estados e pelo declínio de outros. Em alguns casos, percebe-se que isso não ocorre de forma pacífica, mas através de conflitos violentos por múltiplas razões: disputas por recursos energéticos ou por territórios, intolerância étnica e religiosa, rivalidade econômica, entre outras causas.

Hegemonia: do ponto de vista político, designa a influência intensa ou a supremacia exercida por uma classe, um povo ou uma nação sobre outros.

Étnico: refere-se a um grupo de pessoas que partilham determinadas características culturais, entre elas a língua e uma história comum, de modo que seus membros se sintam parte de um coletivo.

Figura 1. A capacidade de intervenção militar além das próprias fronteiras é um elemento decisivo na disputa por influência global. Na foto, porta-aviões estadunidense, no Mar Mediterrâneo, utilizado pelo país na Guerra da Síria. Foto de 2017.

RIVALIDADES ÉTNICO-TERRITORIAIS

As diferentes etnias desenvolveram sua cultura, suas tradições, sua língua e seu modo de vida muitas vezes de maneira bastante diversa umas das outras. No decorrer da História, a intolerância com as diferenças tem sido motivo de conflitos. Dessa forma, surgem confrontos entre grupos quando, por exemplo, uma das partes busca independência política e econômica ou pretende instaurar um regime político afeito à sua condição étnica. Um exemplo ocorreu na África, em 1994, quando a rivalidade entre tútsis e hutus deu origem a um genocídio em Ruanda que causou a morte de aproximadamente 1 milhão de tútsis em apenas três meses.

Questões territoriais também motivam discórdias entre seguidores de diferentes crenças. Na Palestina e em Israel, no Oriente Médio, um dos principais focos de tensão é a disputa territorial entre os israelenses e os palestinos, que acaba acirrando a rivalidade entre ambos. Desde a fundação do Estado de Israel, em 1948, guerras árabe-israelenses deixaram o povo palestino sem território. A aspiração palestina de implantar um Estado nacional – previsto pela resolução da ONU de 1947 que previa o Estado da Palestina e o Estado de Israel – motivou a formação de grupos radicais e a *intifada*, reação popular contra a ocupação israelense nos territórios da **Faixa de Gaza** e da **Cisjordânia** (figura 2). Em 2012, a Palestina foi reconhecida como Estado observador da Organização das Nações Unidas (ONU).

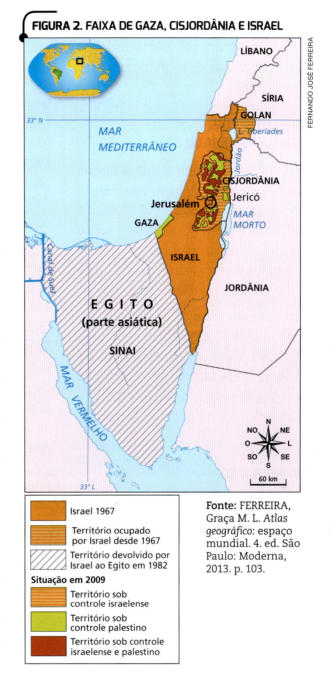

FIGURA 2. FAIXA DE GAZA, CISJORDÂNIA E ISRAEL

Fonte: FERREIRA, Graça M. L. *Atlas geográfico*: espaço mundial. 4. ed. São Paulo: Moderna, 2013. p. 103.

QUADRO

Tolerância

Tolerância é a capacidade de aceitar o diferente e conviver com a pluralidade de opiniões, crenças e ideias. Parece evidente que ela deva sempre acompanhar as relações entre as pessoas, porém, muitos conflitos internacionais refletem a incapacidade de os grupos humanos conviverem de forma pacífica e respeitosa, a despeito de suas diferenças culturais ou religiosas.

Para que isso seja evitado, é de extrema importância conhecer o que acontece em outras partes do mundo, colocar-se no lugar de outras pessoas e refletir sobre o respeito à diversidade antes de fazer críticas ou formar opiniões.

- Como você exercita a tolerância no seu dia a dia?

INTERESSES ECONÔMICOS E RECURSOS NATURAIS

Os interesses nas regiões que apresentam recursos naturais e energéticos de grande valor econômico estão entre as principais causas de conflitos armados entre países na atualidade.

EXEMPLOS DE CONFLITOS POR RECURSOS NATURAIS NO PASSADO

No século XIX, com o desenvolvimento da indústria na Europa, as minas de carvão foram motivo de disputa entre França e Alemanha, visto que o carvão havia se tornado a principal fonte de energia da época. Foi só com o fim da Primeira Guerra Mundial que a região da Alsácia e Lorena, situada na fronteira entre os dois países, tornou-se definitivamente francesa.

Na Ásia, o Japão desenvolveu uma política expansionista no final do século XIX, impulsionada pela busca de recursos para suprir as necessidades de sua indústria nascente. Pelo fato de seu território ser pobre em recursos minerais, o Japão invadiu a China e parte do Sudeste Asiático, gerando grande desequilíbrio na região.

A ESTRATÉGIA DO PETRÓLEO

O **petróleo** continua a ser a principal fonte de energia utilizada no mundo hoje em dia. Os conflitos ocorridos em regiões com grandes reservas desse recurso têm se agravado nos últimos 20 anos, e o aumento do consumo mundial, em especial dos países em desenvolvimento, e da segunda maior economia do mundo, a China, tem contribuído para elevar o preço do produto.

Guerras, conflitos e tensões permanentes têm sido motivados pela necessidade dos países de manter reservas estratégicas e garantir o abastecimento de seus mercados internos. As guerras do Iraque são um exemplo. A busca de uma saída para o Golfo Pérsico e o controle de mais reservas de petróleo levaram o presidente iraquiano Saddam Hussein, em agosto de 1990, a ordenar a invasão do país vizinho Kuait. Em resposta a essa ação, formou-se uma aliança de países ocidentais e do Oriente Médio, liderada pelos Estados Unidos e pelo Reino Unido, para pressionar a desocupação do território kuaitiano, dando início à Guerra do Golfo (1991). O conflito se encerrou com a retirada das tropas iraquianas do Kuait.

Em 2003, sob o pretexto de que Saddam Hussein escondia armas de destruição em massa no Iraque, os Estados Unidos, novamente à frente de uma coalizão, invadiram o país, dando início à Guerra do Iraque (2003-2011). A existência dessas armas, porém, nunca foi comprovada, e muitos analistas consideram que o petróleo iraquiano tenha sido um dos principais motivos para a invasão do Iraque pelos Estados Unidos (figura 3). As exportações de petróleo e a presença de empresas estadunidenses no território interferem diretamente no desempenho da economia do país.

> **PARA PESQUISAR**
>
> • **BBC Brasil**
> <www.bbc.co.uk/portuguese>
> Nessa página, é possível obter notícias sobre conflitos mundiais, curiosidades sobre ciência e tecnologia e dados básicos sobre diversos países e regiões do planeta.

Figura 3. Tanques do exército dos Estados Unidos em uma operação militar no Iraque, em 2003.

Figura 5. A ponte construída sobre o Estreito de Kertch, que liga a Crimeia à Rússia, está prevista para ser finalizada no final de 2019. Além das quatro pistas rodoviárias, já liberadas para circulação de veículos, a ponte também terá duas vias férreas. Foto de 2018.

EXPANSÃO TERRITORIAL

Os confrontos armados entre países, além de motivados pelo controle de recursos estratégicos, também podem ter como causa a expansão de fronteiras. Um exemplo foi a anexação da Crimeia, península situada ao sul da Ucrânia, pela Rússia.

Em 1954, o governo da União Soviética transferiu a Crimeia da Rússia para a Ucrânia. Posteriormente, durante a desintegração do Estado soviético, em 1991, a própria Rússia reconheceu a Crimeia como parte do território ucraniano. Contudo, em 2014, depois de manifestações a favor de sua independência e de um referendo, a Crimeia se separou da Ucrânia e foi anexada à Rússia, embora sem reconhecimento da comunidade internacional.

O ocorrido reflete a divisão cultural e étnica existente na Ucrânia. Nas regiões a leste e ao sul do país, verifica-se proximidade com a Rússia, tanto que a maioria da população domina o idioma russo. Já nos territórios localizados a oeste, a maioria da população utiliza o idioma ucraniano e, além disso, é favorável a uma maior aproximação econômica com os países da União Europeia (figura 4).

Mas é importante ressaltar que a península também é estratégica para Moscou, já que é onde se localiza a cidade de Sebastopol, sede da frota russa do Mar Negro.

Após a anexação, o governo russo prometeu construir um gasoduto e usinas de energia elétrica na península, além de uma ponte ligando a Crimeia à Rússia (figura 5).

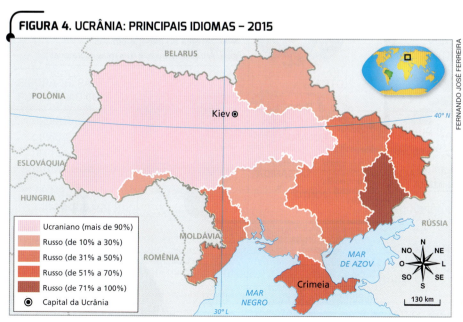

FIGURA 4. UCRÂNIA: PRINCIPAIS IDIOMAS – 2015

Fonte: Global Security Org. *Ukraine Map Language.* Disponível em: <https://www.globalsecurity.org/military/world/ukraine/maps.htm>. Acesso em: 5 abr. 2018.

TEMA 2 — ÁREAS ESTRATÉGICAS NO MUNDO

Qual é a relação entre o controle de áreas estratégicas e a influência de um país no mundo?

A CONSTRUÇÃO DOS CONCEITOS DE ORIENTE E OCIDENTE

A primeira divisão do mundo entre Ocidente e Oriente remonta ao século IV, quando o Império Romano foi dividido em **Império Romano do Ocidente**, com capital em Milão, no atual norte da Itália, e **Império Romano do Oriente**, com capital em Constantinopla (também chamada de Bizâncio), atual Istambul, na Turquia.

De um lado, o Império Romano do Ocidente adotou o cristianismo como a religião oficial, enquanto que o Império Romano do Oriente, posteriormente conhecido como Império Bizantino, adotou o cristianismo ortodoxo como religião oficial (figura 6).

Pouco tempo depois, com as **invasões bárbaras**, o Império Romano do Ocidente se desintegrou, o que contribuiu para o isolamento de grande parte da Europa durante a Idade Média. Enquanto isso, o Império Romano do Oriente firmava sua posição a leste.

Com o passar dos séculos, a divisão ganhou novos contornos. A partir do século XVI, com a expansão ultramarina da Europa e o desenvolvimento do Sistema Colonial, a cultura do Ocidente foi levada à América, a parte da África e até mesmo a lugares do Sudeste Asiático. Enquanto isso, em 1453, o Império Otomano derrotava o Império Bizantino e, com a queda de Constantinopla, a religião e a cultura islâmica passaram a predominar no atual Oriente Médio e Norte da África (figura 7).

A separação entre o Ocidente e o Oriente deve ser compreendida como um processo histórico-geográfico, estabelecido entre a desintegração do Império Romano do Ocidente e a queda do Império Romano do Oriente quase mil anos depois.

FIGURA 6. DIVISÃO DO IMPÉRIO ROMANO – 395

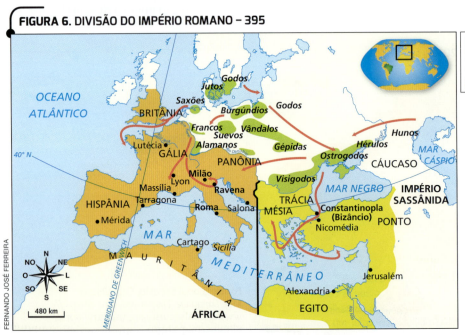

Fonte: DUBY, Georges. *Atlas historique*. Paris: Larousse, 1987. p. 34.

22

EXPANSÃO DO OCIDENTE

Com o desenvolvimento do Sistema Colonial, as potências europeias disseminaram para a América grande parte da África e também porções do Sudeste Asiático, padrões culturais, línguas e religião característicos do que se passou a chamar de mundo ocidental. Já o extenso Império Otomano, por sua vez, ao exercer influência em todo o Oriente Médio e Norte da África, assegurou a predomínio da religião muçulmana e das línguas turca, persa e sobretudo árabe.

Posteriormente, durante a segunda metade do século XX e o início do XXI, sobretudo com o aprofundamento do fenômeno da globalização e o predomínio cultural e econômico de valores ocidentais, a divisão territorial entre Ocidente e Oriente perde importância. A integração de países de diferentes regiões do mundo na esfera de influência da economia capitalista é associada a padrões ocidentais. Isso, muitas vezes, leva à crença de que estaria havendo um processo de **ocidentalização** de povos e nações. Essa interpretação é realizada com muita frequência sobre as cidades de Dubai, nos Emirados Árabes Unidos, Doha, no Catar, e mesmo em países como a Turquia, antiga sede do Império Otomano, até o Japão e a Coreia do Sul na Ásia.

A ocidentalização é um fenômeno ligado à economia e a hábitos de consumo, que muitas vezes se integram aos valores culturais de um país. Afirmar que uma nação se "ocidentalizou" não significa dizer, necessariamente, que as culturas tradicionais, a religiosidade e as línguas foram substituídas pelos padrões dos países europeus e estadunidenses – muito embora exista um risco de desvalorização das culturas locais. Em muitos países, esse encontro de culturas e valores convive, se integra e dá origem a outros padrões, hábitos e formas de organização da sociedade.

Figura 7. Em 1453, após a queda de Constantinopla para o Império Otomano, a Basílica de Santa Sofia foi transformada em mesquita, devido ao domínio islâmico. Em 1931, ela tornou-se um museu. Vista da Basílica de Santa Sofia, em Istambul (Turquia, 2016).

PODER DE INFLUÊNCIA

A relação entre muitos Estados é caracterizada pela disputa por influência além dos seus territórios, a qual pode se manifestar de formas mais ou menos evidentes. O controle de matérias-primas, fontes de energia e áreas estratégicas por onde circulam mercadorias garante aos países que o exerce grande influência no cenário internacional.

Do ponto de vista econômico, a importância de um país está associada ao tamanho de seu mercado consumidor, ao volume de suas exportações e importações e à presença de empresas e investimentos na economia de outros países.

Militarmente, os países com maior efetivo militar e investimentos em tecnologia estão mais bem preparados para enfrentar eventuais conflitos bélicos (figura 8). Além disso, aqueles que detêm armamentos nucleares são mais temidos e podem ter maior poder de persuasão em negociações internacionais. A ameaça nuclear é uma realidade que coloca a humanidade diante de armas de destruição em massa cuja real extensão dos efeitos ainda é desconhecida.

Fatores econômicos e militares, associados a questões culturais, dão sustentação às decisões políticas que refletem a posição dos países no cenário internacional. Em vigor desde 1970, o Tratado de Não Proliferação de Armas Nucleares (TNP) teve como objetivo inicial a limitação do arsenal nuclear no mundo. Esse tratado contou com a adesão de 191 países, incluindo cinco potências nucleares – China, França, Rússia, Reino Unido e Estados Unidos.

Em junho de 2017, durante uma conferência na ONU, 122 países aprovaram o Tratado sobre a Proibição de Armas Nucleares. Esse novo acordo complementa as resoluções do TNP, uma vez que proíbe diversas atividades relacionadas a armamentos nucleares, tais como desenvolver, testar, produzir, adquirir ou estocar armas ou outros artefatos nucleares de destruição em massa, assim como o uso ou a ameaça de uso dessas armas.

Todavia, diversos países que são signatários do TNP se ausentaram das negociações, incluindo os Estados Unidos, a Rússia, e outras potências nucleares. A Coreia do Norte também ficou de fora das negociações.

AS POTÊNCIAS

O equilíbrio de forças entre os Estados se altera constantemente ao longo da História. As potências mais influentes atualmente nem sempre tiveram o mesmo papel no mundo. O termo **potência** define um Estado cujo poderio econômico, político e militar o torna capaz de influenciar ou se impor a outras nações. É usado para se referir a Estados cujas decisões exercem grande impacto sobre outros, em escala regional ou global.

Os Estados Unidos são considerados uma **potência econômica e militar**. Sua capacidade de intervenção em várias partes do mundo em casos de conflitos armados, aliada à força econômica de suas empresas espalhadas pelo mundo e de seu mercado consumidor, lhe garante essa posição. A influência estadunidense pode ser percebida na forte presença do país no Oriente Médio (figura 9).

Como potências regionais, podemos destacar os países que lideram as decisões políticas, militares ou econômicas das regiões onde estão situados. São exemplos o Brasil, na América do Sul; a África do Sul, na África Subsaariana; a Rússia, a China e o Japão, na Ásia; a Alemanha, o Reino Unido e a França, na Europa.

Signatário: aquele que assina ou subscreve um documento, atestando sua concordância com o conteúdo exposto.

Figura 8. Exercício conjunto envolvendo aeronaves da Força Aérea do Estados Unidos e da Coreia do Sul na Península Coreana. A operação, realizada em setembro de 2017, foi uma demonstração de força e apoio dos Estados Unidos aos seus aliados na região, dado o acirramento da tensão com a Coreia do Norte.

FIGURA 9. ORIENTE MÉDIO: PETRÓLEO

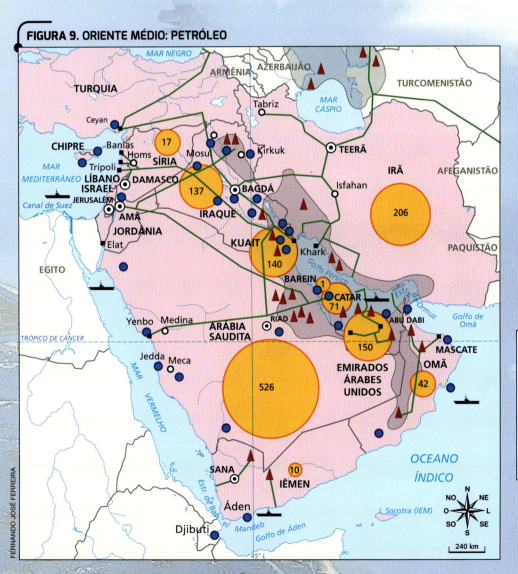

De olho no mapa

1. O mapa mostra a presença de quais países ocidentais no Oriente Médio?
2. Que interesses justificam a presença desses países nessa parte da Ásia?

Legenda:
- Reserva e exploração de petróleo e gás
- Oleoduto e gasoduto principais
- Terminal de petróleo
- Produção de petróleo (milhões de toneladas)

Presença dos EUA e Reino Unido
- Base militar
- Navios de guerra e porta-aviões

Fonte: FERREIRA, Graça M. L. *Atlas geográfico*: espaço mundial. 4. ed. São Paulo: Moderna, 2013. p. 102.

25

ÁREAS ESTRATÉGICAS

Algumas áreas no mundo são especialmente importantes para a manutenção dos interesses estratégicos dos países. Entre elas, estão as áreas com abundância de recursos naturais energéticos, sobretudo para os países industrializados, e as áreas com grande circulação de mercadorias.

RESERVAS DE PETRÓLEO

No último século, o petróleo se tornou a principal fonte de energia e de acumulação de riquezas no mundo. Os países mais desenvolvidos e suas grandes empresas dependem desse recurso energético para a continuidade de suas atividades produtivas. Por esse motivo, as regiões que apresentam grandes reservas petrolíferas se tornaram fundamentais nos interesses econômicos e políticos mundiais.

As maiores reservas de petróleo do planeta são encontradas no Oriente Médio (cerca de 48% do total), nas Américas do Sul e Central (19,7%) e na América do Norte (13,2%). O Brasil detém 0,9% do total das reservas mundiais.

Entre os maiores consumidores de petróleo estão os Estados Unidos. Segundo dados da Administração de Informação Energética estadunidense (EIA), em 2015, o país consumiu 15,5 milhões de barris por dia, o que equivale a cerca de 20,5% do consumo total mundial.

Devido à disputa dos países dominantes por fontes de abastecimento confiáveis e a preços baixos, há décadas as regiões que detêm grandes reservas de petróleo vêm sofrendo pressões externas e conflitos internos (figura 10).

FIGURA 10. MUNDO: RESERVAS DE PETRÓLEO – 2017

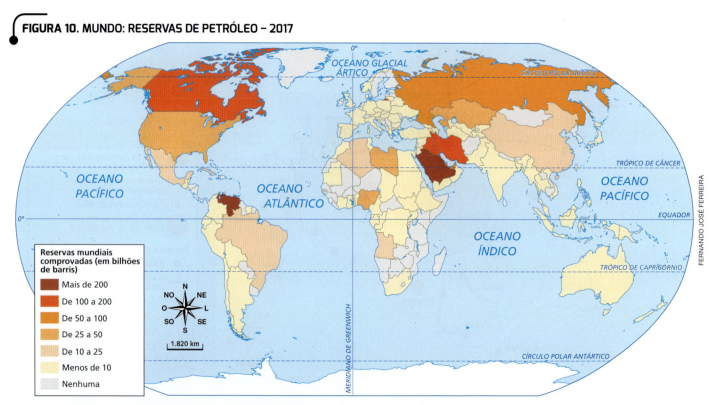

Fonte: EIA. U.S. Department of Energy. Disponível em: <https://www.eia.gov/beta/international/rankings/#?prodact=57-6&cy=2017>. Acesso em: 6 jun. 2018.

CIRCULAÇÃO: PASSAGENS ESTRATÉGICAS

As áreas estratégicas de circulação sempre foram alvo de interesse dos países dominantes. O controle do espaço aéreo e das fronteiras terrestres e marítimas é essencial para as questões de segurança nacional e para o controle dos fluxos de pessoas e mercadorias.

No caso do transporte marítimo, responsável pela maior parte dos fluxos de mercadorias no mundo, o controle dos estreitos, que concentram muitas rotas, é objeto de cobiça das grandes potências. Isso se explica pelo fato de que, se algum incidente ou problema acontece nesses locais, nessas "rotas únicas", as consequências podem afetar a economia em escala global (figura 11).

Os canais, em alguns casos, são muito importantes para o comércio internacional. O Canal do Panamá, na América Central, por exemplo, liga os oceanos Pacífico e Atlântico, beneficiando sobretudo as relações comerciais dos Estados Unidos com outros países. Em virtude de sua grande importância, o canal, cuja construção foi concluída em 1914, foi ampliado, permitindo a passagem de grandes navios.

Mais antigo do que o do Panamá, o Canal de Suez foi inaugurado em 1869. A ligação entre Port Said e Suez atravessa o território egípcio conectando o Mar Mediterrâneo ao Mar Vermelho. Antes de sua construção, as embarcações tinham de contornar a África para seguir da Europa em direção à Ásia, e vice-versa.

De olho no mapa

Quais foram os dois estreitos que concentraram os maiores fluxos de petróleo em 2016? Onde eles se encontram?

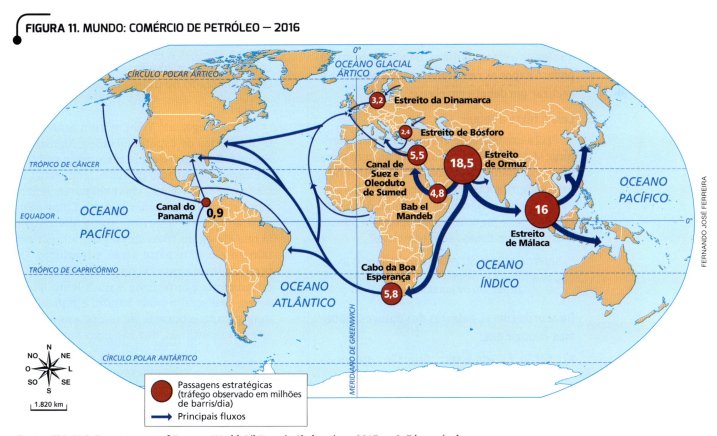

FIGURA 11. MUNDO: COMÉRCIO DE PETRÓLEO — 2016

Fonte: EIA. U.S. Department of Energy. *World Oil Transit Chokepoints*, 2017, p. 2. Disponível em: <https://www.eia.gov/beta/international/analysis_includes/special_topics/World_Oil_Transit_Chokepoints/wotc.pdf>. Acesso em: 6 jun. 2018.

ATIVIDADES

ORGANIZAR O CONHECIMENTO

1. Explique a importância da geopolítica para o entendimento dos conflitos mundiais.

2. Entre as causas de conflitos mundiais, podemos destacar os recursos naturais e energéticos. Diante dessa afirmação, responda às questões a seguir.
   a) Que recurso energético é uma das principais causas de conflitos no mundo?
   b) Por que esse recurso se tornou alvo de disputas?

3. Indique três causas de conflitos e tensões no mundo.

4. Qual país é considerado a superpotência da atualidade? Por quê?

APLICAR SEUS CONHECIMENTOS

5. Os conflitos causados por questões de fronteiras são uma realidade no cenário atual. Reúna-se com alguns colegas e elabore uma pequena explicação relacionando os principais motivos que levam a esses conflitos. Depois, cada grupo poderá expor os resultados de sua pesquisa e realizar um debate em classe.

6. Leia o texto a seguir.

   "[...] a existência de um país supõe um território. Mas a existência de uma nação nem sempre é acompanhada da posse de um território e nem sempre supõe a existência de um Estado. Pode-se falar, portanto, de territorialidade sem Estado, mas é praticamente impossível nos referirmos a um Estado sem território."

   SANTOS, Milton; SILVEIRA, María Laura. *O Brasil:* território e sociedade no início do século XXI. 10. ed. Rio de Janeiro: Record, 2008. p. 19.

   De acordo com as palavras dos autores, podemos deduzir que:
   a) nação, Estado e território são categorias excludentes.
   b) não existe nação sem Estado.
   c) o território é imprescindível à existência de um Estado.
   d) as fronteiras delimitam os Estados, mas não os territórios.
   e) um Estado é sempre composto de uma única nação.

7. Inicialmente, a separação entre o Ocidente e o Oriente esteve associada à desintegração do Império Romano. No entanto, a partir do século XVI, novos critérios são adotados para dividir o mundo ocidental e oriental. Já no século XIX, o Meridiano de Greenwich se tornou a referência geográfica para separar os dois hemisférios. Agora, responda.
   a) Qual foi o critério adotado para dividir o Ocidente e o Oriente a partir do século XVI?
   b) Em sua opinião, ainda é possível considerar essa concepção de Oriente e Ocidente nos dias atuais?

8. Leia o texto abaixo sobre a maior linha de trem de carga do mundo, que atravessa a Eurásia, e faça o que se pede.

   "O trem de mercadorias que une China e Espanha chegou neste domingo a seu destino no país asiático, a cidade oriental de Yiwu, e completou sua primeira viagem de volta, iniciada em Madri no último dia 29 de janeiro.

   [...]

   Para chegar até Yiwu, o trem atravessou os territórios de Espanha, França, Alemanha, Polônia, Belarus, Rússia, Cazaquistão e China. A empresa impulsora pretende, com esta iniciativa, explorar novas vias para potencializar o transporte de mercadorias entre China e Europa ao recorrer à ferrovia como alternativa, já que até agora Yiwu empregava fundamentalmente o transporte aéreo e marítimo. Os promotores da rota 'Yixinou' destacam que o transporte por ferrovia é mais lento que o aéreo, mas muito mais barato, e representa uma grande economia de tempo em relação às rotas marítimas, que são mais baratas."

   Trem de mercadorias entre China e Espanha completa sua 1ª viagem de volta. *UOL Economia*, 22 maio 2015. Disponível em: <https://economia.uol.com.br/noticias/efe/2015/02/22/trem-de-mercadorias-entre-china-e-espanha-completa-sua-1-viagem-de-volta.htm>. Acesso em: 23 jul. 2018.

Fonte: DAWBER, A. China to Spain cargo train: Successful first 16,156-mile round trip on world's longest railway brings promise of increased trade. *Independent,* 24 fev. 2015. Disponível em: <https://www.independent.co.uk/news/world/europe/china-to-spain-cargo-train-successful-first-16156-mile-round-trip-on-worlds-longest-railway-brings-10067895.html>. Acesso em: 6 jun. 2018.

a) Com o auxílio de um atlas, identifique os componentes físico-naturais que dividem os continentes europeu e asiático.

b) Quais foram os benefícios da implantação da linha férrea mencionada no texto?

9. Em grupo, façam uma pesquisa em jornais, revistas e na internet sobre as seguintes regiões estratégicas, de interesse dos países.

Golfo Pérsico;   Canal de Suez;   Estreito de Málaca.

Canal do Panamá;   Estreito de Bósforo;

10. Leia a frase a seguir e responda às questões.

"No Oriente Médio há tantos olhos em cima dele, quanto riquezas no subsolo!"

Henry Kissinger, ex-Secretário de Estado do Estados Unidos.

a) Qual é o sentido da frase de Kissinger sobre o Oriente Médio?

b) A que riqueza ele se refere?

11. (Fatec-SP, 2015)

O conflito que vem ocorrendo na Ucrânia explicita a disputa geopolítica entre a Rússia e a Europa Ocidental, que é apoiada pelos Estados Unidos. Um dos pontos cruciais do conflito é a posse da Crimeia, onde está instalado o estratégico porto de Sebastopol.

Sobre esse conflito, assinale a alternativa correta.

a) A posse desse porto pela União Europeia permitiu o acesso marítimo à Suíça, à Áustria e à Eslováquia.

b) A recente exploração comercial desse porto pelos Estados Unidos é alvo de protestos por parte de Israel.

c) O domínio da Rússia sobre o porto permite o acesso desse país ao mar Mediterrâneo e ao Oceano Atlântico.

d) O controle exercido pela Ucrânia sobre esse porto é condenado pelos chineses, que lutam pelo seu comando.

e) O funcionamento atual do porto como base naval da Organização do Tratado do Atlântico Norte é questionado pela Ucrânia.

TEMA 3 — PRODUÇÃO E DESIGUALDADE

Quais são as principais diferenças entre os países nas produções industrial e agropecuária?

PRODUÇÃO INDUSTRIAL

A partir do final do século XIX, surgiu a chamada **sociedade urbano-industrial**, caracterizada pela importância econômica, social e política da produção industrial e do modo de vida urbano. Historicamente, o desenvolvimento da atividade industrial esteve associado à urbanização, já que a maior parte das indústrias se localizava em vilas e cidades e atraía moradores do campo tanto para o trabalho nas fábricas quanto em atividades comerciais e de serviços. O crescimento da importância econômica, política e social da atividade industrial fez também com que a produção agropecuária passasse a se subordinar a ela: extensas terras passaram a ser utilizadas para a produção de matéria-prima para as indústrias (figura 12) ou na geração de alimentos.

Nos dias de hoje, a produção industrial é uma atividade distribuída de forma irregular e desigual entre os países do mundo. Em geral, países que estiveram à frente dos grandes avanços científicos e tecnológicos estabeleceram uma estrutura de divisão do trabalho moderna e influente no mundo. Estão nesse grupo Inglaterra, França, Alemanha, Holanda, Estados Unidos e Japão entre o final do século XIX e final do século XX, e, do final do século XX até hoje, Coreia do Sul e China.

Figura 12. Gravura colorida à mão de cidade com indústria têxtil, situada na região de Yorkshire (Inglaterra), em meados do século XIX. A indústria era localizada junto ao canal de Leeds para facilitar o escoamento da produção de lã.

DESIGUALDADE NO COMÉRCIO INTERNACIONAL

Com os avanços tecnológicos que empreendem, as nações desenvolvidas competem internacionalmente pelo controle do comércio internacional, dividindo o protagonismo de tempos em tempos e fazendo com que o contexto geopolítico e geoeconômico seja caracterizado por uma divisão internacional marcada pela manutenção dos padrões de desigualdade entre as nações (figura 13).

Por outro lado, os países que começaram a desenvolver seus setores industriais mais tardiamente e que não conseguiram alcançar o nível das nações desenvolvidas não têm condições de competir em igualdade com esses países, e se especializam na produção de matérias-primas. Esse é o caso, por exemplo, de Brasil, Argentina, México e África do Sul, que ainda são grandes exportadores de matérias-primas, apresentando ramos industriais, de comércio e de serviços mais desenvolvidos. Outro grupo de países, por sua vez, busca alcançar algum desenvolvimento industrial e superar a condição exclusiva de exportador de matérias-primas, como Bolívia, Congo, Líbia e Guatemala, cuja economia depende da exportação, respectivamente, de gás, recursos minerais, petróleo e cana-de-açúcar.

Atualmente, os países em desenvolvimento fornecedores de matérias-primas (as *commodities*) não controlam os preços no mercado internacional, pois grande parte deles é negociada em bolsas de mercadorias localizadas nos países desenvolvidos. Dessa forma, os países fornecedores ficam vulneráveis à volatilidade dos preços, às alterações na política econômica dos países compradores, às mudanças climáticas, ao aumento dos custos de produção, dentre outros fatores.

FIGURA 13. MUNDO: PRODUÇÃO INDUSTRIAL POR GRUPOS DE PAÍSES — 2010

- Países desenvolvidos: 62,8%
- Países em desenvolvimento: 37,2%

Fonte: UNIDO. *World Manufacturing Production*, p. 12. Disponível em: <https://www.unido.org/sites/default/files/files/2017-12/World_manufacturing_production_2017_q3.pdf>. Acesso em: 4 jun. 2018.

De olho no gráfico

Qual é a relação entre produção industrial e nível de desenvolvimento de um país expressa pelo gráfico? Explique.

PRODUÇÃO MUNDIAL DE ALIMENTOS: EXCESSO OU ESCASSEZ?

De acordo com a Organização das Nações Unidas para Agricultura e Alimentação (FAO), embora a produção agrícola no mundo seja a maior já registrada e seja suficiente para atender todos os habitantes do planeta, fatores de ordem política, social e econômica fazem com que ainda existam milhões de pessoas com fome e subnutrição no mundo, sobretudo em países da África, América Latina e Ásia (figura 14). Nessas regiões, sobretudo, a concentração da renda e o aumento nos custos de importação e transporte fazem com que os preços dos alimentos aumentem e que uma parcela significativa da população não tenha acesso à terra ou condições econômicas de se alimentarem adequadamente, comprometendo a **segurança alimentar**.

O Brasil, apesar de ser um dos maiores exportadores de soja, de carne e de cana-de-açúcar do mundo, ainda convive com problemas de desnutrição em algumas regiões. Segundo dados do governo federal de 2018, a agricultura familiar era a principal fornecedora dos alimentos consumidos pela população: os pequenos agricultores produziam 70% do feijão nacional, 34% do arroz, 87% da mandioca, 46% do milho, 38% do café e 21% do trigo. O setor também é responsável por 60% da produção de leite e por 59% do rebanho suíno, 50% das aves e 30% dos bovinos. Ou seja, enquanto os grandes latifúndios produzem basicamente para a exportação ou para a indústria não alimentícia, as pequenas unidades agrícolas abastecem o mercado interno.

Fome: segundo a Classificação Integrada de Fases de Segurança Alimentar (IPC), a fome é declarada quando mais de 20% da população de uma região sofre de extrema escassez de alimentos, mais de duas em cada 10 mil pessoas morrem por dia e a desnutrição aguda afeta mais de 30% da população.

Subnutrição: situação de falta de alimento suficiente para garantir os níveis mínimos de energia necessários para uma vida saudável e ativa.

PARA PESQUISAR

- **Nações Unidas para Agricultura e Alimentação** <http://www.fao.org/brasil/pt/>

    Site da Organização das Nações Unidas para Agricultura e Alimentação (FAO) no Brasil no qual são divulgadas ações e campanhas da FAO no país.

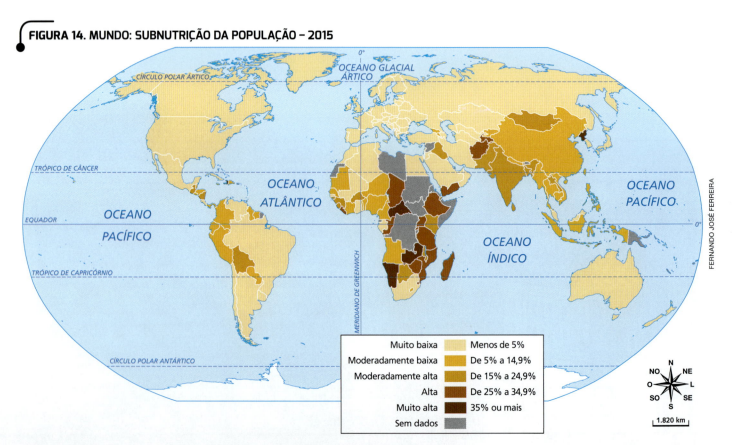

FIGURA 14. MUNDO: SUBNUTRIÇÃO DA POPULAÇÃO – 2015

Fonte: FAO. *FAO Hunger Map 2015*. Disponível em: <http://www.fao.org/3/a-i4674e.pdf>. Acesso em: 4 jun. 2018.

PERDAS NA PRODUÇÃO E DESPERDÍCIO

A existência de **fome** e de **subnutrição** no mundo torna-se ainda mais grave se considerarmos que todos os anos milhões de toneladas de alimentos são descartados no lixo. O não consumo de alimentos em boas condições ocorre devido à perda do alimento ou ao desperdício. **Perda** é quando o alimento é descartado no lixo antes de chegar ao consumidor, geralmente porque estraga. **Desperdício** é quando o alimento está em condições para o consumo, mas o vendedor ou o consumidor o descarta no lixo antes de ele estragar.

Nos países desenvolvidos, enquanto 40% do descarte de alimento ocorre devido ao desperdício, nos países em desenvolvimento apenas 5% dos alimentos são desperdiçados (figura 15).

Por outro lado, é muito maior o número de pessoas que passam fome nos países em desenvolvimento em relação aos países desenvolvidos (figura 16). A maior parte da população que passa fome está na África. Zâmbia, República da África Central, Namíbia, Coreia do Norte (na Ásia) e Haiti (na América Central), são os países proporcionalmente mais atingidos por esse problema: mais de 35% de suas populações passam fome.

No mundo, a fome atinge principalmente as populações mais pobres, pois está relacionada às desigualdades econômicas e sociais nas mais diferentes escalas – de global a regional. O combate à fome no mundo está relacionado a um conjunto de políticas públicas:

- Políticas estruturais com o objetivo de diminuir a desigualdade social, como a reforma agrária e o incentivo à agricultura familiar.
- Políticas aplicadas em todas as regiões, tais como o fornecimento de merenda escolar e projetos de educação alimentar.
- Políticas locais, desenvolvidas para combater problemas e dificuldades específicas de uma localidade.

PARA ASSISTIR

- **Garapa**
  José Padilha. Brasil, 2009.
  110 min.

  Neste premiado documentário, o cineasta retrata a vida de três famílias do Ceará que vivem em situação de insegurança alimentar.

FIGURA 15. PAÍSES DESENVOLVIDOS E EM DESENVOLVIMENTO: DESPERDÍCIO DE ALIMENTOS – 2016

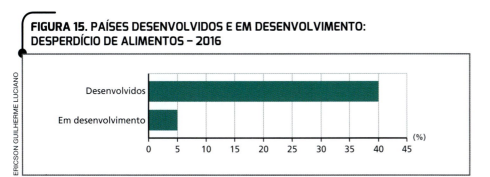

FIGURA 16. PAÍSES DESENVOLVIDOS E EM DESENVOLVIMENTO: POPULAÇÃO COM FOME – 1990-2016

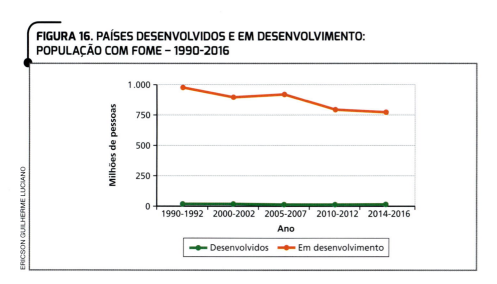

Fonte dos gráficos: IANDOLI, Rafael. Mundo produz comida suficiente, mas fome ainda é uma realidade. *Nexo*, 2 set. 2016. Disponível em: <https://www.nexojornal.com.br/explicado/2016/09/02/Mundo-produz-comida-suficiente-mas-fome-ainda-%C3%A9-uma-realidade>. Acesso em: 5 jun. 2018.

TEMA 4
DIPLOMACIA E ORGANIZAÇÕES MULTILATERAIS

De que maneira os países podem resolver conflitos?

O PAPEL DA DIPLOMACIA

As relações entre os países são muito complexas, envolvendo uma série de interesses e conflitos. No mundo atual, parte importante dos conflitos é negociada por meio da **diplomacia**, caminho pelo qual a resolução de conflitos ocorre com a mediação de representantes de Estado ou de organizações internacionais especialistas em política externa. As ações diplomáticas têm o objetivo de conduzir negociações para evitar conflitos armados ou o rompimento de relações internacionais, sendo de extrema importância num mundo onde alguns países possuem em seu arsenal militar armas nucleares, químicas e biológicas, causadores de destruição em massa.

A atuação dos diplomatas, no entanto, não se restringe à mediação de conflitos, mas se estende ao estímulo das relações comerciais e culturais entre países (figura 17).

Arma química: substância tóxica produzida pelo ser humano usada para causar danos ou destruição aos seres vivos. Exemplos: gás de mostarda, sarin.

Arma biológica: produto feito a partir de um ser vivo para causar a morte de seres humanos ou promover a destruição de rebanhos ou lavouras. Exemplo: antraz.

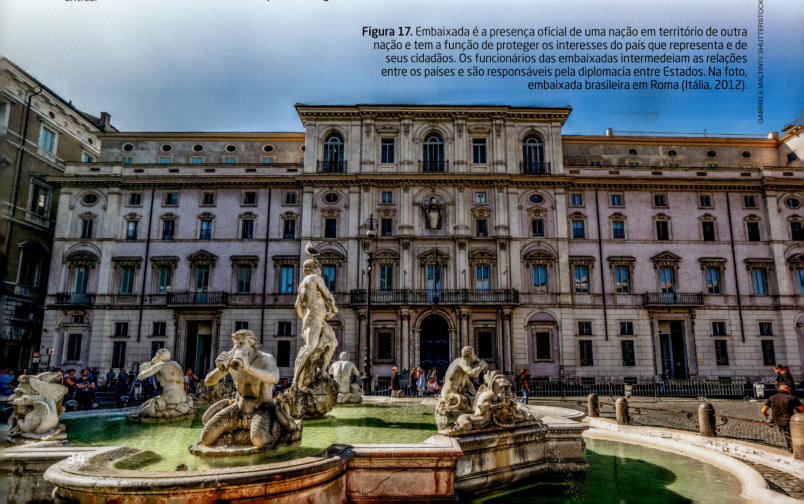

Figura 17. Embaixada é a presença oficial de uma nação em território de outra nação e tem a função de proteger os interesses do país que representa e de seus cidadãos. Os funcionários das embaixadas intermedeiam as relações entre os países e são responsáveis pela diplomacia entre Estados. Na foto, embaixada brasileira em Roma (Itália, 2012).

ORGANIZAÇÕES MULTILATERAIS E GEOPOLÍTICA

As **organizações multilaterais** são aquelas que envolvem a participação de países em suas decisões para viabilizar negociações e evitar conflitos por questões de ordem política ou econômica, disputas por fronteiras ou outras formas de litígio. Alguns organismos multilaterais têm alcance mundial, como a Organização das Nações Unidas (ONU) e a Organização Mundial do Comércio (OMC), enquanto outros têm caráter regional.

Entre as organizações de caráter regional que desempenham funções de articulação política e diplomática entre países vizinhos, destacam-se a Organização dos Estados Americanos (OEA) e a União Africana (UA).

Também existem os blocos econômicos. O exemplo mais relevante é o da União Europeia (UE), que atualmente conta com a adesão de 28 países. Entre eles ocorre livre circulação de pessoas e de mercadorias, além da implantação de políticas comuns.

ORGANIZAÇÃO DAS NAÇÕES UNIDAS (ONU)

Após o fim da Segunda Guerra Mundial, em 1945, representantes de cinquenta países reunidos na cidade de San Francisco, nos Estados Unidos, redigiram a Carta das Nações Unidas, que deu origem à Organização das Nações Unidas (ONU). Seus objetivos são evitar guerras e promover a dignidade humana. A ONU, constituída de 193 países-membros, é o maior órgão multilateral do mundo, com escritórios e equipes espalhados por todas as regiões, e também possui vínculos com organizações separadas e autônomas que desenvolvem projetos consoantes com os objetivos da organização.

Figura 18. Alunos deslocados internamente em campo na cidade de Sarmada, têm aula com materais providos pelo Unicef, Fundo das Nações Unidas para a Infância (Síria, 2018).

ALGUNS PROGRAMAS VINCULADOS À ONU	
Organismo	Função
FAO: Organização das Nações Unidas para Alimentação e Agricultura	Atua no combate à fome e à pobreza, no desenvolvimento agrícola, na garantia à segurança alimentar e no aproveitamento sustentável dos recursos naturais do planeta.
Unesco: Organização das Nações Unidas para a Educação, a Ciência e a Cultura	Atua nas questões da educação, de preservação do patrimônio histórico e cultural da humanidade e do seu desenvolvimento científico.
Unicef: Fundo das Nações Unidas para a Infância	Promove a defesa dos direitos das crianças e dos adolescentes (figura 18).
OMS: Organização Mundial da Saúde	Atua nas questões relacionadas à saúde da população mundial.
Pnud: Programa das Nações Unidas para o Desenvolvimento	Atua no combate à pobreza e em favor do desenvolvimento humano.
Pnuma: Programa das Nações Unidas para o Meio Ambiente	Promove a conservação do meio ambiente e o uso eficiente de seus recursos.

Fonte: ONU BR. Disponível em: <http://www.onu.org.br/>. Acesso em: 5 jun. 2018.

Figura 19. Observadores da ONU foram a Homs, na Síria, em 2012, para avaliar a situação do conflito militar que lá se desenvolvia, temerosos que ele se ampliasse, o que se confirmou nos anos seguintes.

CONSELHO DE SEGURANÇA

O Conselho de Segurança da ONU, órgão máximo das Nações Unidas, é responsável pela manutenção da paz e da segurança internacional. Uma das ferramentas da organização é a aplicação de sanções de ordem econômica contra países que, no entender do Conselho, violam leis, acordos ou princípios internacionalmente aceitos.

Por força do seu **poder decisório**, todos os membros das Nações Unidas devem acatar as resoluções do Conselho, composto por 15 países, dos quais apenas cinco são membros permanentes: Estados Unidos, Reino Unido, França, China e Rússia. Esses países têm poder de veto, ou seja, caso a resolução do Conselho sobre determinada questão não satisfaça a um deles, o país que se sentir prejudicado pode vetá-la e ela torna-se nula. O Brasil faz campanha para se tornar membro permanente do Conselho de Segurança, o que, sem dúvida, lhe conferiria maior importância no cenário político e econômico internacional.

A representatividade da ONU já foi colocada em xeque em casos nos quais os interesses das grandes potências se sobrepuseram aos anseios supranacionais. De 2011 a 2017, por exemplo, a guerra na Síria estendeu-se sem que a ONU conseguisse enviar tropas para depor o então presidente sírio, acusado de cometer crimes de guerra contra a população. Para a ONU efetivar a intervenção, aguardava aprovação da Rússia, membro-permanente do Conselho de Segurança. O governo russo, porém, apoiava o ditador sírio e vetou a ação (figura 19).

ALTO COMISSARIADO DAS NAÇÕES UNIDAS PARA REFUGIADOS (ACNUR)

Nas guerras e conflitos, a população civil se torna vulnerável aos ataques. Sem conseguir se proteger e, em muitos casos, vitimadas por atos de violência cometidos pelos inimigos ou por grupos rivais, milhões de pessoas abandonam suas casas e seus bens para buscar proteção em países vizinhos ou em áreas de segurança em seus próprios países, onde são criados **campos de refugiados**, em muitos casos administrados pelo Alto Comissariado das Nações Unidas para Refugiados (Acnur). Desde sua fundação, em 1950, o Acnur já ajudou mais de 50 milhões de refugiados a reconstruírem suas vidas (figura 20).

Sanção: pena aplicada quando do não cumprimento de uma lei, resolução, tratado etc.

Figura 20. Os campos de refugiados recebem pessoas que deixam seus países por perseguições ou por estarem fugindo de conflitos militares. Na foto, campo na fronteira que recebe refugiados da minoria muçulmana *rohingya*, perseguidas no vizinho Mianmar (Bangladesh, 2018).

Trilha de estudo
Vai estudar? Nosso assistente virtual no *app* pode ajudar!
<http://mod.lk/trilhas>

Figura 21. Comandante da Otan cumprimenta as tropas afegãs treinadas pelas forças sob seu comando, em Cabul (Afeganistão, 2009).

ORGANIZAÇÃO DO TRATADO DO ATLÂNTICO NORTE (OTAN)

A Organização do Tratado do Atlântico Norte (Otan) foi criada em 1949, no contexto do pós-Segunda Guerra Mundial e início das disputas ideológicas entre os Estados Unidos, capitalistas, e a então União Soviética, socialista.

Para proteger a Europa de ataques inimigos liderados pela União Soviética, os Estados Unidos e os países da Europa Ocidental organizaram um sistema de defesa mútua, que deu origem à Otan. Em resposta, em 1955, a União Soviética criou, juntamente com Romênia, Bulgária, Albânia, Hungria, Tchecoslováquia, Alemanha Oriental e Polônia, o **Pacto de Varsóvia**, integrando militarmente os países da Europa Oriental, com o objetivo de oferecer proteção militar aos membros do pacto.

No entanto, o fim da União Soviética, em 1991, e do bloco comunista europeu não determinou a dissolução da aliança militar liderada pelos Estados Unidos. Em 2018, a Otan tinha 29 países-membros. Na atualidade, a Otan visa garantir liberdade e segurança para seus países-membros, por meio de ações políticas e militares.

Forças da Otan já atuaram em conflitos sob a liderança estadunidense e com o apoio de países europeus, como ocorreu na guerra no Afeganistão de (2001-), na qual tropas da Otan foram enviadas ao país (figura 21). Em 2018, o presidente estadunidense Donald Trump levou preocupação aos países-membros, ao afirmar que eles deviam arcar com mais custos na manutenção da Otan, sustentada principalmente pelos Estados Unidos.

ATIVIDADES

ORGANIZAR O CONHECIMENTO

1. Quais das afirmações a seguir estão relacionadas com a sociedade urbano-industrial?

    ( ) Indústrias localizadas em cidades.

    ( ) Migração da população rural para as cidades.

    ( ) Aumento da produção de alimentos *in natura*.

    ( ) Atividade agropecuária voltada para atender à demanda das indústrias.

2. Na atualidade, de que forma a maior parte dos países em desenvolvimento participa do comércio internacional?

3. Qual contradição existe entre a produção mundial de alimentos e a segurança alimentar das populações?

4. Qual é a importância da diplomacia e das organizações multilaterais no cenário internacional?

5. Leia as alternativas abaixo, assinale a correta e corrija as incorretas.

    a) A ONU é o maior órgão multilateral do mundo, já que todos os países do mundo são membros dessa organização.

    b) O PNUD, organismo da ONU, tem o poder de aplicar sanções econômicas e é responsável pela manutenção da paz e da segurança internacional.

    c) A Otan foi criada no período da Guerra Fria e hoje utiliza ações políticas e militares para garantir a liberdade e a segurança de seus países-membros.

    d) O Acnur tem por objetivo atuar em áreas de conflitos, promover a conservação do meio ambiente e o uso consciente de seus recursos e resolver questões relacionadas à saúde da população mundial.

APLICAR SEUS CONHECIMENTOS

6. Leia o texto e responda aos itens a seguir.

    "Com mais de 90 economias em desenvolvimento dependentes das exportações de matérias-primas, de acordo com dados mais recentes da Conferência das Nações Unidas sobre Comércio e Desenvolvimento (UNCTAD), construir as capacidades humanas necessárias para adicionar valor aos produtos básicos e oferecer trabalho decente são objetivos-chave a serem discutidos no oitavo Fórum Global de *Commodities* [...]

    Muitos países em desenvolvimento agregam pouco valor às *commodities* ou as transformam em produtos acabados ou semiacabados, e lutam para diversificar em outros setores manufatureiros, o que limita a industrialização de suas economias

    Os números da UNCTAD mostram que, em 61 desses países, mais de 80% da atividade econômica depende das exportações de *commodities*, com severas consequências econômicas, ambientais e sociais, não apenas devido aos preços voláteis que atrapalham a gestão macroeconômica.

    Os setores mineral e de óleo e gás geralmente fornecem aos países em desenvolvimento alguma transferência de tecnologia e de empregos qualificados, por exemplo, relacionados à infraestrutura usada para extrair petróleo bruto ou transportar gás natural. [...]"

    Nações Unidas no Brasil. Países dependentes de *commodities* discutem em Genebra formas de adicionar valor à produção. Disponível em: <https://nacoesunidas.org/paises-dependentes-de-commodities-discutem-em-genebra-formas-de-adicionar-valor-a-producao/>. Acesso em: 6 jun. 2018.

    a) Quais desafios os países dependentes da exportação de *commodities* enfrentam?

    b) Quais medidas podem ser tomadas para enfrentar esses desafios?

    c) Como o texto evidencia que a produção industrial está distribuída de forma desigual entre os países?

7. Observe a foto, leia a legenda e comente a obra do artista.

Mural elaborado pelo artista Paulo Ito em uma rua da cidade de São Paulo durante a Copa do Mundo realizada no Brasil, em 2014.

8. Observe o gráfico e responda aos itens a seguir.

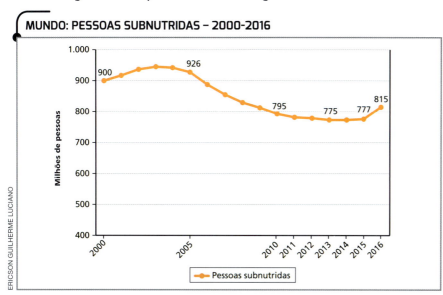

a) O que o gráfico nos informa?

b) Explique a existência de tantos subnutridos nos dias atuais.

Fonte: FAO, IFAD, UNICEF, WFP and WHO. *The state of food security and nutrition in the world building resilience for peace and food security 2017*, p. 5. Disponível em: <http://www.fao.org/3/a-I7695e.pdf>. Acesso em: 5 jun. 2018.

9. Leia o fragmento do texto a seguir e responda às questões.

"Do seu poleiro a 3 metros de altura, ele monitora dois robôs – um trator autônomo que percorre o campo e um drone que paira no ar –, os quais lhe fornecem dados detalhados sobre a composição química do solo, o teor de umidade, os nutrientes e o crescimento, medindo o progresso de cada planta e até mesmo de cada batata individualmente. As safras colhidas por Van den Borne testemunham a eficácia dessa 'agricultura de precisão', como é chamada. [...]

A Holanda (ou Países Baixos) é uma nação pequena e densamente povoada, com mais de 500 habitantes por quilômetro quadrado. É desprovida de quase todos os recursos tidos como necessários para o cultivo agrícola em larga escala. No entanto, em termos de valor monetário, o país é o segundo maior exportador mundial de alimentos, atrás apenas dos Estados Unidos, os quais contam com um território 270 vezes maior.

[...] até 2050, a Terra vai abrigar até 10 bilhões de pessoas, um terço a mais que a população atual, de 7,5 bilhões. Caso não se consiga dar um salto na produtividade agrícola, acompanhado de decréscimos significativos no uso da água e dos combustíveis fósseis, cerca de 1 bilhão de pessoas podem ser condenadas a morrer de fome. Diante do que pode se tornar o problema mais urgente do século XXI, os visionários do Vale dos Alimentos estão convencidos de estarem aperfeiçoando soluções inovadoras."

Este país minúsculo alimenta o mundo. *National Geographic Brasil*. Disponível em: <https://www.nationalgeographicbrasil.com/meio-ambiente/2017/10/este-pais-minusculo-alimenta-o-mundo>. Acesso em: 16 maio 2018.

a) Como os Países Baixos são o segundo maior exportador mundial de alimentos?

b) Considerando as estimativas demográficas do texto, qual é a estratégia dos Países Baixos em se tornar um grande exportador de gêneros alimentícios?

Vale dos Alimentos: agrupamento de empresas inovadoras no campo da tecnologia agrícola e de fazendas experimentais em uma região de Amsterdã, capital dos Países Baixos.

DESAFIO DIGITAL

10. Acesse o objeto digital *Como funciona uma missão de paz da ONU?*, disponível em: <http://mod.lk/desv9u1>, e responda.

a) Qual o principal objetivo do Conselho de Segurança da ONU e qual a relação desse órgão com as missões de paz da organização?

b) Quem são os "capacetes azuis" e quais as suas funções?

c) Como o Brasil contribui com as missões de paz da ONU? Explique utilizando o exemplo do Haiti.

 Mais questões no livro digital

REPRESENTAÇÕES GRÁFICAS

Projeções cartográficas e geopolítica

A Terra tem a forma que é quase uma esfera. Qualquer projeção da superfície terrestre (ou de parte dela) em um mapa só pode ser feita deslocando-se matematicamente pontos da esfera para um plano. Essa técnica causa distorções ou deformações.

As distorções, porém, variam. Cada tipo de projeção valoriza determinados aspectos da superfície representada. Assim, o cartógrafo escolhe a projeção mais adequada a seus objetivos. Por isso, diz-se que as projeções respondem aos interesses de quem as usa.

PROJEÇÃO AZIMUTAL EQUIDISTANTE EXTRAPOLADA DE POSTEL

Nessa projeção, o Polo Norte é o centro do mapa, onde as distorções são menores.

PROJEÇÃO DE MERCATOR

Projeção cilíndrica tangente ao Equador que produz grandes distorções nas regiões polares.

PROJEÇÃO DE PETERS

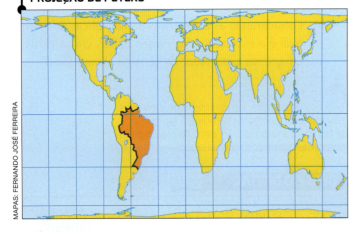

Projeção cilíndrica equivalente, onde a proporção relativa de tamanho dos continentes é preservada, porém com distorção das formas por achatamento no sentido Leste-Oeste e alongamento no sentido Norte-Sul, destacando os países situados na zona tropical.

Fonte dos mapas: FERREIRA, Graça M. L. *Atlas geográfico*: espaço mundial. 4. ed. São Paulo: Moderna, 2013. p. 12-13.

ATIVIDADES

1. Por que os mapas representam a superfície terrestre com distorções e deformações?

2. Explique por que não podemos afirmar que uma projeção é mais correta que outra.

3. Indique a projeção mais adequada para dar destaque aos territórios dos países menos desenvolvidos e explique como você chegou a essa conclusão.

4. O Ártico apresenta grandes reservas de petróleo de difícil acesso devido à cobertura de gelo. No entanto, com o aumento da temperatura média do planeta e o consequente derretimento das calotas polares, essa região passou a ser alvo de disputa entre potências pela exploração desse recurso energético. O que você faria se fosse um cartógrafo e quisesse demonstrar por meio de um mapa a proximidade entre Canadá, Rússia, Estados Unidos e norte da Europa, indicando aos governantes as possibilidades de exploração desses recursos? Você usaria a projeção de Peters, a de Mercator ou a azimutal? Por quê?

ATITUDES PARA A VIDA

Fazenda urbana

Para a Organização das Nações Unidas (ONU), o desenvolvimento das áreas rurais é fundamental para ampliar o acesso da população aos recursos alimentares. No entanto, alguns lugares do mundo estão implementando projetos dedicados à produção de alimentos nas áreas urbanas. Leia o texto abaixo sobre uma experiência na cidade de Berlim, capital da Alemanha.

> "Um grupo de empreendedores alemães desenvolveu uma série de técnicas para produzir em larga escala peixes, verduras e legumes em uma fazenda urbana na capital Berlim. [...]
>
> 'A aquaponia, que combina a criação de peixes e a agricultura, é um sistema antigo usado pelos astecas e chineses. O que nós fizemos foi profissionalizar a técnica para a produção comercial', disse [...] Nicolas Leschke, um dos criadores do sistema de fazendas ECT.
>
> A motivação inicial de Leschke e sua equipe foi o desenvolvimento de um meio de produção de alimentos em larga escala sustentável, que não necessitasse de tantos recursos e fosse menos poluente do que a agricultura tradicional. [...]
>
> Um dos diferenciais da fazenda ECT é o aproveitamento da água da chuva, que corresponde a cerca de 70% do total do recurso utilizado no sistema. [...]
>
> Outra grande vantagem da fazenda urbana é a proximidade do consumidor. 'Por estarmos no meio da cidade não temos mais custos com transporte e nossos alimentos chegam mais frescos aos clientes' [...]."

OTTOBONI, Julio. Fazenda urbana em Berlim produz verduras, legumes e peixes em larga escala. *Envolverde*, 11 jan. 2018. Disponível em: <http://envolverde.cartacapital.com.br/fazenda-urbana-em-berlim-produz-verduras-legumes-e-peixes-em-larga-escala/>. Acesso em: 10 maio 2018.

Fazenda urbana cultivada em contêiner, em Berlim (Alemanha, 2014).

ATIVIDADES

1. Qual atitude citada abaixo foi aplicada pelo grupo de empreendedores alemães ao implantar fazendas em áreas urbanas? Justifique a alternativa assinalada.
   - ( ) Controlar a impulsividade.
   - ( ) Imaginar, criar e inovar.
   - ( ) Escutar os outros com atenção e empatia.
   - ( ) Persistir.

2. Indique a ideia do texto que demonstre como conhecimentos prévios a novas situações foram aplicados no projeto da fazenda urbana de Berlim.

COMPREENDER UM TEXTO

Criada com o objetivo de garantir a paz após a Segunda Guerra Mundial, a Organização das Nações Unidas (ONU) tem sido contestada, diante da persistência de muitos conflitos no mundo atual.

Uma parcela da opinião pública acredita que, apesar do seu papel histórico, a atuação da ONU vem perdendo efetividade.

O texto a seguir é um relato do presidente da Assembleia Geral da ONU, Miroslav Lajčák, de 2018, afirmando a necessidade urgente de uma nova abordagem para evitar futuros conflitos.

Uma nova abordagem para a paz

"Quando a ONU foi criada, seus fundadores imaginaram um mundo diferente.

Um mundo no qual disputas seriam resolvidas em salas de reunião e não em campos de batalha. Um mundo no qual guerras iminentes seriam interrompidas. Um mundo que agisse antes que vidas fossem perdidas.

Porém, conflitos violentos continuam a ocorrer em todo o planeta – prolongam-se, tornam-se mais complexos e mortais. Se antes morriam no meio de fogo cruzado, hoje civis são alvos diretos de ataques. Observamos, ainda, um número sem precedentes de pessoas abandonando seus lares, por medo e desespero.

[...]

Quando digo paz, falo daquela que pode ser considerada como garantida. O tipo de paz que não desaparecerá nas próximas eleições. O tipo de paz que será medida não em meses ou anos, mas em gerações.

É o que chamamos de Paz Sustentável. Deveríamos concentrar nossos esforços nela, ao invés de buscar soluções quando o conflito já irrompeu.

Alguns dirão que é impossível consolidar a paz em determinadas regiões do planeta. Discordo. Quando Montenegro se separou da Sérvia, poucos acreditavam em uma paz duradoura. [...] A verdade é que, com intensos esforços diplomáticos e genuína vontade política, a paz perseverou.

[...]

É claro que de nada adianta convencer-se da Paz Sustentável se não houver recursos disponíveis para promovê-la. Precisamos de mais investimento em prevenção. Quando conflitos causam colapso social, tecidos sociais também são destruídos. Prédios e casas são demolidos, sem reparo. Salários deixam de ser pagos. Água para de sair das torneiras.

Gastar em reconstrução é muito mais caro do que priorizar o investimento na prevenção de conflito, sem falar do sofrimento que poderia ser evitado. Isso não faz sentido econômico. [...]

É importante lembrar que, no final das contas, a ONU foi criada para a paz. Esta é nossa bandeira. O sucesso da Organização em prevenir conflitos deveria ser a norma – não a exceção."

LAJČÁK, Miroslav. Uma nova abordagem para a paz. *Organização das Nações Unidas*, 23 abr. 2018. Disponível em: <https://nacoesunidas.org/artigo-uma-nova-abordagem-para-a-paz/>. Acesso em: 10 maio 2018.

Duradouro: durável; inalterável.
Irromper: ocorrer subitamente; violentamente.

ATIVIDADES

OBTER INFORMAÇÕES

1. Como os fundadores da ONU imaginavam o mundo no período após a Segunda Guerra Mundial?
2. Qual foi o exemplo dado pelo texto sobre paz duradoura após a atuação da ONU?

INTERPRETAR

3. De acordo com o presidente da Assembleia Geral da ONU, Miroslav Lajčák, o que é Paz Sustentável?
4. O texto afirma que a Paz Sustentável poderá ser promovida por meio de investimentos direcionados à prevenção de conflitos. Em sua opinião, é possível afirmar que essa medida seja suficiente para alcançar o objetivo da ONU?

REFLETIR

5. Os conflitos presentes na Síria vêm ocorrendo desde 2011. Apesar das medidas tomadas pela ONU para restabelecer a paz na região, a guerra civil já provocou centenas de milhares de mortes e o refúgio de uma parcela significativa da população. Com base nessas informações, pesquise os motivos dessa guerra e reflita sobre algumas medidas que poderiam ter sido tomadas para evitar os conflitos.

PESQUISAR

6. O texto citou um exemplo de sucesso de missão de paz promovida pela ONU. Pesquise em jornais, internet, revistas etc. alguns exemplos considerados fracassados por parte da opinião pública e leve o material para ser discutido com os demais colegas em sala de aula.

UNIDADE 2

GLOBALIZAÇÃO

A globalização é um processo marcado pela aceleração das trocas comerciais e culturais em âmbito mundial. O desenvolvimento tecnológico ocorrido nas telecomunicações e nos transportes foi fundamental para o incremento cada vez maior da circulação de mercadorias e pessoas, para a integração dos mercados e o aumento dos fluxos de capitais e de informações em nível global.

Após o estudo desta Unidade, você será capaz de:

- discutir sobre os efeitos socioeconômicos gerados pelo fenômeno da globalização;
- reconhecer o aspecto cultural do processo de globalização;
- relacionar a globalização ao aumento dos fluxos de capitais, mercadorias e pessoas;
- identificar os principais impactos ambientais causados pela intensificação da produção industrial, do comércio e do consumo decorrentes da globalização.

ATITUDES PARA A VIDA

- Questionar e levantar problemas.
- Pensar com flexibilidade.

COMEÇANDO A UNIDADE

1. Observe a foto do Porto de Roterdã e leia a sua legenda. De que forma você percebe o desenvolvimento do transporte e a aceleração das trocas comerciais em seu cotidiano?

2. Em sua opinião, como o desenvolvimento de novas tecnologias influencia as relações de trabalho?

3. Você considera que a globalização atinge a população mundial da mesma maneira? Explique.

O contêiner foi criado no final de 1960 e possibilitou aumentar a capacidade de carga dos navios. Esse aumento de capacidade e a velocidade dos meios de transporte são importantes para a intensificação do comércio. Na foto, navio cargueiro projetado para transportar até 18.000 contêineres ancorado no Porto de Roterdã (Países Baixos, 2016).

TEMA 1: GLOBALIZAÇÃO ECONÔMICA

Quais são as características do mercado globalizado?

O QUE É GLOBALIZAÇÃO?

O termo **globalização** se refere ao fenômeno de integração social, política, econômica e cultural decorrente da intensificação dos **fluxos internacionais** de mercadorias, pessoas e capitais financeiros e da aceleração da **difusão de informações**, viabilizada pelas **inovações tecnológicas** e pelo desenvolvimento dos transportes e das telecomunicações.

REVOLUÇÃO TECNOLÓGICA

Durante a **Guerra Fria**, a disputa entre Estados Unidos e União Soviética pela hegemonia mundial deu origem à corrida armamentista e à corrida espacial. A partir desse embate, teve início uma grande **revolução tecnológica** nas telecomunicações e nos transportes, que vem transformando o mundo desde então. Hoje a comunicação acontece em tempo real via satélite e fibras ópticas.

Com a globalização, as novas tecnologias adquiriram papel fundamental nas relações entre as pessoas, no desenvolvimento de novos conhecimentos e na produção de mercadorias. Aparelhos como celulares e microcomputadores, aliados a uma vasta rede de tecnologias integradas, com acesso à internet e a redes sociais, revolucionaram o modo como as pessoas se relacionam com o mundo (figura 1); assim como a **automação industrial**, a **robótica**, a **biotecnologia**, a **informática** e a **nanotecnologia** transformaram as atividades econômicas.

Esse processo tem levado à rápida difusão das informações, alterando nossa percepção de distância entre os lugares. Para se ter uma ideia, na década de 1960, uma viagem de avião do Rio de Janeiro a Los Angeles, nos Estados Unidos, demorava por volta de dois dias. Atualmente, esse voo dura, em média, doze horas.

Na economia globalizada, as telecomunicações e os transportes funcionam como agentes facilitadores na operacionalização das transações financeiras e comerciais e no aumento do fluxo das trocas de mercadorias pelo globo.

Figura 1. Atualmente, celulares, *smartphones*, *tablets*, *notebooks* e computadores interligados à internet fazem parte do cotidiano de bilhões de pessoas no mundo. Na foto, estudantes utilizam dispositivos eletrônicos móveis em uma escola em Sóchi (Rússia, 2017).

A TECNOLOGIA COMO DIFERENCIAL

A pesquisa e a produção de tecnologia são um diferencial entre os países. A inovação tecnológica é um elemento decisivo nas economias mais dinâmicas. Com investimentos em pesquisa, empresas e países produzem tecnologia de ponta, o que lhes garante a supremacia do conhecimento e do fazer tecnológico. Hoje, a capacidade de inovação permanece restrita a poucos países, que dispõem de equipamentos modernos, centros de pesquisa avançados e capital para investimento (figura 2).

O MERCADO GLOBAL

A ampliação das trocas comerciais internacionais foi facilitada pelo aumento da **liberação do comércio**, que se tornou possível graças ao fim ou à diminuição de barreiras alfandegárias — como taxas sobre produtos importados — e à regulamentação das trocas comerciais promovida pela **Organização Mundial do Comércio (OMC)**. Cabe a esse órgão, entre outras funções, mediar as relações e disputas comerciais entre os países.

Esse crescimento significativo das trocas comerciais ocorreu nos âmbitos mundial e intrarregional, embora se concentre nos Estados Unidos, no Canadá, na União Europeia e no Japão. Nos últimos anos, o comércio com a Ásia tem alterado a dinâmica mercantil mundial, conferindo à China um importante papel no comércio global.

A abertura comercial global, no entanto, não significou o fim do protecionismo econômico. Ainda existem subsídios e tarifas alfandegárias que protegem os produtos nacionais, deixando os importados mais caros.

Subsídio: recurso financeiro ou facilidades concedidas por um governo aos setores produtivos da nação com o objetivo de manter acessíveis os preços dos produtos nacionais ou estimular as exportações do país.

De olho no mapa

1. Onde se localizam os países que fazem os maiores investimentos em pesquisa?
2. Qual é a relação existente entre o desenvolvimento econômico de um país e os investimentos em pesquisa?

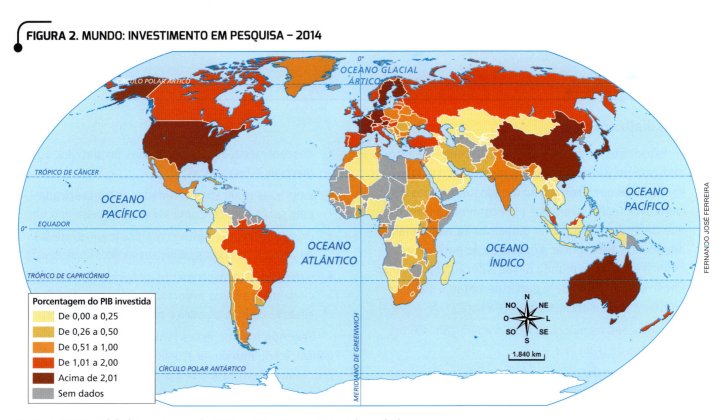

FIGURA 2. MUNDO: INVESTIMENTO EM PESQUISA – 2014

Porcentagem do PIB investida
- De 0,00 a 0,25
- De 0,26 a 0,50
- De 0,51 a 1,00
- De 1,01 a 2,00
- Acima de 2,01
- Sem dados

Fonte: UNESCO. Global Investments in R&D, n. 42, p. 2, mar. 2017. Disponível em: <http://uis.unesco.org/sites/default/files/documents/fs42-global-investments-in-rd-2017-en.pdf>. Acesso em: 5 jun. 2018.

GRANDES CORPORAÇÕES

Uma das principais características do mercado global é a existência de grandes empresas com atuação em diversos países do mundo, as chamadas **transnacionais**. Essas corporações geralmente têm sede em um país desenvolvido e filiais distribuídas por outros países. Elas podem ser de diversos ramos: montadoras de automóveis, petrolíferas, indústrias de alimento e de vestuário, entre outros.

Até a década de 1980, quando prevalecia um forte protecionismo econômico dos mercados, essas empresas recebiam a denominação de **multinacionais**. Na prática, essa proteção representava uma reserva de mercado para os produtos fabricados por essas empresas. Por exemplo, uma multinacional do setor automobilístico no Brasil concentrava todas as empresas de autopeças próximo a ela, ou seja, todos os fornecedores de componentes usados na montagem dos veículos que seriam comercializados no mercado interno, principalmente (figura 3). Era o período em que prevalecia um sistema de produção não internacionalizado.

No entanto, na passagem para os anos 1990, observa-se uma diminuição das barreiras alfandegárias. Com a redução do protecionismo, as empresas multinacionais passaram a descentralizar sua produção, processo que levou à dispersão espacial da indústria no mundo. É nesse contexto que o termo transnacional passou a ser empregado: grandes corporações globais que fabricam e comercializam seus produtos de forma internacionalizada, repartindo a produção em várias fábricas, que podem estar localizadas em diferentes países.

Figura 3. Funcionários em uma linha de montagem de caminhões, em São Bernardo do Campo (SP, 1958).

QUADRO

Mundialização

Estudiosos de diferentes áreas do conhecimento dedicam-se a interpretar as mudanças sociais e econômicas que ocorrem no mundo nas últimas décadas. François Chesnais é um economista francês que defende que o termo globalização não é mais adequado para explicar a organização política, econômica e social do mundo desde a década de 1970. Chesnais defende que a partir de então o sistema mudou, sendo marcado por:

- inovações tecnológicas que acabam com muitos postos de trabalho;
- formação e domínio do comércio internacional por empresas transnacionais;
- empresas transacionais determinando regras de contrato de trabalho nos países;
- descentralização das atividades produtivas, comerciais e financeiras;
- empresas realizando atividades antes praticadas pelo setor público (como serviços de transporte);
- grande volume de capital concentrado em atividades de serviços, com destaque para os serviços financeiros;
- países em desenvolvimento inserindo-se internacionalmente como exportadores de *commodities*, reserva de mão de obra e mercado consumidor.

Segundo o autor, esses fenômenos definem a organização do mundo na atualidade e configuram um processo denominado por ele de **mundialização**.

- **Qual é a importância da diminuição das barreiras alfandegárias para a formulação do conceito de mundialização de François Chesnais?**

TRANSNACIONAIS

Os países onde são instaladas as filiais das corporações transnacionais oferecem uma série de vantagens para que as empresas instalem-se neles, tais como a redução do custo de fabricação das mercadorias e isenções fiscais. Além disso, as transnacionais encontram, nos países em desenvolvimento e nos países não desenvolvidos, uma mão de obra mais barata e uma legislação trabalhista mais favorável ao interesse das empresas.

A expansão das transnacionais ampliou a produção em escala global e o comércio mundial de mercadorias e de serviços. Por vezes, o volume de negócios dessas empresas globais é maior do que o Produto Interno Bruto (PIB) de diversos países, como o da Costa Rica (U$ 57 bilhões), de Camarões (U$ 32 milhões) e da Bolívia (U$ 34 bilhões). Esse poderio econômico confere às empresas grande poder de influência sobre os governos nacionais (figura 4).

Isenção fiscal: isenção do pagamento de impostos para empresas com o intuito de incentivá-las a se estabelecer em determinado local.

O TRABALHO NO MUNDO GLOBAL

Na economia global, exige-se dos trabalhadores cada vez mais qualificação e especialização para ocupar postos de trabalho. É necessário que os funcionários sejam capazes de lidar com as novas tecnologias introduzidas no processo de produção e tomar decisões rapidamente. O conhecimento e a constante atualização profissional são exigências do mercado de trabalho atual.

QUADRO

Qualificação profissional

Na economia global, é necessário que as pessoas se preparem para ser competitivas no mercado de trabalho por meio de formação educacional contínua.

- **Considerando o que você sabe sobre o desenvolvimento educacional brasileiro, mencione desafios que o Brasil deve superar para formar profissionais competitivos no mercado de trabalho globalizado.**

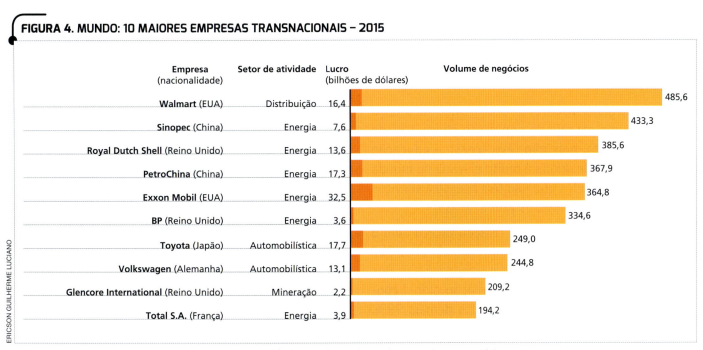

FIGURA 4. MUNDO: 10 MAIORES EMPRESAS TRANSNACIONAIS – 2015

Fonte: SCIENCES PO. Atelier de cartographie. Disponível em: <http://cartotheque.sciences-po.fr/media/25_premieres_firmes_multinationales_2015/202/>. Acesso em: 7 jun. 2018.

Figura 5. O desenvolvimento tecnológico e o crescimento econômico mundial não reduziram as desigualdades sociais. Na Somália, mais da metade dos habitantes necessitam de assistência e proteção, incluindo 2,9 milhões de ameaçados pela fome. Na foto, mulheres se servem em um centro de distribuição de alimentos, em Mogadíscio (Somália, 2017).

> **PARA LER**
>
> - **Globalização a olho nu: o mundo conectado**
> Clóvis Brigagão; Gilberto M. A. Rodrigues. São Paulo: Moderna, 2004. (Coleção Polêmica.)
>
> O livro aborda os principais aspectos da globalização, extrapolando o campo econômico. O autor provoca uma reflexão sobre nossa inserção no mundo globalizado e propõe pensar como nos preparar para enfrentar os desafios que ele impõe.

GLOBALIZAÇÃO E EXCLUSÃO SOCIAL

Com a globalização, a produção e o consumo de mercadorias tornaram-se globais, e produtos e consumidores deixaram de ter nacionalidades específicas. Entretanto, grande parte da população mundial não tem acesso a sistemas de saúde adequados, educação de qualidade e condições dignas de moradia. Em um mundo marcado pelos avanços tecnológicos, mais de um bilhão de pessoas ainda passa fome; doenças como poliomielite, malária e tuberculose, para as quais existe vacina, atingem ainda milhares de indivíduos e, em muitas localidades, ainda há mulheres que morrem durante o parto por falta de assistência médica (figura 5).

No mundo globalizado, onde ocorreu grande avanço na ciência, uma parcela da população chega à idade adulta analfabeta, pois não teve acesso à educação básica de qualidade. Ainda é muito elevada no mundo a quantidade daqueles que não têm acesso a serviços de água tratada, coleta de esgoto e de lixo.

Esses problemas possuem relação direta com o aumento da desigualdade: estudo lançado em 2017 pela organização britânica Oxfam comprova que, nos dias de hoje, somente 1% da população global controla uma riqueza que equivale à dos demais 99%. Uma desigualdade social como esta indica a precariedade das condições de vida em grande parte do mundo (figura 6).

Alguns movimentos de inclusão, sobretudo os relacionados à cultura, adquiriram algumas conquistas nas últimas décadas, como os que buscam maior igualdade entre os gêneros. Essas conquistas relacionam-se em diferentes medidas com o aumento da comunicação entre grupos sociais e com a mobilização que esses grupos alcançam.

Figura 6. Estima-se que os chamados "catadores" são responsáveis por quase 90% do material reciclado no Brasil. Apesar da importância e do valor deste serviço, a maioria desses trabalhadores sobrevive em situação de extrema pobreza. Além disso, trabalham em ambientes insalubres, onde correm sérios riscos de contaminação. Na foto, catadores de materiais recicláveis em um lixão no município de Barbalha (CE, 2017).

TECNOLOGIA E GEOGRAFIA

A automação e a reorganização do mercado de trabalho

"A automação de processos nos mais variados segmentos da economia global, aliado ao uso crescente de inteligência artificial, promove ganhos de eficiência e competitividade às empresas, mas também deverá provocar uma relevante reorganização do mercado de trabalho. Estudo realizado pela consultoria McKinsey & Company, com dados de 46 países, estima que, até 2030, de 400 milhões a 800 milhões de trabalhadores no mundo poderão perder o emprego e passar a ver suas atividades exercidas por robôs e máquinas.

Em 60% das ocupações no mundo, concluiu a consultoria, cerca de um terço das atividades já poderiam ser automatizadas.

'Nossa pesquisa indica que até 30% das horas trabalhadas no mundo poderão ser automatizadas até 2030, dependendo da velocidade de adoção. [...]

'As atividades mais suscetíveis à automação incluem aquelas que dependem de força física em ambientes previsíveis, como operação de maquinário e preparo de alimentos em redes de *fast-food*', relata a consultoria.

Também foram apontadas atividades de coleta e processamento de dados, o que pode atingir profissionais da área administrativa. 'A automação terá efeitos menores em trabalhos que envolvem gestão de pessoas, uso de expertise e interações sociais, em que máquinas não conseguem ter a performance de um humano por enquanto.'

Esse volume expressivo de cortes, explica a consultoria, deverá ser parcialmente compensado por novos tipos de trabalho decorrentes do emprego de novas tecnologias, assim como pela evolução de questões sociais e demográficas."

RINALDI, C. Automação pode tirar trabalho de até 800 milhões de trabalhadores até 2030, diz McKinsey. *O Estado de S. Paulo*, 29 nov. 2017. Disponível em: <https://economia.estadao.com.br/noticias/geral,automacao-pode-tirar-trabalho-de-ate-800-milhoes-de-trabalhadores-ate-2030-diz-mckinsey,70002101960>. Acesso em: 8 jun. 2018.

ATIVIDADES

1. Qual é a relação entre o fenômeno da globalização e o avanço da automação das atividades econômicas?

2. Quais são as possíveis soluções ao desemprego causado pela reorganização do mercado de trabalho em escala global?

A automação e a robotização diminuíram o número de postos de trabalho nas fábricas de todo o mundo. Na foto, linha de montagem automatizada em uma fábrica de veículos em Jacareí (SP, 2015).

TEMA 2 — GLOBALIZAÇÃO CULTURAL

Como a globalização influencia a cultura e o consumo em escala global?

A GLOBALIZAÇÃO CULTURAL E OS NOVOS MEIOS DE COMUNICAÇÃO

Globalização cultural é o nome dado ao processo de intensificação das trocas culturais entre povos de diferentes partes do mundo, sendo esse processo marcado pelo predomínio de alguns valores sobre outros. Esse predomínio tem origem nos centros economicamente dominantes, uma vez que estes possuem maior avanço tecnológico e poder econômico para transmitir seus elementos de cultura.

A globalização cultural está associada à globalização econômica na medida em que as grandes empresas e corporações produzem e disseminam hábitos e valores de consumo e de modo de vida em todas as regiões.

Durante o século XX e início do XXI, ocorreu o surgimento de **novos meios de comunicação**. Os mais importantes foram os telefones fixos e móveis, a televisão e o computador, que ampliaram as possibilidades e a velocidade com a qual mensagens, informações e imagens passaram a ser transmitidas. Com esses meios de comunicação, a interação entre as pessoas de diferentes partes do mundo tornou-se muito mais rápida e menos dependente do deslocamento territorial.

A MÍDIA E A INDÚSTRIA CULTURAL

Os aparelhos novos de comunicação deram origem à **mídia**, conjunto dos meios de comunicação utilizados para informar, transmitir conhecimento e permitir a troca de ideias. A maior parte das mídias é de propriedade de empresas e é financiada pela publicidade. Dessa forma, as mídias divulgam, na grande maioria dos casos, interesses, valores e ideias das empresas e dos seus anunciantes, constituindo a chamada **indústria cultural**: a disseminação de valores e hábitos que interessem a setores da indústria, do comércio e dos serviços (figura 7).

Atualmente, a internet é o principal meio em que as informações e a comunicação entre as pessoas acontece. Diversos serviços na internet são gratuitos (como algumas redes sociais, serviços de *e-mail*, jogos eletrônicos, entre outros), mas esses serviços se sustentam com o dinheiro que os anunciantes pagam para a divulgação de seus produtos.

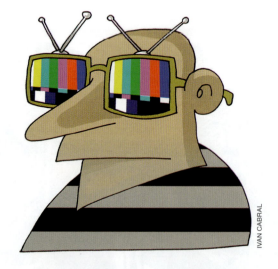

Figura 7. A televisão foi o primeiro grande meio de comunicação a contribuir para a formação de um conjunto de valores e hábitos de consumo padronizado, característico da indústria cultural. Desde a década de 1980, é constante a crítica à televisão como meio de comunicação de uma cultura massificada. Charge de Ivan Cabral.

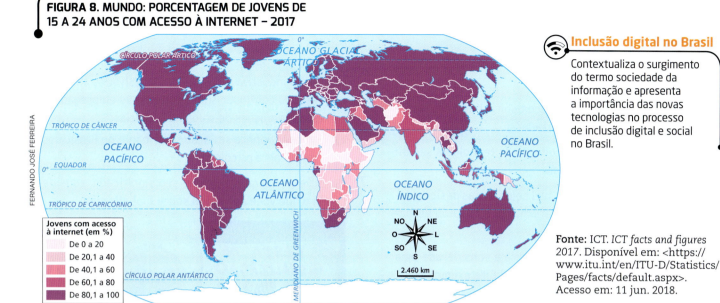

FIGURA 8. MUNDO: PORCENTAGEM DE JOVENS DE 15 A 24 ANOS COM ACESSO À INTERNET – 2017

Jovens com acesso à internet (em %):
- De 0 a 20
- De 20,1 a 40
- De 40,1 a 60
- De 60,1 a 80
- De 80,1 a 100

Fonte: ICT. ICT facts and figures 2017. Disponível em: <https://www.itu.int/en/ITU-D/Statistics/Pages/facts/default.aspx>. Acesso em: 11 jun. 2018.

Inclusão digital no Brasil
Contextualiza o surgimento do termo sociedade da informação e apresenta a importância das novas tecnologias no processo de inclusão digital e social no Brasil.

DESIGUALDADE NO ACESSO AOS MEIOS DE COMUNICAÇÃO

O acesso da população aos meios de comunicação é muito desigual, seja porque parcela importante da população não tem condições econômicas de adquirir aparelhos e serviços relacionados a esses meios, seja porque em diversas regiões do mundo falta infraestrutura necessária para a implantação e uso dos aparelhos e serviços. O acesso à internet, por exemplo, evidencia essa desigualdade: a população dos países menos desenvolvidos possui baixo acesso a esse meio de comunicação, em relação aos países emergentes e desenvolvidos (figura 8).

SOCIEDADE DE CONSUMO

O crescimento das empresas e dos mercados está relacionado ao consumo de produtos e de serviços; por isso, a globalização é um processo associado ao desenvolvimento da **sociedade de consumo**, que se caracteriza pelo intenso consumo de produtos e serviços. Na sociedade de consumo atual, as pessoas são incentivadas a comprar e a publicidade é um importante instrumento para que as empresas atinjam esse objetivo.

A CULTURA GLOBALIZADA

Como consequência da propagação dos valores, hábitos e ideias dos centros economicamente dominantes, os produtos, padrões (de vestuário, alimentícios, de objetos etc.) e serviços costumam estar fortemente presentes na maior parte das regiões do mundo. Essa dinâmica contribui para um processo de **padronização da cultura** (figura 9).

Por outro lado, diversas particularidades de **culturas locais** de povos dos diferentes continentes são divulgadas pelos meios de comunicação. A cultura globalizada é resultado, portanto, dos valores e padrões propagados pelos centros econômicos e pelas manifestações locais.

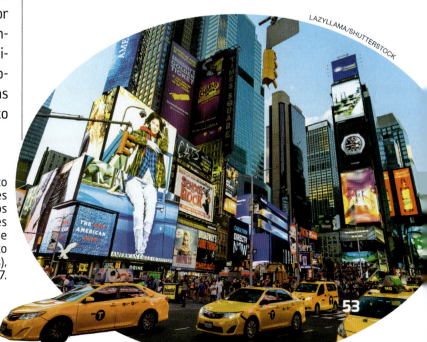

Figura 9. As metrópoles são o espaço geográfico onde os padrões culturais promovidos pelas grandes empresas estão mais presentes. Elas se constituem nos centros de produção e de difusão de hábitos, valores e costumes de interesse dos setores industrial, de comércio e serviços. Times Square, uma área muito movimentada na cidade de Nova York (Estados Unidos), uma das maiores metrópoles do mundo, em 2017.

ATIVIDADES

ORGANIZAR O CONHECIMENTO

1. Qual é a importância das telecomunicações e dos transportes na economia globalizada?

2. Por que a pesquisa e a produção de tecnologia são diferenciais entre os países?

3. A globalização foi responsável pelo fim das desigualdades entre os países. Essa afirmação é falsa ou verdadeira? Explique.

4. Por que a padronização da cultura é considerada uma das consequências da globalização? Cite exemplos.

5. Qual é a relação entre a indústria cultural, a internet e sociedade de consumo?

APLICAR SEUS CONHECIMENTOS

6. A reportagem a seguir trata da violação de direitos de trabalhadores em Bangladesh, país do continente asiático. Leia e depois responda às questões.

   "[...] trabalhadores reportam uma série de violações, incluindo agressões físicas, xingamentos (alguns de cunho sexual), horas extras forçadas, negativas para pagamento de licença-maternidade, pagamento atrasado ou parcial de salários e bônus e também represálias a sindicalistas. [...]

   O grupo de direitos humanos também acusa o governo e as direções das fábricas – que, em sua maioria, produzem roupas para o varejo americano, europeu e australiano – de não garantirem a segurança e não indenizarem de forma adequada os sobreviventes e as famílias das vítimas do incêndio na empresa Tazreen Fashions – em novembro de 2012, quando 117 pessoas morreram – e do desabamento do Raza Plana.

   A tragédia provocou um clamor internacional e evidenciou as deficiências de segurança na indústria do vestuário, que gera cerca de 80% das receitas de exportação e representa mais de 10% do Produto Interno Bruto (PIB) do país do sul-asiático. Ao todo, são mais de 4 milhões de trabalhadores. A maioria, mulheres. [...]"

   DOMINGUEZ, Gabriel. HRW denuncia más condições de trabalho no setor têxtil de Bangladesh. DW, 22 abr. 2015. Disponível em: <http://www.dw.com/pt-br/hrw-denuncia-m%C3%A1s-condi%C3%A7%C3%B5es-de-trabalho-no-setor-t%C3%AAxtil-de-bangladesh/a-18398752>. Acesso em: 11 jun. 2018.

   a) Como a globalização contribui para a ocorrência de situações como a descrita no texto?

   b) Para a indústria têxtil de Bangladesh subsistir, é necessário continuar submetendo seus empregados a essas condições de trabalho precárias?

   c) Se você conhece situação semelhante no Brasil, descreva-a para os colegas.

7. Observe a charge e explique seu significado, considerando o que você aprendeu sobre globalização.

8. Observe o gráfico a seguir e responda às questões.

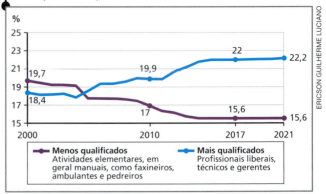

Fonte: PERRIN, F. Automação vai mudar a carreira de 16 milhões de brasileiros até 2030. Folha de S.Paulo, 21 jan. 2018. Disponível em: <https://www1.folha.uol.com.br/mercado/2018/01/1951904-16-milhoes-de-brasileiros-sofrerao-com-automacao-na-proxima-decada.shtml>. Acesso em: 8 jun. 2018.

   a) Considerando o período representado no gráfico, que mudanças podem ser observadas na distribuição do emprego no Brasil?

   b) Quais são os fatores que estão diretamente relacionados às mudanças representadas no gráfico?

9. Observe o gráfico e, em seguida, faça o que se pede.

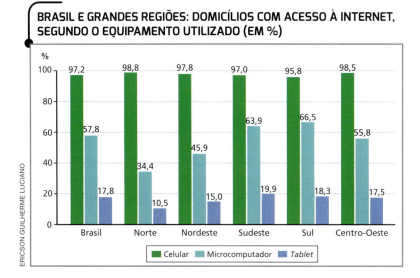

BRASIL E GRANDES REGIÕES: DOMICÍLIOS COM ACESSO À INTERNET, SEGUNDO O EQUIPAMENTO UTILIZADO (EM %)

a) Como era o acesso à internet no Brasil em 2016, segundo o equipamento utilizado.

b) De que maneira o gráfico mostra que o acesso à internet possui relação com a tecnologia?

Fonte: PNAD Contínua TIC 2016: 94,2% das pessoas que utilizaram a Internet o fizeram para trocar mensagens. *IBGE Notícias*, 21 fev. 2018. Disponível em: <https://agenciadenoticias.ibge.gov.br/agencia-noticias/2013-agencia-de-noticias/releases/20073-pnad-continua-tic-2016-94-2-das-pessoas-que-utilizaram-a-internet-o-fizeram-para-trocar-mensagens.html>. Acesso em: 11 jun. 2018.

10. (FMABC, 2017)

"A reorganização das estruturas produtivas e o aumento dos fluxos comerciais e financeiros, configurando uma situação de crescente interdependência mundial, no presente contexto de aceleração do desenvolvimento tecnológico."

Bolívar Lamounier. "Crise ou mudança". In: Celso Barroso Leite. *Antologia informal*. Paraná: Destaque, 2000. p. 83. Adaptado.

O texto apresenta uma definição possível do fenômeno

a) do mutualismo.
b) da estatização.
c) do ambientalismo.
d) da globalização.

11. Analise a anamorfose geográfica e responda às questões.

MUNDO: BILIONÁRIOS – 2018

a) Onde se localizam os países com o maior número de bilionários no mundo?

b) Como o Brasil se insere no panorama apresentado pela anamorfose geográfica?

c) Como é possível relacionar a distribuição mundial das pessoas consideradas bilionárias com o fenômeno da globalização?

Fonte: World Mapper. Disponível em: <https://worldmapper.org/maps/inequality-billionaires-2018/?sf_action=get_data&sf_data=results&_sft_product_cat=work,culture,inequality>. Acesso em: 8 jun. 2018.

TEMA 3 — A GLOBALIZAÇÃO E OS FLUXOS INTERNACIONAIS

Como a globalização intensifica as trocas comerciais?

OS FLUXOS FINANCEIROS

O aumento da **circulação de capitais** pelo mundo é uma característica da globalização. Com o alargamento do mercado internacional e a intensificação das trocas comerciais, os capitais passaram a circular também de forma mais rápida, aplicados nas **bolsas de valores** dos principais centros financeiros do mundo.

Algumas das principais bolsas de valores do mundo estão localizadas em Nova York (Estados Unidos), Londres (Reino Unido), Frankfurt (Alemanha), Hong Kong (China), Tóquio (Japão) e Amsterdã (Países Baixos). Há também bolsas localizadas em cidades de países emergentes, como São Paulo (Brasil), Buenos Aires (Argentina) e Mumbai (Índia), que abrigam sedes administrativas ou filiais de transnacionais, bancos e instituições financeiras. Isso significa que centros financeiros participam do trânsito global dos capitais.

Os **Investimentos Estrangeiros Diretos (IED)**, que são capitais de transnacionais investidos em suas filiais, representam potencial para geração de empregos, aumento da produtividade, transferência de conhecimentos especializado e tecnologia e, consequentemente, contribuem para o desenvolvimento econômico dos países que recebem esses investimentos. Em países da América Latina e do Caribe, os IED tiveram aumento em 2017, sobretudo pelos valores investidos no melhoramento das *commodities*, infraestrutura, finanças, serviços empresariais e TICs. Apesar disso, no mesmo ano, houve uma redução nos investimentos dessa natureza no mundo, sobretudo em países desenvolvidos (figura 10).

FIGURA 10. MUNDO: INVESTIMENTOS ESTRANGEIROS DIRETOS – 2005-2017

Fonte: UNCTAD. *World Investment Report 2018*, p. 2. Disponível em: <http://unctad.org/en/PublicationsLibrary/wir2018_en.pdf>. Acesso em: 7 jun. 2018.

TRANSPORTE DE MERCADORIAS E PESSOAS

Para que as trocas comerciais ocorram de maneira eficaz, no menor tempo possível e com maiores perspectivas de lucro, os países investem na conexão de **terminais intermodais**. Ou seja, portos modernos integram terminais ferroviários, rodoviários, aéreos e, às vezes, fluviais. Desses pontos de distribuição, contêineres são encaminhados para outros destinos (figura 11).

Além disso, a criação de complexos industriais, com refinarias de petróleo e indústria química, representa um tipo de infraestrutura necessária para a dinamização da economia dos países. Essas áreas são conhecidas como **Zonas Industriais e Portuárias (ZIP)**.

FIGURA 11. MUNDO: FLUXOS MARÍTIMOS E PORTOS

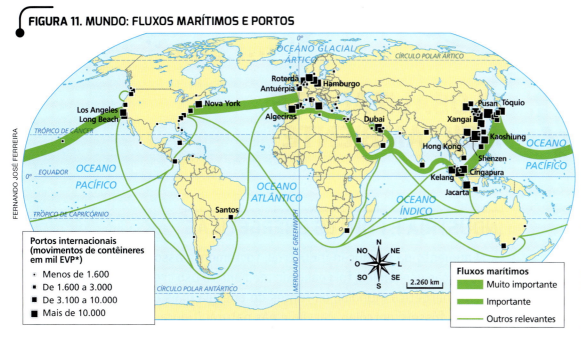

*EVP (Equivalente a vinte pés): medida correspondente à dimensão-padrão de um contêiner (20 pés de comprimento, 8 pés de altura e largura). 1 pé equivale a 30,48 cm.

Fonte: FERREIRA, Graça M. L. Atlas geográfico: espaço mundial. 4. ed. São Paulo: Moderna, 2013. p. 55.

A localização dos maiores e mais movimentados portos está relacionada à relevância das principais rotas comerciais do mundo.

Os aeroportos modernos também passaram a ter terminais intermodais para o transporte de carga. Ainda que o custo para o deslocamento de mercadorias seja alto por via aérea, esse modal é relevante, pois transporta produtos de grande valor monetário. A aviação também possui importância para o fluxo de pessoas, sendo que alguns aviões chegam a transportar quase 500 passageiros. Junto ao barateamento do custo das passagens, esse fator contribuiu para que o deslocamento de pessoas por esse meio de transporte crescesse.

Apesar dos investimentos na ampliação de terminais e pistas, o congestionamento do espaço aéreo tem se tornado um problema nos grandes aeroportos do planeta (figura 12).

> **De olho no mapa**
> Comente a distribuição dos principais fluxos marítimos e dos portos mais movimentados do mundo.

Figura 12. O Aeroporto Internacional de Atlanta é o maior do mundo em tráfego de passageiros desde 1998. Em 2017, 104 milhões de passageiros transitaram por ele. Na foto, pista do aeroporto nos arredores da cidade de Atlanta (Estados Unidos, 2015).

TEMA 4

GLOBALIZAÇÃO E MEIO AMBIENTE

Como a globalização impacta o meio ambiente?

INDÚSTRIA E FONTES ENERGÉTICAS

O aumento da produção industrial, fortemente associado ao processo de globalização econômica, foi realizado mediante o uso crescente de energia. Na matriz energética mundial, as fontes de energia mais utilizadas são os combustíveis fósseis: petróleo, carvão e gás natural (figura 13), cuja exploração e produção acarretam diversos impactos ambientais.

Segundo o levantamento da Agência Internacional de Energia de 2017, a indústria é, atualmente, o setor da economia que mais consome energia no mundo, seguido pelo setor da construção civil e do transporte. As projeções indicam que esse cenário não deve mudar até 2040, o que faz com que os recursos naturais e o investimento tecnológico para o desenvolvimento de fontes alternativas de energia sejam cada vez mais estratégicos.

FIGURA 13. MUNDO: CONSUMO DE ENERGIA – 1991-2016

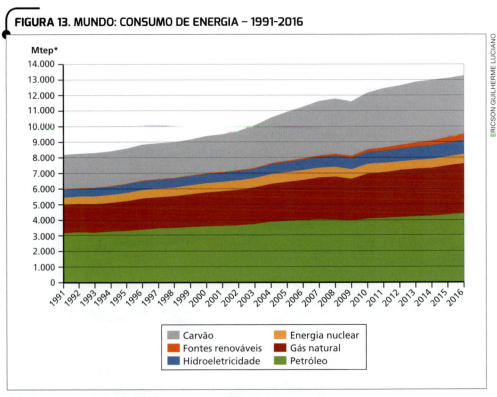

* Milhões de toneladas equivalentes de petróleo.

Fonte: BP. *BP Energy Outlook*, 2018, p. 10. Disponível em: <https://www.bp.com/content/dam/bp/en/corporate/pdf/energy-economics/statistical-review-2017/bp-statistical-review-of-world-energy-2017-full-report.pdf>. Acesso em: 20 maio 2018.

O CARVÃO

O carvão é o mais poluente dos combustíveis fósseis, e foi a principal força motriz durante a Revolução Industrial inglesa, em meados do século XVIII. Na atualidade, é muito usado em termoelétricas, na geração de eletricidade e nas siderúrgicas.

O uso do carvão tem crescido em âmbito mundial. Isso se explica por ele ser abundante e muito utilizado na China, país que tem apresentado acelerado crescimento econômico. O incremento da cadeia industrial chinesa foi sustentado pela energia advinda da queima do carvão mineral e hoje o país consome metade da produção mundial desse combustível fóssil.

Os níveis de poluição do ar nas grandes cidades chinesas chegaram a índices alarmantes, causando doenças respiratórias e pulmonares, além de problemas ligados à exploração desse recurso na natureza (figura 14). Diante dessa situação, as autoridades governamentais chinesas têm procurado reduzir o uso de carvão como fonte de energia.

Figura 14. Elevados índices de poluição atmosférica fizeram com que a população chinesa pressionasse os governantes para combater esse problema. Em Pequim, as autoridades chinesas decretaram alerta ambiental máximo por causa dos níveis alarmantes de contaminação do ar (China, 2017).

Figura 15. Usina termelétrica em Cassano d'Adda, região da Lombardia (Itália, 2016).

USINAS TERMELÉTRICAS

As usinas termelétricas geram energia a partir do calor produzido por meio da queima de combustíveis fósseis ou pela queima de resíduos de vegetais (biomassa), como o bagaço de cana-de-açúcar. O calor gerado pela queima desses materiais aquece grandes caldeiras de água, que então evapora em alta pressão e movimenta as pás das turbinas dos geradores.

A maior parte das termelétricas funciona pela queima de materiais fósseis e, assim, aumenta a quantidade de gases causadores do efeito estufa (dióxido de carbono, metano, óxido nitroso e clorofluorcarbonetos). Já a geração de energia a partir da biomassa apresenta vantagens ambientais, pois é uma fonte de energia renovável, permite o reaproveitamento de resíduos e é menos poluente do que o carvão e o petróleo (figura 15).

AS MUDANÇAS CLIMÁTICAS

Nos últimos anos, a temperatura terrestre tem apresentado elevação, que, no entender da maior parte dos cientistas, é resultado da ação antrópica. Segundo a Agência Espacial Norte-Americana (Nasa), o aquecimento global é o responsável pelo acréscimo de 1,1 °C na média da temperatura da superfície da Terra, tendo como base o final do século XIX. Em 2016, a concentração dos gases de efeito estufa na atmosfera bateu recordes, e esse ano foi também o mais quente da história, seguido por 2017. A tendência é de aumento das temperaturas globais, caso não haja redução das emissões, principalmente de dióxido de carbono. Veja a figura 16, ao lado.

O ACORDO DE PARIS

No final de 2015, em Paris, capital da França, durante a Conferência das Nações Unidas sobre as Mudanças Climáticas (COP-21), cerca de 195 países aprovaram o Acordo de Paris, com o objetivo de reduzir as emissões de gases de efeito estufa na atmosfera. Pelo acordo, todas as nações signatárias são obrigadas a encontrar maneiras para limitar o aquecimento médio do planeta a 1,5 °C, até 2100.

Em 2017, entretanto, os Estados Unidos – o segundo maior poluidor da atmosfera depois da China – retiraram-se do Acordo de Paris (figura 17). A justificativa para a saída foi que as condições impostas àquele país eram muito desfavoráveis em comparação com as previstas para a China. Na realidade, porém, o objetivo do governo dos Estados Unidos foi proteger as indústrias estadunidenses de carvão, de gás e de petróleo.

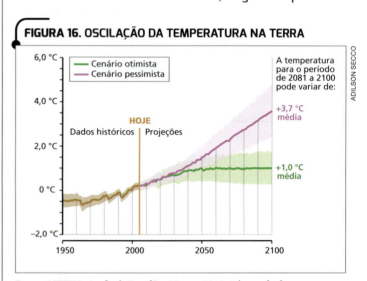

FIGURA 16. OSCILAÇÃO DA TEMPERATURA NA TERRA

Fonte: NETTO, Andrei. *Estadão*, 27 set. 2013. Disponível em: <https://sao-paulo.estadao.com.br/noticias/geral,para-ipcc-planeta-nunca-esteve-pior-imp-,1079259>. Acesso em: 6 jun. 2018.

Figura 17. Nos Estados Unidos, o setor de transporte é o que mais lança gases pela queima de combustíveis, superando o setor de energia elétrica. Foto de tráfego intenso em Los Angeles, Califórnia (Estados Unidos, 2015).

FONTES DE ENERGIA NÃO POLUENTES

Questões ambientais ligadas ao aquecimento global têm provocado o desenvolvimento de fontes de energia "limpas", aquelas que não poluem a atmosfera com a emissão de gases de efeito estufa. Entre essas fontes de energia estão a solar, a eólica, a geotérmica e a biomassa.

Segundo o relatório *Global Wind Statistics 2017*, o preço da energia eólica está ficando cada vez mais competitivo, o que explica o crescimento desse tipo de energia no mundo (figura 18). A China é o país líder no uso e crescimento dessa fonte de energia (figura 19), seguido por Estados Unidos, Alemanha, Grã-Bretanha e Índia. O Brasil ocupa o 8º lugar.

A Europa vem tomando medidas para que, nos próximos anos, a participação de energias renováveis na matriz energética seja cada vez maior. Apesar das atitudes do governo estadunidense atual, os Estados Unidos estão entre os líderes mundiais na busca de fontes alternativas de energia, em pesquisa e investimentos.

ENERGIA HIDRELÉTRICA

A água é o recurso natural renovável que move as turbinas das usinas hidrelétricas. As hidrelétricas são consideradas fontes de energia limpa, pois não emitem poluentes na atmosfera. Isso não significa, porém, que não produzam impactos ambientais.

A construção de uma hidrelétrica requer a formação de uma grande represa, o que altera a fauna e a flora locais, além da remoção das pessoas que habitam as áreas alagadas.

No Brasil, as hidrelétricas têm produzido de 20% a 25% da energia utilizada no setor industrial. Em outras economias altamente industrializadas, como Estados Unidos e China, a participação da energia hidrelétrica é bem menor, sendo respectivamente menos de 15% nos Estados Unidos e menos de 10% na China.

FIGURA 18. MUNDO: PRODUÇÃO DE ENERGIA EÓLICA (EM MW) – 2001-2017

Fonte: ALVES, José Eustáquio Diniz. O crescimento da energia eólica no mundo em 2017. *Ecodebate*, 19 fev. 2018. Disponível em: <https://www.ecodebate.com.br/2018/02/19/o-crescimento-da-energia-eolica-no-mundo-em-2017-artigo-de-jose-eustaquio-diniz-alves/>. Acesso em: 6 jun. 2018.

Figura 19. Grande parte do aumento da capacidade instalada de produção de energia limpa no mundo provém da China. Os chineses mantêm a liderança no setor eólico. Na foto, parque eólico em Xinjiang (China, 2017).

A QUESTÃO DA ÁGUA

A distribuição de água doce no planeta é desigual e a intensificação do seu consumo tornou o acesso a esse recurso uma questão de interesse global. Muitos países enfrentam **estresse hídrico**, ou seja, carência de água potável.

A DEMANDA CRESCENTE

Segundo previsões da UN-Water (divisão da ONU sobre assuntos relacionados à água), até 2050, a demanda global de água crescerá 55% no mundo (figura 20), e o aumento do consumo pode ser maior do que a reposição natural feita pelas chuvas, gerando escassez ou estresse hídrico. Hoje, a maior parte da água doce do planeta (cerca de 70%) é utilizada na irrigação (figura 21); a indústria absorve 22% e 8% serve no uso doméstico.

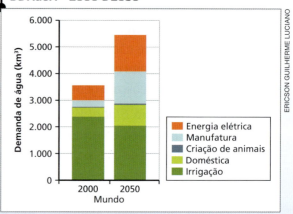

Fonte: UNESCO. *Encarando os desafios: estudos de caso e indicadores 2015*. p. 39. Disponível em: <http://unesdoc.unesco.org/images/0024/002440/244035por.pdf>. Acesso em: 7 jun. 2018.

OS PROBLEMAS NO CONSUMO

A população de muitos países do mundo poderá não ter água suficiente para suprir as suas necessidades no futuro, pois a ação antrópica tem alterado profundamente o ambiente. O desmatamento, a compactação e impermeabilização dos solos, o assoreamento dos rios e a poluição de rios e mares são as ações antrópicas que mais têm ameaçado a disponibilidade de água doce. Cresce no mundo também a escassez econômica de água, sobretudo na África Subsaariana, no sul e sudeste da Ásia e na América Central. Hoje, esse tipo de escassez afeta cerca de 1,6 bilhão de pessoas (figura 22).

> **Escassez econômica de água:** acesso limitado à água por questões socioeconômicas, como a falta de infraestrutura onde há disponibilidade hídrica.

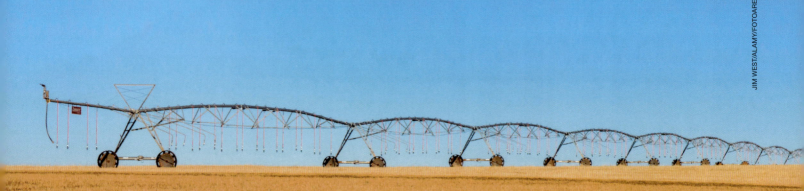

Figura 21. A irrigação é uma prática essencial para o aumento da produtividade nas lavouras, visto que o cultivo deixa de depender da ocorrência de precipitações. Na foto, pivôs de irrigação em uma lavoura em Cortez (Estados Unidos, 2017).

FIGURA 22. MUNDO: ESCASSEZ ECONÔMICA DE ÁGUA – 2016

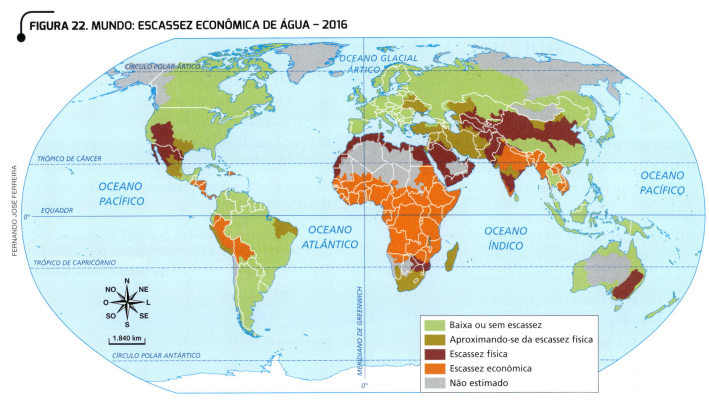

Fonte: UNESCO. *Informe de las Naciones Unidas sobre el desarrollo de los recursos hídricos en el mundo 2016*. p. 19. Disponível em: <http://unesdoc.unesco.org/images/0024/002441/244103s.pdf>. Acesso em: 7 jun. 2018.

De olho no mapa
Onde se concentram os países com escassez econômica de água?

Trilha de estudo
Vai estudar? Nosso assistente virtual no *app* pode ajudar! <http://mod.lk/trilhas>

A POLUIÇÃO DAS ÁGUAS

Pesticidas e fertilizantes usados nas atividades agropecuárias e o despejo de esgotos domésticos e industriais estão entre as principais causas da contaminação de nascentes, lençóis freáticos e rios, que tornam as águas impróprias para consumo humano. Segundo a Organização Mundial da Saúde (OMS), 40% dos seres humanos, quase 3 bilhões de pessoas, não têm acesso a rede de esgotos ou a água encanada e tratada (figura 23). O esgoto não tratado é despejado em córregos e rios, e corre a céu aberto, onde proliferam micróbios causadores de doenças como cólera, febre tifoide, hepatite, poliomielite e diarreia. A falta de saneamento básico tem relação direta com inúmeras doenças e influencia as taxas de mortalidade, principalmente a infantil, em especial nas áreas carentes.

Figura 23. O Rio Citarum é um dos mais poluídos do mundo. Nele, são encontrados mercúrio, chumbo, arsênico, resíduos domésticos e industriais. Suas águas são utilizadas para irrigação e como fonte de energia hidrelétrica para Java e a Ilha de Bali. Na foto, trecho do Rio Citarum (Indonésia, 2016).

ATIVIDADES

ORGANIZAR O CONHECIMENTO

1. Explique a relação entre os fluxos de capitais e a ação das transnacionais, bancos e instituições financeiras.

2. Cite duas estratégias que os países utilizam para dinamizar os fluxos de mercadorias.

3. Relacione os itens.
   I. Fontes de energia mais utilizadas hoje em dia.
   II. Setor da economia que mais utiliza energia.
   III. Fontes de energia muito poluentes.
   IV. Fontes de energia não poluentes.
   a) Indústria.
   b) Carvão e petróleo.
   c) Carvão, petróleo e gás natural.
   d) Solar, eólica, geotérmica.

4. Qual é a principal fonte de energia na China atualmente e quais são as consequências desse fato?

5. As principais fontes de energia utilizadas atualmente são poluentes ou não? Quais são as consequências disso?

6. Elabore um texto sobre a questão da água no mundo, levando em conta o estresse hídrico, o aumento da demanda por esse recurso e a sua escassez econômica.

APLICAR SEUS CONHECIMENTOS

7. Observe a foto e faça o que se pede.

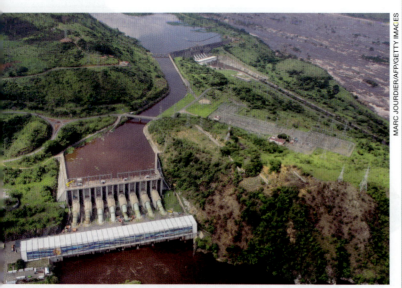

Usina Inga I, no Rio Congo (República Democrática do Congo, 2013).

a) Identifique o tipo de energia retratado na foto e o recurso natural utilizado como fonte.

b) Essa fonte de energia provoca algum impacto ambiental? Justifique.

8. Observe a tabela abaixo, assinale a alternativa correta e corrija as incorretas.

MUNDO: 10 ECONOMIAS QUE MAIS RECEBERAM INVESTIMENTOS ESTRANGEIROS DIRETOS - 2017	
País	Valor (em bilhões de dólares)
Estados Unidos	275
China	136
Hong Kong (China)	104
Brasil	63
Cingapura	62
Países Baixos	58
França	50
Austrália	46
Suíça	41
Índia	40

Fonte: UNCTAD. *World Investment Report 2018*. Nova York e Genebra: Nações Unidas, 2018. p. 4. Disponível em: <http://unctad.org/en/PublicationsLibrary/wir2018_en.pdf>. Acesso em: 8 jun. 2018.

a) A maioria dos países da tabela são de economias desenvolvidas, como a França, e em desenvolvimento, como a Índia.

b) Entre os dez países listados, três fazem parte do grupo dos BRICS, entre eles China e Brasil.

c) Dos cinco países que mais receberam investimentos estrangeiros diretos em 2017, apenas Cingapura possui economia em desenvolvimento.

d) A soma dos valores recebidos pelas economias em desenvolvimento ultrapassa a soma dos valores recebidos pelas economias desenvolvidas.

9. Leia o trecho da reportagem a seguir e responda às questões.

"Pela primeira vez em muito tempo, os moradores das províncias do nordeste da China estão olhando para céus azuis. Desde o ano passado está em vigor uma legislação que restringe o uso de carvão para a calefação em Pequim e em outras 27 cidades de grande porte da região. [...]

Contudo, em muitas províncias industriais, a poluição atmosférica piorou. Isso porque a nem todas as cidades chinesas se aplica uma regulação rigorosa como a do nordeste do país. Um exemplo é a província de Heilongjiang, na qual as emissões de indústrias como a siderúrgica contribuíram para um aumento de 10% nos níveis de partículas tóxicas na atmosfera.

Para Huang Wei, especialista em clima e energia do Greenpeace na Ásia Oriental, o governo não deve focar apenas no aquecimento doméstico e tomar medidas em relação às emissões industriais. 'Políticas que favorecem o carvão e a indústria pesada estão impedindo o progresso', afirma. [...]"

WINS, Arthur. A vida por trás de máscaras na China. *Deutsche Welle Brasil*, 22 de jan. de 2018. Disponível em: <http://www.dw.com/pt-br/a-vida-por-tr%C3%A1s-de-m%C3%A1scaras-na-china/a-42225043>. Acesso em: 21 maio 2018.

a) Qual foi a medida adotada pelo governo chinês para que a poluição diminuísse em algumas cidades do país?

b) De acordo com o texto, e utilizando seus conhecimentos, quais outras medidas seriam necessárias para reduzir os níveis de poluição nas cidades chinesas?

10. Observe o mapa e, em seguida, responda às questões.

a) Indique a principal fonte de energia do Brasil e justifique a opção brasileira por esse tipo de matriz energética.

b) Por qual razão os países do Norte da África e do Oriente Médio não utilizam as hidrelétricas como principal fonte de energia?

c) Quais são as principais fontes energéticas utilizadas no continente asiático?

DESAFIO DIGITAL

11. Acesse o objeto digital *A vida no mar poluído*, disponível em <http://mod.lk/desv9u2>, e responda às questões.

a) No jogo, quais dificuldades você encontrou para manter a tartaruga viva?

b) Quais problemas ambientais o objeto digital apresenta? Como os seres vivos são afetados por esses problemas?

Mais questões no livro digital

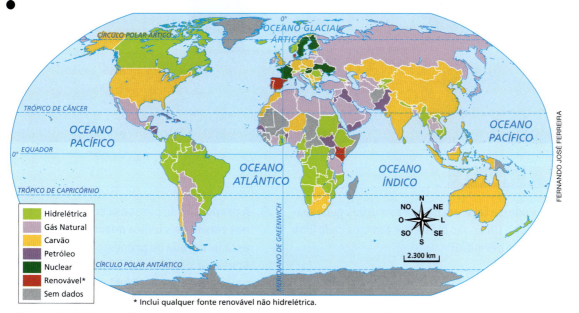

MUNDO: PRINCIPAIS FONTES DE ENERGIA – 2014

Legenda:
- Hidrelétrica
- Gás Natural
- Carvão
- Petróleo
- Nuclear
- Renovável*
- Sem dados

* Inclui qualquer fonte renovável não hidrelétrica.

Fonte: ALMEIDA, Rodolfo; Zanlorenssi, Gabriel. Hidrelétricas, carvão, petróleo: como cada país gera sua energia. *Nexo Jornal*, 27 de mar. 2018. Disponível em: <https://www.nexojornal.com.br/grafico/2018/03/27/Hidrel%C3%A9tricas-carv%C3%A3o-petr%C3%B3leo-como-cada-pa%C3%ADs-gera-sua-energia>. Acesso em: 8 jun. 2018.

REPRESENTAÇÕES GRÁFICAS

Cartografia na era digital

Os mapas em papel que guiavam as viagens estão se tornando cada vez mais raros. O mesmo pode ser dito da necessidade de perguntar a alguém na estrada: "Como faço para chegar a tal lugar?". Mapas digitais acessíveis em dispositivos que cabem nos bolsos facilitam a localização no espaço. A informática e a internet mudaram radicalmente a Cartografia e a maneira de confeccionar, distribuir e utilizar mapas.

Essa mudança representa uma verdadeira "revolução geoespacial", comparável àquela iniciada com a invenção da imprensa. Antes dela, na Idade Média, pouquíssimas pessoas tinham acesso aos mapas, que eram feitos à mão. Na Renascença, passou a ser possível reproduzir numerosas cópias de um mapa original e distribuí-los entre os interessados.

Hoje, pela internet, mapas podem ser distribuídos aos milhares, em poucos segundos e a baixos preços. Mesmo que a confecção do mapa exija programas caros, a distribuição é muitas vezes gratuita.

Ao possibilitar o contato das pessoas com os mapas e, em muitos casos, permitindo interações dos usuários com eles, a internet tem difundido seu uso como forma de comunicação.

Profissionais de segurança analisam um mapa digital da Filadélfia, para planejamento da visita do Papa à cidade (Estados Unidos, 2015).

ATIVIDADES

1. Pode-se falar em duas "revoluções geoespaciais". Quais são elas e que avanços cada uma delas permitiu?
2. Como a internet favoreceu a disseminação do uso de mapas?
3. Na prática, como se dá a interatividade entre mapa e usuário na internet? Cite dois exemplos baseados em suas experiências.
4. A proporção de pessoas com acesso à internet em um país indica quanto sua população está integrada ao processo de globalização. Acesse a página do IBGE Países (https://paises.ibge.gov.br/#/pt) e ordene Estados Unidos, Brasil, Alemanha, China e Argélia com base no número de usuários com acesso à internet a cada 100 habitantes. O que podemos concluir com o resultado?

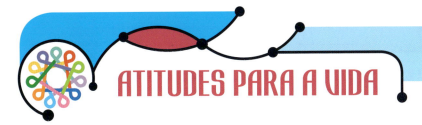

ATITUDES PARA A VIDA

Ferramentas digitais e escassez de água

Diante da escassez de água que atinge algumas regiões do mundo, cientistas têm se dedicado a desenvolver ferramentas que buscam aumentar a disponibilidade desse recurso, bem como sua capacidade de renovação em um determinado local. Leia sobre a experiência realizada na Califórnia.

> "Engenheiros da Universidade de Stanford, nos Estados Unidos, apresentaram [...] uma nova ferramenta digital para combater a seca e potencializar o uso de água reaproveitada e da chuva.
>
> A iniciativa, batizada como AquaCharge, pretende ajudar a resolver o problema de escassez de água através da otimização do uso de águas residuais e para reaproveitar a água resultante da chuva e do derretimento de neve. [...]
>
> Para o professor Richard Luthy, diretor da iniciativa, a ideia de reaproveitar a água não é nova, já que estes sistemas são utilizados ao longo de todo o território americano.
>
> Não obstante, o *software* apresentado hoje permite combinar estes sistemas com o único enfoque de reabastecer as águas subterrâneas com águas residuais que já estão tratadas para o consumo humano. [...]
>
> A Califórnia reaproveita atualmente cerca de 15% de suas águas residuais disponíveis. O estado quer dobrar e até triplicar esse número até 2030 e o novo *software* poderia ajudá-los a chegar a estes níveis, e até superá-los, garantiu Luthy. [...]"

Engenheiros dos EUA desenvolvem *software* para combater escassez de água. *Agência EFE*, 5 ago. 2017. Disponível em: <www.efe.com/efe/brasil/tecnologia/engenheiros-dos-eua-desenvolvem-software-para-combater-escassez-de-agua/50000245-3345234>. Acesso em: 18 maio 2018.

Águas residuais: águas descartadas após o uso doméstico, comercial, industrial ou agropecuário.

ATIVIDADES

1. **Questionar e levantar problemas** é uma das atitudes aplicadas pelo grupo de engenheiros da Universidade de Stanford. Assinale a alternativa que indica corretamente o problema levantado pelo grupo.
   - ( ) Desenvolvimento de *softwares*.
   - ( ) Otimização da água.
   - ( ) Escassez de água.
   - ( ) Utilização dos sistemas em território americano.

2. Indique as altitudes que estão por trás do seguinte fragmento retirado do texto: "A ideia de reaproveitar a água não é nova, já que estes sistemas são utilizados ao longo de todo o território americano. Não obstante, o *software* apresentado hoje permite combinar estes sistemas com o único enfoque de reabastecer as águas subterrâneas".

3. Indique quais atitudes aplicadas pela equipe do projeto já foram utilizadas por você. Descreva a circunstância em que elas foram necessárias.

Lago Shasta, na Califórnia, um dos principais reservatórios de água do país, durante um período de grande seca (Estados Unidos, 2014).

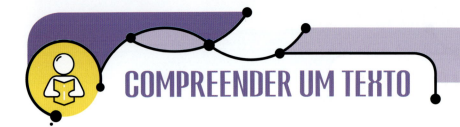

COMPREENDER UM TEXTO

O excesso de consumo tornou-se uma questão importante para a Geografia nas últimas décadas por causa das suas consequências ambientais e espaciais. O texto ao lado mostra como a propaganda estimula o consumo e questiona a capacidade crítica dos consumidores diante do assédio publicitário a que estão submetidos diariamente.

Você sabe como resistir aos apelos da propaganda?

"[...] Será que viver sem aquele tênis de marca famosa ou o celular que acaba de ser lançado no mercado pode realmente ser tão importante para nossa felicidade? Ou estamos apenas nos deixando levar pela máquina eficiente e poderosa da propaganda?

Até que ponto você desenvolveu sua capacidade crítica para perceber o poder de manipulação que está por traz de um comercial de TV e é livre para dizer não a ele? Isso é realmente uma questão vital, pois se não formos capazes de perceber que nossos desejos estão sendo alimentados do exterior, nos tornaremos como robôs dirigidos pelas campanhas de *marketing*, e não pessoas livres e autônomas, capazes de decidir o que realmente precisam para viver bem.

Os anúncios de publicidade apelam para as nossas emoções para criar novas necessidades de consumo em nós. Eles nos dão a ilusão de que comprar um determinado produto trará muitos benefícios para nossa vida. [...]

Na nossa sociedade a publicidade está em toda parte: na TV, na internet, no rádio, nos jornais, nos *outdoors*, em panfletos que nos entregam quando paramos no sinal de trânsito, nos supermercados, e em quase todo lugar aonde vamos. É difícil não prestar atenção ao assédio da publicidade ou escapar das falsas necessidades que ela cria em nossas mentes.

Se não tivermos um olhar crítico para esses anúncios que invadem as nossas vidas, onde quer que estejamos, nos tornaremos grandes consumistas ou estaremos sempre infelizes por não poder comprar tudo o que desejamos.

Marketing: conjunto de ações estratégicas que têm por objetivo influenciar o público quanto a uma ideia, um produto, um serviço etc.

Publicidade: técnica de tornar algo ou alguém conhecido e aceito pelo público; propaganda.

Incutir: introduzir.

A *manipulação das emoções*

A publicidade é feita com a intenção de provocar em nós um grande interesse pelo produto ou serviço que ela anuncia e depois nos induzir a comprá-lo, mesmo que até então ele não significasse nada para nós. A linguagem da publicidade é persuasiva e sabe como nos influenciar até de forma inconsciente. Ela associa o produto que quer nos vender a imagens prazerosas, fazendo-nos acreditar que ao comprá-lo alcançaremos alegria e felicidade.

Ao mesmo tempo em que cria falsas necessidades, ela faz as pessoas sentirem-se imperfeitas e insatisfeitas, pois assim fica mais fácil convencê-las de que a solução para os seus problemas é consumir o que ela quer vender. Qual o efeito dessa estratégia sobre as emoções do consumidor?

É fazê-lo acreditar que não poderá mais viver sem consumir aquele produto ou serviço, pois graças a ele ficará mais bonito, será amado e admirado por todos, e sua felicidade estará completa. É incutindo nele essa ilusão que a propaganda consegue seduzi-lo.

Ela faz você sentir-se inferior aos seus amigos se não comprar aquela mochila ou roupa que eles têm, e lhe promete sucesso e prestígio depois de adquiri-la. Se você reparar, a propaganda acaba tirando a sua liberdade de escolher o que realmente é necessário para sua satisfação pessoal.

[...]"

MPF. Turminha do MPF. Eu sei comprar. Disponível em: <http://www.turminha.mpf.mp.br/sei-comprar/propaganda/copy_of_voce-sabe-como-resistir-aos-apelos-da-propaganda>. Acesso em: 8 ago. 2018.

ATIVIDADES

OBTER INFORMAÇÕES

1. Segundo o texto, como e com que objetivo a publicidade manipula emoções?

INTERPRETAR

2. Cite dois locais que você frequente em que há propaganda de produtos e serviços e dois em que não há. Dê exemplos de propagandas.

REFLETIR

3. O texto afirma que a propaganda cria necessidades. Você concorda com essa afirmação? Reflita sobre os produtos que você consome e gostaria de consumir e faça uma lista daqueles que avalia essenciais e não essenciais para sua satisfação pessoal.

4. Você interpreta as propagandas de maneira crítica? Selecione um anúncio publicitário e analise-o.

5. Aponte algumas consequências ambientais do excesso de consumo em escala global.

USAR A CRIATIVIDADE

6. Em grupos, criem propagandas para estimular o consumo consciente entre os jovens. A propaganda deve ser feita em panfleto, cartaz, vídeo ou áudio e apresentada para a turma.

UNIDADE 3
O CONTINENTE EUROPEU

A Europa é um espaço densamente ocupado e profundamente transformado pelo trabalho humano. Os países que a integram apresentam grandes contrastes físicos, com diferentes paisagens, e uma expressiva diversidade cultural. A intensa circulação de produtos, pessoas e informações entre áreas cultivadas, indústrias e cidades faz com que a Europa se destaque em diversos setores econômicos. Entretanto, para assegurar essa posição no futuro, alguns desafios estão postos para os governos europeus, que necessitam cada vez mais de soluções inovadoras e criativas em diversos setores estratégicos, como o de abastecimento de energia.

Após o estudo desta Unidade, você será capaz de:

- identificar as principais características do quadro natural da Europa;
- contextualizar a questão migratória nas dinâmicas populacionais europeias;
- justificar a dependência europeia da importação de fontes de energia;
- reconhecer algumas políticas europeias voltadas para a redução de impactos ambientais.

Vista de Londres, capital da Ingraterra (2018). A cidade é um dos mais importantes centros culturais, financeiros, econômicos e políticos da Europa.

Terminal de recebimento de gás natural transportado da Rússia até a Europa Ocidental (2014).

Cultivos de uva ao redor de povoado na região do Piemonte (Itália, 2016).

COMEÇANDO A UNIDADE

1. Quais países da Europa você conhece? Quais características deles chamam sua atenção?

2. A Europa é um continente que recebe muitos imigrantes. Em sua opinião, por que isso acontece?

3. As economias europeias dependem cada vez mais do fornecimento de gás e petróleo de outros países, como a Rússia. Em sua opinião, por que a Europa importa essas fontes de energia?

ATITUDES PARA A VIDA

- Questionar e levantar problemas.
- Escutar os outros com atenção e empatia.
- Pensar de maneira interdependente.

TEMA 1 — ASPECTOS NATURAIS

Como as paisagens naturais interferem na ocupação do espaço europeu?

LOCALIZAÇÃO

O continente europeu está situado no Hemisfério Norte, quase totalmente na zona temperada, com exceção do extremo norte, na zona polar (figura 1).

A Europa e a Ásia fazem parte de um único bloco de terras, a **Eurásia**. Entretanto, como historicamente os povos da Europa e da Ásia construíram civilizações muito diferentes entre si, seus territórios são considerados continentes distintos. Os limites que separam a Europa da Ásia são os Montes Urais, o Rio Ural, o Mar Cáspio, a Cadeia do Cáucaso e o Mar Negro. A Rússia e a Turquia apresentam terras nos dois continentes.

FIGURA 1. EUROPA: POLÍTICO

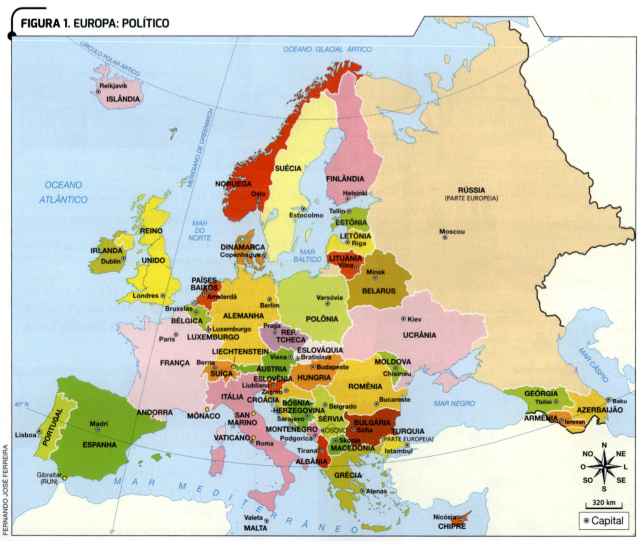

Fonte: IBGE. Atlas geográfico escolar. 7. ed. Rio de Janeiro: IBGE, 2016. p. 43.

RELEVO E HIDROGRAFIA

O relevo da Europa apresenta planícies, planaltos, cadeias montanhosas e depressões (figura 2). As cadeias montanhosas do norte e do leste europeus, como os Montes Urais e os Alpes Escandinavos, são de formação muito antiga e altitudes médias inferiores a 2.500 metros. As cadeias da porção sul são de formação mais recente e altitude elevada, como os Alpes e os Apeninos. As grandes montanhas constituíram barreiras naturais aos primeiros habitantes da Europa, que se fixaram em áreas férteis das planícies, há cerca de 40 mil anos.

O continente europeu possui um aspecto recortado, pois é marcado pela presença de penínsulas, arquipélagos (figura 3) e mares interiores, além da grande quantidade de rios, utilizados para pesca, abastecimento, produção de energia, irrigação e navegação. Na Europa, os rios constituem importantes eixos de integração entre os países. Destacam-se o Volga, na Rússia; o Reno, que nasce nos Alpes suíços e deságua no Mar do Norte; e o Danúbio, que passa por diversos países desde sua nascente, na Alemanha, até sua foz, no Mar Negro.

Figura 3. No Mar Mediterrâneo existem mais de 100 ilhas, que formam arquipélagos. A Ilha de Maiorca pertence, com as ilhas de Menorca, Ibiza e Formentera, ao arquipélago das Ilhas Baleares. Nesse arquipélago, o turismo é a atividade econômica mais importante. Na foto, vista de Maiorca (Espanha, 2016).

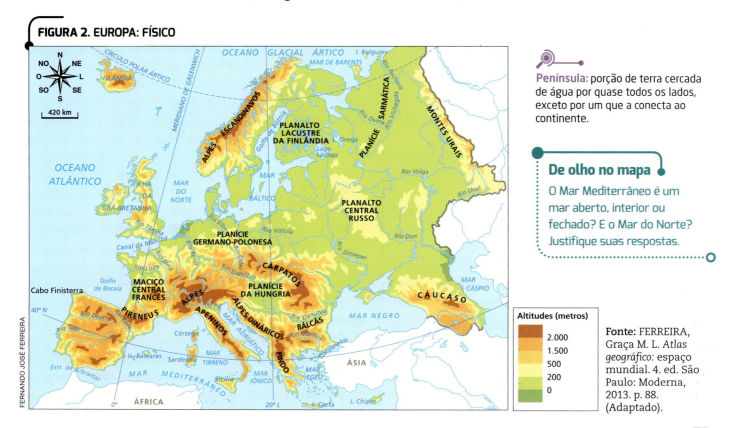

FIGURA 2. EUROPA: FÍSICO

Fonte: FERREIRA, Graça M. L. *Atlas geográfico*: espaço mundial. 4. ed. São Paulo: Moderna, 2013. p. 88. (Adaptado).

Península: porção de terra cercada de água por quase todos os lados, exceto por um que a conecta ao continente.

De olho no mapa

O Mar Mediterrâneo é um mar aberto, interior ou fechado? E o Mar do Norte? Justifique suas respostas.

CLIMA E VEGETAÇÃO

O clima predominante na Europa é o temperado, com quatro estações do ano bem definidas. Isso ocorre porque as terras do continente estão situadas majoritariamente entre as latitudes que se estendem do Trópico de Câncer (23° N) ao Círculo Polar Ártico (66° N). As áreas de clima polar, localizadas em altas latitudes, apresentam temperaturas muito baixas.

Nas áreas de altitudes elevadas, aparece o clima frio de montanha, como nos Alpes. Nas Ilhas Britânicas e no litoral da Noruega, o inverno é atenuado pela **Corrente do Golfo** — que se forma na zona tropical, na costa leste da América do Norte —, que se desloca para o norte com suas águas quentes. No interior do continente, ocorre o fenômeno conhecido como **continentalidade**, no qual os verões são mais quentes e os invernos, mais rigorosos do que nas áreas próximas ao litoral.

A diversidade climática (figura 4) contribui para a ocorrência de diferentes tipos de vegetação no continente europeu (figura 5). Ao longo do tempo, grande parte da vegetação nativa da Europa foi devastada para a prática agrícola e a ocupação humana. Atualmente, as maiores concentrações de vegetação nativa estão em áreas pouco habitadas, como no extremo norte do continente, em áreas de altas montanhas e em unidades de conservação.

FIGURA 4. EUROPA: CLIMA

- **Temperado** – estações do ano bem definidas; menor variação de temperatura no litoral e maior no interior
- **Mediterrâneo** – temperaturas amenas; verões secos e invernos chuvosos
- **Semiárido** – baixa precipitação (entre 250 e 499 mm anuais)
- **Frio** – baixas temperaturas; invernos longos e verões curtos; precipitação de neve
- **Polar** – temperatura média anual abaixo de –10 °C; precipitação de neve em todas as estações
- **Frio de montanha** – ocorre em altitude elevada; baixas temperaturas o ano todo

Fonte: FERREIRA, Graça M. L. Atlas geográfico: espaço mundial. 4. ed. São Paulo: Moderna, 2013. p. 22.

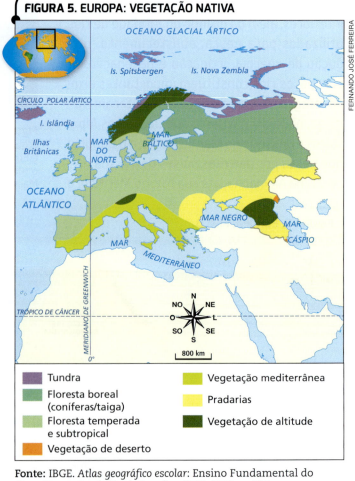

FIGURA 5. EUROPA: VEGETAÇÃO NATIVA

- Tundra
- Floresta boreal (coníferas/taiga)
- Floresta temperada e subtropical
- Vegetação de deserto
- Vegetação mediterrânea
- Pradarias
- Vegetação de altitude

Fonte: IBGE. Atlas geográfico escolar: Ensino Fundamental do 6º ao 9º ano. 2. ed. Rio de Janeiro: IBGE, 2015. p. 106.

De olho nos mapas

1. Quais são os climas mais frios do continente europeu?
2. Que tipo de vegetação predomina na área de ocorrência de cada um deles?

SAIBA MAIS

O povo do gelo

"Não é um país, e sim a nação dos sâmis, etnia indígena que há mais de quatro mil anos vive espalhada pelo extremo norte da Noruega, Suécia, Finlândia e Rússia. [...]

Como nativos do gelo, os sâmis são exímios conhecedores da neve e suas manifestações, a ponto de a glaciologia, a ciência que estuda os fenômenos do frio, tomar emprestadas várias palavras de seu vocabulário para uso acadêmico. Dependendo do clima, a neve pode assumir formas e características distintas (grudenta, cristalina, redonda, seca), mas para os sâmis, que dizem reconhecer até 40 tonalidades distintas de branco, meia dúzia de generalizações não bastam – eles afirmam que há 180 diferentes estados da neve [...].

Eles são mestres na criação de renas e mantêm com esse animal uma relação ancestral de vida e morte. Naquelas paragens, o resistente mamífero é para eles um recurso vital, provendo carne e couro para sua sobrevivência. [...]

As estações do ano são marcadamente distintas naquelas paragens. O prolongado e intenso inverno cobre tudo de branco, tornando a paisagem desoladora, as noites longas e os dias curtos. Algumas regiões mais ao norte mergulham na escuridão durante quase dois meses. A curta primavera traz floradas exuberantes que colorem a tundra, o último cinturão de vegetação rasteira ao redor do Polo Norte, com uma variedade de cores e tonalidades inimagináveis durante o inverno. O verão, entre junho e agosto, é a estação verde, com a vegetação atingindo o auge de sua exuberância. Faz 'calor' – a temperatura pode atingir 'incríveis' 24 °C. O outono é curto e marcadamente vermelho e a vegetação começa a cair, prenunciando mais um longo inverno. De tão distintas as estações do ano, os sâmis as dividem em oito, e não em quatro, como nós. [...]"

MAZZILI, Johnny. O povo do gelo. *Terra*: Revista Planeta, 1º jun. 2010. Disponível em: <https://www.revistaplaneta.com.br/o-povo-do-gelo/>. Acesso em: 13 jun. 2018.

Homem do grupo sâmi com um trenó puxado por renas, em Lovozero (Rússia, 2018).

ATIVIDADES

1. Em que países da Europa vive o povo sâmi?
2. Que tipos de clima e de vegetação predominam na região onde esse povo vive?
3. De que forma o modo de vida dos sâmis está relacionado às condições da natureza locais?

TEMA 2 — POPULAÇÃO

Qual é a tendência de crescimento da população europeia?

CARACTERÍSTICAS DEMOGRÁFICAS

A Europa tem cerca de 739,4 milhões de habitantes distribuídos de maneira irregular pelo território. Na porção centro-ocidental, a densidade demográfica é bastante elevada, e a maior parte da população está concentrada nas cidades. Em áreas com clima frio de montanha ou próximas às regiões polares, há vazios demográficos.

CRESCIMENTO POPULACIONAL

Nas últimas décadas, a Europa tem apresentado baixos níveis de crescimento populacional em decorrência da **queda da taxa de natalidade**. As principais causas dessa queda têm sido a inserção da mulher no mercado de trabalho, os elevados custos para a criação dos filhos, o planejamento familiar e a difusão e a popularização dos meios contraceptivos.

Em alguns países europeus, os governos implantaram políticas de incentivo à natalidade, como a licença-maternidade de até um ano para a mãe e de seis meses para o pai. Nos países em que esses incentivos foram reduzidos mais recentemente, como na França, a taxa de fecundidade voltou a cair (figura 6). Atualmente, o crescimento vegetativo europeu é negativo; porém, o crescimento populacional se mantém relativamente estável por causa da imigração.

EXPECTATIVA DE VIDA

A expectativa de vida da população europeia está acima dos 75 anos; melhorias nas condições de saúde e no fornecimento de saneamento básico são responsáveis pela diminuição das taxas de mortalidade. Em alguns países a população de idosos é superior à de jovens. Na Itália, os idosos são 22% do número de habitantes, enquanto na Grécia e na Alemanha essa porcentagem é de 21,3% e 21,1%, respectivamente.

O aumento da expectativa de vida tem exercido grande pressão nos sistemas de seguridade social e de saúde, obrigando os governos europeus a rever suas políticas públicas.

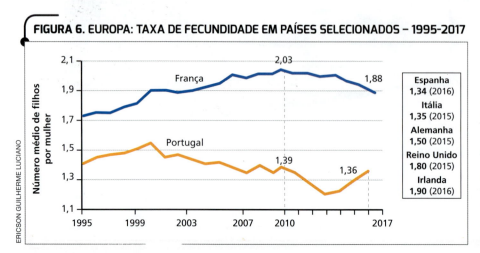

FIGURA 6. EUROPA: TAXA DE FECUNDIDADE EM PAÍSES SELECIONADOS – 1995-2017

Espanha 1,34 (2016)
Itália 1,35 (2015)
Alemanha 1,50 (2015)
Reino Unido 1,80 (2015)
Irlanda 1,90 (2016)

Fonte: BARATA, Clara. França já não é a campeã da natalidade na Europa, *Público*, 17 jan. 2018. Disponível em: <https://www.publico.pt/2018/01/17/mundo/noticia/franca-ja-nao-e-a-campea-da-natalidade-na-europa-1799666>. Acesso em: 13 jun. 2018.

IMIGRAÇÃO NA EUROPA

Depois da Segunda Guerra Mundial (1939-1945), a Europa se tornou um dos principais destinos de imigrantes no mundo. Até os dias de hoje, o continente europeu atrai imigrantes em busca de melhores condições de vida, traduzidas em oportunidades de trabalho, acesso a serviços públicos de saúde e de educação de qualidade.

FLUXOS MIGRATÓRIOS ATUAIS

Segundo a Organização Internacional para as Migrações (OIM), quase um terço dos migrantes internacionais viviam na Europa em 2015, considerando os fluxos entre países europeus. A população de imigrantes não europeus no continente era superior a 35 milhões no mesmo ano. Os principais fluxos migratórios externos originam-se em países da África Subsaariana, principalmente na Somália, no Senegal, em Angola, na República Democrática do Congo e em Camarões. Grande parte dos imigrantes deixou seu país por causa de instabilidades políticas. Um milhão de africanos subsaarianos chegou à Europa entre 2010 e 2017. Calcula-se que 4,5 milhões de africanos subsaarianos viviam na Europa em 2017. Outra grande corrente migratória em direção à Europa provém do Oriente Médio, especialmente da Síria, que enfrenta uma guerra civil desde 2011, além de Iraque e Afeganistão (figura 7).

CAUSAS DA IMIGRAÇÃO

O mercado de trabalho europeu se caracteriza por falta de mão de obra, o que atrai populações de países onde as condições de sobrevivência são difíceis por haver perseguições políticas, guerras e conflitos étnicos, crises econômicas e catástrofes naturais, como secas prolongadas. Em geral, os perseguidos políticos e as pessoas envolvidas em conflitos ingressam na Europa como refugiados e pedem asilo nos países nos quais pretendem se fixar.

No continente europeu também há migrações intrapaíses, principalmente do Leste Europeu para a Europa Ocidental. Esses movimentos migratórios são resultantes das desigualdades econômicas entre essas duas regiões.

Cresce, também, a imigração qualificada, na qual a mão de obra especializada se instala legalmente no país de destino, com empregos previamente acertados.

Refugiado: pessoa que está fora de seu país de origem devido a conflitos armados, grave e generalizada violação de direitos humanos e comprovados temores de perseguição relacionados a questões de raça, religião, nacionalidade, pertencimento a determinado grupo social ou opinião política.

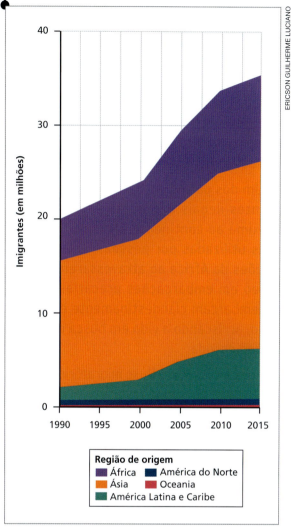

FIGURA 7. EUROPA: MIGRAÇÃO PARA O CONTINENTE – 1990-2015

Fonte: IOM. *World Migration Report 2018*, p. 68. Disponível em: <https://publications.iom.int/system/files/pdf/wmr_2018_en.pdf>. Acesso em: 14 jun. 2018.

PARA ASSISTIR

• **Entre os muros da escola**
Direção: Laurent Cantet. França: Imovision, 2007.

O filme narra a vida de adolescentes em uma sala de aula de uma escola pública parisiense, frequentada majoritariamente por filhos de imigrantes africanos. A exclusão social, a crise de valores, a violência, os conflitos e os problemas de comportamento dos adolescentes são os principais aspectos retratados.

A IMIGRAÇÃO ILEGAL

Milhares de imigrantes ilegais entram na Europa todos os anos. Essa situação representa um problema para os governos europeus, que buscam restringir o acesso e a permanência dessas pessoas nos países.

Apesar das políticas restritivas, as autoridades não são capazes de conter o grande fluxo de estrangeiros clandestinos. De maneira geral, os imigrantes ilegais trabalham em locais que exigem baixa qualificação profissional. Grande parte desses trabalhadores habita as periferias das cidades, onde a moradia costuma ser mais barata.

Um dos países europeus que mais recebem imigrantes ilegais é a Itália. A Ilha de Lampedusa, próxima ao continente africano, é uma das rotas mais utilizadas por pessoas vindas de diferentes regiões da África ao atravessarem o Mar Mediterrâneo em embarcações precárias. Essas pessoas desembarcam clandestinamente em território italiano, arriscando a vida em busca de melhores condições de vida.

Para evitar que o fluxo migratório africano aumentasse, países europeus fizeram um acordo com a Líbia – país de onde parte a maioria dos imigrantes subsaarianos em direção à Europa – para que a fiscalização nos portos líbios fosse mais rigorosa e a marinha interceptasse embarcações com imigrantes ilegais.

XENOFOBIA

Nos países europeus, têm aumentado as manifestações de intolerância em relação aos imigrantes que lá vivem. Essa intolerância muitas vezes se constitui em **xenofobia**, nome dado ao sentimento de aversão por uma pessoa ou por coisas estrangeiras (figura 8).

Parcelas da população europeia apontam motivos econômicos para combater a imigração: argumentam que os imigrantes ocupam os postos de trabalho dos não estrangeiros e que eles são um "peso" para o Estado, uma vez que usufruem dos serviços de educação e de saúde públicos.

Em alguns países, como Hungria, Itália e França, a consequência da xenofobia foi o crescimento de partidos de extrema direita. O posicionamento xenófobo, entretanto, recebe também profundas críticas da comunidade internacional e de diversos segmentos sociais e políticos da sociedade europeia.

> **PARA ASSISTIR**
>
> • **Fogo no mar**
> Direção: Gianfranco Rossi. Itália, França, 2016.
> O documentário retrata a crise migratória na Europa do ponto de vista dos moradores da Ilha de Lampedusa, na Itália.

Figura 8. Manifestação de alemães contrários à presença de imigrantes no país em Dresden (Alemanha, 2016).

OS REFUGIADOS SÍRIOS

Desde o início da Guerra da Síria, mais de seis milhões de pessoas deixaram o país e procuraram refúgio em países vizinhos. Quase 800 mil sírios (até 2017), no entanto, decidiram ir para a Europa. A rota mais utilizada para alcançar o continente europeu passa pela Turquia e pela Grécia, antes de alcançar a Península Balcânica em direção principalmente a Alemanha, Reino Unido, França e Áustria (figura 9).

Em 2016, a Europa aplicou medidas para barrar o imenso fluxo de sírios. Foi feito um pacto com a Turquia para frear a imigração síria, em troca de vantagens econômicas aos turcos. A construção de muros e barreiras em países balcânicos e na Hungria, Eslovênia e República Tcheca, para impedir a passagem dos refugiados para a Europa Ocidental, também são ações que visam impedir a entrada dos sírios nos países europeus.

FIGURA 9. EUROPA: 15 PAÍSES QUE MAIS RECEBERAM SOLICITAÇÃO DE REFÚGIO POR SÍRIOS – 2011-2015

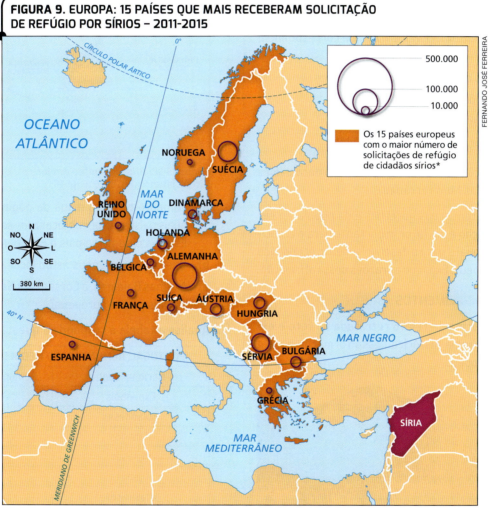

* Solicitações de refúgio de cidadãos sírios de abril de 2011 até junho de 2015.

Fonte: Os países que mais recebem refugiados sírios. *BBC Brasil*, 12 set. 2015. Disponível em: <https://www.bbc.com/portuguese/noticias/2015/09/150910_vizinhos_refugiados_lk>. Acesso em: 13 jun. 2018.

As pessoas que fogem de seus países de origem por perseguições, guerras ou ofensas graves, ao chegar a outro país, precisam solicitar refúgio por meio de um pedido formal de proteção internacional.

De olho no mapa

Qual país europeu recebeu mais pedidos de refúgio de sírios entre 2011 e 2015?

ATIVIDADES

ORGANIZAR O CONHECIMENTO

1. O que significa dizer que o continente europeu possui um litoral recortado?

2. Com base nos mapas da página 74, relacione cada tipo de clima ao tipo de vegetação predominante.

   a) Clima frio   I. Vegetação mediterrânea
   b) Clima temperado   II. Floresta boreal
   c) Clima mediterrâneo   III. Tundra
   d) Clima polar   IV. Floresta subtropical

3. Assinale os aspectos demográficos que correspondem à população europeia.

   (   ) Altas taxas de natalidade.
   (   ) Baixa taxa de natalidade.
   (   ) Crescimento populacional estável.
   (   ) Baixos índices de expectativa de vida.

4. Explique a relação entre a imigração ilegal para países europeus e o Mar Mediterrâneo.

5. Apesar da resistência dos governos e da população europeia, a imigração é um fator importante para o crescimento populacional e para o desenvolvimento econômico dos países europeus. Explique as razões dessa afirmação.

APLICAR SEUS CONHECIMENTOS

6. Identifique a forma de relevo retratada na foto e explique a importância histórica dessa formação para o continente europeu.

Os Montes Urais possuem cerca de 2.500 quilômetros de extensão. Foto de 2016.

7. Observe o mapa e faça o que se pede.

Fonte: IBGE. *Atlas geográfico escolar*. Rio de Janeiro: IBGE, 2016. p. 43.

   a) Compare-o com o mapa da página 72 e identifique quais países europeus localizam-se em uma península. Escreva o nome do país e o da península onde está.
   b) Que países europeus estão localizados em uma ilha?
   c) As Ilhas Baleares, a Córsega e a Sardenha pertencem a quais países europeus?

8. Analise a tabela e responda à questão.

PORTUGAL: REMUNERAÇÃO MÉDIA DE IMIGRANTES*	
Nacionalidade	Remuneração (em euros)
Espanhóis	2.064
Holandeses	2.060
Italianos	2.049
Ingleses	1.918
Alemães	1.888
Brasileiros	739
Búlgaros	580

*Para fins didáticos, nem todas as nacionalidades estão na tabela.

Fonte: PEREIRA, Ana Cristina. Trabalhadores chineses ganham pouco mais de metade e espanhóis mais do dobro. *Público*, 18 nov. 2016. Disponível em: <https://www.publico.pt/2016/11/18/sociedade/noticia/trabalhadores-chineses-ganham-pouco-mais-de-metade-e-espanhois-mais-do-dobro-1751610#&gid=1&pid=2>. Acesso em: 12 jun. 2018.

- O que explica a variação salarial dos imigrantes?

9. Analise a fotografia a seguir e, com os seus conhecimentos, responda às questões.

Embarcação distante 22 quilômetros da costa líbia.

a) O que a fotografia retrata?

b) Quais são as principais razões do deslocamento de populações de países da África para a Europa?

10. Leia o texto e recorra aos seus conhecimentos para responder às questões.

Fluxo de refugiados e migrantes aumenta rumo à Grécia e Espanha

"No terceiro trimestre de 2017, refugiados tentando chegar à Europa utilizaram rotas distintas das usualmente percorridas. Enquanto a Grécia viu aumentar o número de pessoas entrando em seu território, a Itália registrou o menor volume dos últimos quatro anos de migrantes e refugiados recorrendo à rota que leva da Líbia até o sul da nação europeia. [...]

Desde o verão europeu, a Grécia notificou um crescimento no volume de indivíduos chegando por via marítima e terrestre. Em setembro, cerca de 4,8 mil indivíduos aportaram na costa do país, o maior número já registrado em um mês desde março de 2016. Em torno de 80% das pessoas que chegam pelo mar são da Síria, Iraque e Afeganistão. Desses grupos, dois terços são mulheres e crianças.

Na comparação com o terceiro trimestre de 2016, a Espanha viu aumentar em 90% o número de estrangeiros ingressando no país por mar e terra em 2017. A maioria dos 7,7 mil recém-chegados vieram do Marrocos, Costa do Marfim e Guiné. Todavia, quando consideradas apenas as pessoas que chegaram por via terrestre, a maior parte é da Síria.

No período de julho a setembro de 2017, cerca de 21,7 mil pessoas chegaram à Itália vindas da Líbia. O volume pode impressionar, mas é o menor dos últimos quatro anos para o período. Segundo o ACNUR, houve um aumento na proporção de tunisianos, turcos e argelinos tentando chegar ao país europeu.

Ao avaliar todas as travessias do Mediterrâneo, o organismo internacional concluiu que os três grupos nacionais mais numerosos entre os refugiados e migrantes são os sírios, marroquinos e nigerianos.

'Apesar da redução das travessias pela rota do Mediterrâneo Central, milhares continuam se arriscando em jornadas desesperadas e perigosas para a Europa', afirmou a diretora do Escritório do ACNUR para a Europa, Pascale Moreau. A representante da agência da ONU lembrou que, até 20 de novembro, quase 3 mil pessoas foram dadas por mortas ou desaparecidas no mar. Outras 57 faleceram em rotas terrestres ou nas fronteiras da Europa, também em 2017."

Nações Unidas no Brasil. Fluxo de refugiados e migrantes aumenta rumo à Grécia e Espanha, aponta ACNUR. Disponível em: <https://nacoesunidas.org/fluxo-de-refugiados-e-migrantes-aumenta-rumo-a-grecia-e-espanha-aponta-acnur/>. Acesso em: 14 jun. 2018.

a) Por que Grécia, Itália e Espanha registram altas taxas de entrada de refugiados e imigrantes em seus territórios?

b) Quais foram os três grupos nacionais mais numerosos entre os refugiados, em 2017?

c) Por que tantos sírios têm se deslocado para o continente europeu nos últimos anos?

d) Quais dificuldades os migrantes enfrentam até entrarem em território europeu?

DESAFIO DIGITAL

11. Acesse o objeto digital *A vida de um refugiado*, disponível em <http://mod.lk/desv9u3>, e faça o que se pede.

a) Explique a diferença entre migrantes e refugiados.

b) Quais escolhas você fez ao se colocar no lugar de um refugiado? Justifique-as.

c) Em sua opinião, qual escolha foi a mais difícil de fazer ao longo do objeto digital?

TEMA 3
USO DOS RECURSOS NATURAIS

Quais são as principais fontes de energia utilizadas na Europa?

INDÚSTRIA E URBANIZAÇÃO

O espaço europeu é constituído de paisagens profundamente modificadas. A rápida industrialização e urbanização da Europa acarretou maior necessidade de uso de recursos naturais. O crescimento das cidades, o adensamento populacional e o aumento das práticas agrícolas transformaram a paisagem natural.

A utilização dos recursos naturais europeus vem se intensificando desde a Revolução Industrial, que ocorreu inicialmente na Inglaterra em meados do século XVIII.

No século XIX, a Revolução Industrial se propagou pela França, Bélgica, Alemanha e Itália. As máquinas a vapor utilizadas nas fábricas eram movidas a carvão mineral, recurso energético abundante em diversos locais da Europa, o que propiciou o rápido aumento da produção fabril.

As indústrias foram sendo implantadas próximo às áreas carboníferas, onde cidades se desenvolveram com o rápido aumento da produção (figura 10). A proximidade de minas de ferro também foi um fator locacional que influenciou no desenvolvimento urbano industrial.

Fator locacional: características espaciais que influenciam ou determinam a localização de empresas, por exemplo: disponibilidade de matérias-primas, de mão de obra e de fontes de energia.

Figura 10. Na Europa, as primeiras cidades industriais localizavam-se próximo às minas de carvão, principal fonte de energia durante a Revolução Industrial. Hoje em dia, o carvão mineral continua a ser uma das principais fontes energéticas da Europa, sendo amplamente requisitado em usinas siderúrgicas e termelétricas de diversos países. Na imagem, gravura de uma mina de carvão na Inglaterra, em 1850.

MATRIZ ENERGÉTICA EUROPEIA

A matriz energética da Europa é altamente dependente de combustíveis fósseis: carvão mineral, petróleo e gás natural (figura 11). A maior parte desses combustíveis é importada, dependência que é apontada como um dos principais problemas da Europa na atualidade, especialmente nas economias mais desenvolvidas.

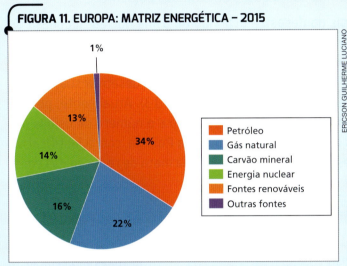

FIGURA 11. EUROPA: MATRIZ ENERGÉTICA – 2015

- Petróleo: 34%
- Gás natural: 22%
- Carvão mineral: 16%
- Energia nuclear: 14%
- Fontes renováveis: 13%
- Outras fontes: 1%

Fonte: EUROSTAT. *Energy balance sheets*. 2017. p. 10. Disponível em: <http://ec.europa.eu/eurostat/documents/3217494/8113778/KS-EN-17-001-EN-N.pdf/99cc20f1-cb11-4886-80f9-43ce0ab7823c>. Acesso em: 12 jun. 2018.

CARVÃO MINERAL

O carvão ainda tem participação de 16% na matriz energética europeia. Embora esse recurso ainda seja bastante utilizado nas termelétricas de muitos países, sua produção vem decrescendo, em virtude das limitações na exploração das jazidas carboníferas, além da decrescente viabilidade econômica na exploração dessa fonte de energia altamente poluente. Os maiores produtores de carvão na Europa são Alemanha e Polônia.

PETRÓLEO E GÁS NATURAL

O petróleo e o gás natural representam mais de 50% das fontes de energia consumidas na Europa. A exploração e a produção desses recursos energéticos em território europeu ocorrem no Mar do Norte, na costa da Dinamarca, na Escócia, na Inglaterra e na Noruega, principal produtora (figura 12). Em 2015, esse país foi responsável por 2% da produção mundial de petróleo, que, no entanto, é incapaz de suprir a demanda europeia, obrigando muitos países a importar grandes quantidades desse recurso.

Figura 12. Plataforma de extração de gás natural no Mar do Norte (Noruega, 2018).

> **PARA LER**
>
> • **Energia nuclear e sustentabilidade**
> José Goldemberg; João R. L. de Mattos; Leonam dos Santos Guimarães. São Paulo: Blucher, 2010.
>
> Nesta obra os autores abordam a questão da sustentabilidade da energia nuclear, considerando as potencialidades, os benefícios e os riscos dessa fonte energética.

ENERGIA NUCLEAR

A **energia nuclear** é a principal fonte geradora de eletricidade em diversos países da Europa. Na França, Eslováquia e Hungria, mais de 50% da energia elétrica consumida é gerada por usinas atômicas (observe a tabela abaixo). O uso de energia nuclear foi mais uma opção política do que tecnológica em decorrência do preço do petróleo, que disparou na década de 1970. Além disso, ela é considerada uma **fonte limpa de energia**, pois não libera gases ou resíduos poluentes.

Depois do desastre ocorrido na usina nuclear japonesa de Fukushima, em 2011 – que causou a liberação de substâncias radioativas no ambiente –, alguns países decidiram reduzir a geração de energia atômica, e até mesmo desativar suas usinas, como se propôs a Alemanha (figura 13). Atualmente, porém, essa tendência está enfraquecendo e o número de usinas nucleares vem aumentando, como na Polônia, com a justificativa da necessidade do cumprimento da meta de redução das emissões de gases de efeito estufa.

TABELA. EUROPA: PRODUÇÃO DE ENERGIA NUCLEAR EM PAÍSES SELECIONADOS - 2015		
País	% da energia elétrica gerada	Reatores em operação
França	76,3	58
Eslováquia	55,9	4
Hungria	52,7	4
Bélgica	37,5	7
Suécia	34,3	9
Finlândia	33,7	4
República Tcheca	32,5	6
Bulgária	31,3	2
Reino Unido	18,9	15
Alemanha	14,1	8

Fonte: World Nuclear Association. *Nuclear Power in the European Union.* Disponível em: < http://www.world-nuclear.org/information-library/country-profiles/others/european-union.aspx>. Acesso em: 13 jun. 2018.

O DESASTRE DE CHERNOBYL

O mais grave acidente nuclear em território europeu ocorreu em abril de 1986, quando um dos quatro reatores da usina de Chernobyl, na Ucrânia (então parte da União Soviética), explodiu. O vazamento de resíduos nucleares formou uma nuvem radioativa que se deslocou para os países da Europa Central. Além de 47 funcionários mortos, a explosão provocou doenças e a morte de muitos habitantes da região nos anos posteriores, em consequência da radiação espalhada na atmosfera. Toda a área situada em um raio de 30 quilômetros da central de Chernobyl teve de ser desocupada.

Figura 13. A Alemanha se propôs a desativar suas usinas nucleares até 2022. Na foto, Central Nuclear já desativada na cidade de Muelheim-Kaerlich (Alemanha, 2018).

ENERGIAS RENOVÁVEIS

A geração de energias renováveis tem aumentado significativamente nas últimas décadas. A preocupação com as questões ambientais, que tem gerado forte repercussão junto à população, e a questão da dependência de importação de combustíveis fósseis são os principais fatores que têm levado os governos europeus a adotar políticas voltadas ao desenvolvimento de fontes renováveis de energia (figura 14).

DEPENDÊNCIA ENERGÉTICA

A Europa não consegue suprir suas necessidades de energia, tendo, por isso, de recorrer à importação de recursos energéticos, particularmente de petróleo e, mais recentemente, de gás natural. Em diversos países europeus, mais de metade do consumo interno bruto de energia provém de fontes importadas. Observe na figura 15 os países europeus mais dependentes de energia produzida fora de seus territórios.

Figura 14. Com o barateamento dos custos de produção e manutenção, o uso de energia eólica está se expandindo na Europa. Na foto, parque eólico em Villeveyrac (França, 2017).

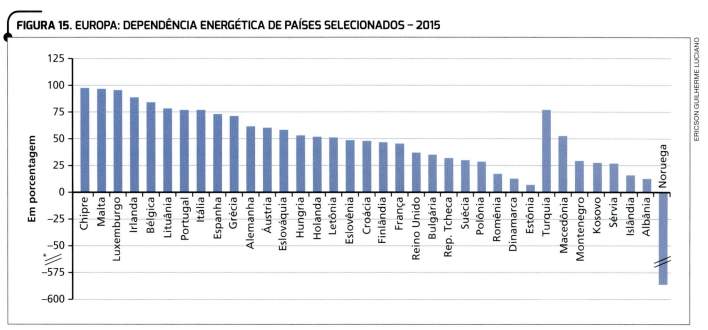

FIGURA 15. EUROPA: DEPENDÊNCIA ENERGÉTICA DE PAÍSES SELECIONADOS – 2015

Fonte: EUROSTAT. Disponível em: <http://ec.europa.eu/eurostat/statistics-explained/images/a/a5/Energy_dependency_rate_%E2%80%94_all_products%2C_2005_and_2015_%28%25_of_net_imports_in_gross_inland_consumption_and_bunkers%2C_based_on_tonnes_of_oil_equivalent%29_YB17.png>. Acesso em: 12 jun. 2018.

* O sinal ⩵ indica que houve supressão.

IMPORTAÇÃO DE FONTES DE ENERGIA

Um dos maiores problemas da Europa é a dependência em relação aos seus poucos fornecedores de **petróleo** e **gás natural**. A maior parte das importações de gás europeias vem da Rússia, seguida da Líbia e da Argélia. O petróleo é importado principalmente da Líbia e da Rússia.

O gás russo atravessa diversos países europeus. Alguns deles, como a Ucrânia, já impuseram restrições à sua passagem por questões comerciais e políticas, fato que demonstrou a fragilidade europeia diante de uma questão estratégica para sua economia e sobrevivência.

> **De olho no gráfico**
> Interprete o gráfico e compare a situação da Hungria e da Noruega no que diz respeito à dependência energética.

TEMA 4
CONQUISTAS AMBIENTAIS

Quais políticas ambientais têm sido desenvolvidas na Europa?

A REVISÃO DAS POLÍTICAS ENERGÉTICAS

A Europa produz metade da energia que consome e, como vimos, cerca de 50% de sua matriz energética é composta de **combustíveis fósseis**. Preocupados com a dependência externa em relação a essas fontes de energia e com os altos níveis de poluição provocados pela queima de petróleo e carvão, os países europeus investem, desde o final do século XX, na ampliação das fontes de energia renováveis na matriz energética dos países.

EM BUSCA DA SUSTENTABILIDADE

Os governos europeus adotaram medidas a favor da sustentabilidade, entre elas estão reciclar totalmente os resíduos sólidos e reduzir a poluição do ar. Em 2018, alguns países já reciclavam 80% do lixo produzido e 90% das emissões de chumbo no ar já tinham sido eliminadas (figura 16).

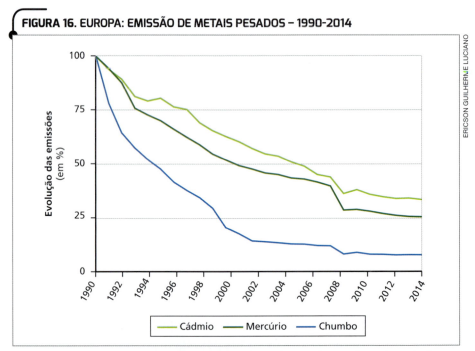

FIGURA 16. EUROPA: EMISSÃO DE METAIS PESADOS – 1990-2014

Fonte: EUROPEAN ENVIRONMENT AGENCY. Emissão de metais pesados. Disponível em: <https://www.eea.europa.eu/data-and-maps/indicators/eea32-heavy-metal-hm-emissions-1/assessment-8>. Acesso em: 12 jun. 2018.

QUADRO

As cidades inteligentes

Hoje muitas cidades europeias são pautadas pelo crescimento econômico sustentável, voltado para a manutenção da qualidade de vida dos habitantes – a tecnologia tem sido utilizada para atender a esse propósito. A cidade de Santander, na Espanha, é um exemplo desse uso. Nela sensores foram instalados em diversos pontos para o recolhimento de informações sobre qualidade do ar, coleta de lixo, situação do trânsito e iluminação pública. Os sensores enviam dados que permitem ao governo saber, por exemplo, onde há acidentes de trânsito, congestionamentos ou lixo para recolher, em que locais é necessário aumentar ou diminuir a intensidade de luz, itinerários e horários de ônibus etc.

Cidades como essa, cada vez mais conectadas e automatizadas, são chamadas de **cidades inteligentes**.

AMPLIAÇÃO DAS ENERGIAS RENOVÁVEIS

Atualmente, a legislação é mais rigorosa na Europa, exigindo valores-limite de emissão de substâncias poluentes pelas indústrias, e há normas que garantem a proteção do solo, da água e do ar. Além disso, os governos investiram na construção de infraestrutura para a produção de energias renováveis. No decorrer dos últimos anos, os países europeus têm ampliado a participação dessas energias na matriz energética europeia (figura 17).

LIMITANTES PARA AS ENERGIAS RENOVÁVEIS NA EUROPA

A geração de energia por meio de **hidrelétricas** é insuficiente para abastecer a demanda das economias da Europa. O número reduzido dessas usinas se explica por sua construção só ser possível em áreas com desníveis de relevo, o que não ocorre em grande parte do continente.

A energia **geotérmica**, produzida por meio do aproveitamento do calor do interior do planeta, restringe-se a locais onde há fontes termais e gêiseres, como a Islândia (figura 18).

A irregularidade dos ventos é um dos fatores que contribuem para dificultar a viabilidade da produção de **energia eólica** na Europa. Apesar disso, o uso desse tipo de energia vem crescendo e é bastante significativo na Alemanha, em Portugal e no Reino Unido.

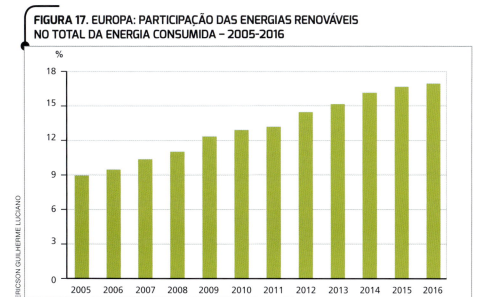

FIGURA 17. EUROPA: PARTICIPAÇÃO DAS ENERGIAS RENOVÁVEIS NO TOTAL DA ENERGIA CONSUMIDA – 2005-2016

Fonte: EUROPEAN ENVIRONMENT AGENCY. Participação das energias renováveis no consumo de energia. Disponível em: <https://www.eea.europa.eu/data-and-maps/indicators/renewable-gross-final-energy-consumption-4/assessment-2>. Acesso em: 12 jun. 2018.

Trilha de estudo
Vai estudar? Nosso assistente virtual no *app* pode ajudar! <http://mod.lk/trilhas>

Figura 18. Usina geotermal Krafla, próxima ao vulcão de mesmo nome (Islândia, 2017).

ATIVIDADES

ORGANIZAR O CONHECIMENTO

1. Passados três séculos da Revolução Industrial, o carvão ainda é importante para a geração de energia na Europa? Justifique sua resposta.

2. Embora exista um apelo mundial para reduzir a geração de energia atômica, o número de usinas nucleares vem aumentando em alguns países europeus. Considerando esse contexto, faça o que se pede.
   a) Hoje em dia, qual é a importância da energia nuclear na Europa?
   b) Aponte um argumento para justificar a construção de novas usinas atômicas em países europeus.

3. Atualmente, que motivos levam os europeus a tentar diminuir o uso de petróleo e de carvão mineral como fontes de energia?

4. Identifique quais das medidas abaixo estão sendo tomadas nos países europeus.
   ( ) Investimento em captação de petróleo.
   ( ) Investimento em fontes de energia renováveis.
   ( ) Aumento da reciclagem de resíduos sólidos.
   ( ) Investimento em tecnologias que favoreçam o desenvolvimento sustentável.

APLICAR SEUS CONHECIMENTOS

5. Observe a tabela abaixo e responda às questões.

MUNDO: MAIORES IMPORTADORES DE PETRÓLEO – 2015		
Posição	País	Milhões de toneladas
1º	Estados Unidos	348
2º	China	333
3º	Índia	203
4º	Japão	165
5º	Coreia do Sul	139
6º	Alemanha	91
7º	Itália	67
8º	Espanha	65
9º	Países Baixos	59
10º	França	57

Fonte: IEA. *Key World Energy Statistics 2017*. OECD/IEA: Paris, 2017. p. 13. Disponível em: <https://www.iea.org/publications/freepublications/publication/KeyWorld2017.pdf>. Acesso em: 13 jun. 2018.

   a) Que posição os países europeus ocupam na tabela?
   b) Por que esses países necessitam importar petróleo?

6. Explique a opção europeia pelo aumento da geração de energias renováveis.

7. Observe a foto.
   a) Identifique o tipo de energia renovável que pode ser extraído desse recurso natural.
   b) Quais são os fatores naturais do continente europeu que impedem a produção energética de alguns tipos de energia renováveis?

Hveravellir, Islândia, em 2017.

8. Analise o mapa a seguir.

EUROPA: IMPORTAÇÃO DE GÁS DA RÚSSIA EM RELAÇÃO AO TOTAL DAS IMPORTAÇÕES DE GÁS – 2016

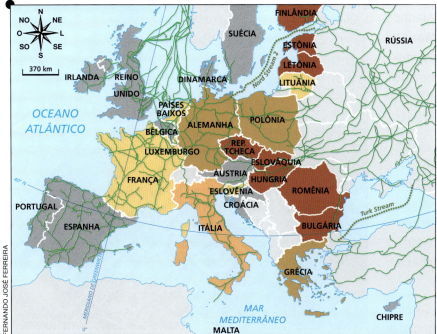

Fonte: REUTERS. Disponível em: <http://fingfx.thomsonreuters.com/gfx/rngs/RUSSIA-GAZPROM-EU-PIPELINE/010040FD0ZQ/RUSSIA-GAZPROM-EU-PIPELINE-01.jpg>. Acesso em: 26 jul. 2018.

a) Quais informações representadas no mapa indicam um futuro aumento da importação de gás russo pela Europa?

b) Que consequências a grande dependência do gás russo traz aos países europeus?

c) Estima-se que em 2030 o crescimento do uso de gás natural na Europa será da ordem de 30%. Que significado isso pode ter?

---

9. (FDF, 2011)

Leia os trechos da reportagem:

Cidade italiana converte vento em energia

"TOCCO DA CASAURIA, Itália – As torres de turbinas brancas que se levantam na borda da estrada mostram algo de extraordinário que está ocorrendo na Itália. Com taxas elevadas de consumo de energia, pequenas comunidades em um país conhecido muito mais pelo lixo do que pela consciência ambiental estão encontrando a salvação econômica na tão comentada energia renovável. [...] Tocco escolheu esse caminho, porque a energia na Itália é uma das mais caras da Europa. Ao mesmo tempo, os custos relacionados à energia renovável estão caindo rapidamente."

The New York Times – textos selecionados para Folha de S.Paulo, 1º nov. 2010, p. 4.

A notícia nos permite refletir sobre fontes alternativas e renováveis de energia e afirmar que

a) é discutível tratar a exploração da energia eólica como renovável, na medida em que não há regularidade de ventos em nenhum tipo de condição climática.

b) a energia eólica é vista como renovável e alternativa em relação aos combustíveis fósseis, que são finitos num prazo mais ou menos curto e de uso dominante.

c) as energias renováveis são muito caras em países como a Itália, em razão do preço barato das energias convencionais, daí não ser necessária a busca de alternativas.

d) as energias convencionais, como os combustíveis fósseis, não são renováveis, mas são baratas e não trazem problemas ambientais como a energia eólica, por exemplo.

e) a energia solar e a energia eólica são as únicas formas de energia renovável, e não têm valor econômico em razão da ausência de tecnologia para isso.

Mais questões no livro digital

89

REPRESENTAÇÕES GRÁFICAS

Interpretação de imagem de satélite

As **imagens de satélite** são imagens captadas por meio de sensores instalados em satélites artificiais. O **sensoriamento remoto** é o nome da tecnologia que permite captar e registrar a distância a energia refletida pelos elementos da superfície, como florestas, matas, rios, lagos, estradas e áreas urbanas.

A energia refletida para cada elemento funciona como uma assinatura energética, traduzida em cores, que permite a sua identificação nas imagens de satélite. Essa interpretação possibilita confeccionar mapas temáticos, como de uso da terra, ocupação urbana, vegetação etc.

A interpretação visual da imagem de satélite se baseia na análise dos principais elementos de reconhecimento, que são: tonalidade, cor, tamanho, forma, textura e padrão de organização espacial dos objetos. Por exemplo, uma cultura de café é identificada pela exibição das fileiras de plantas.

Os sensores podem ser regulados para captar as imagens com cores próximas ao natural ou com cores contrastantes, que facilitam a distinção dos elementos que as compõem.

ATIVIDADES

1. Observe a imagem de satélite e o mapa temático. Que elementos você consegue identificar?
2. Como distinguir na imagem de satélite o Rio Sena? E as pontes?
3. De que maneira é possível identificar e distinguir as praças e os parques das demais áreas construídas? Como essas áreas foram representadas no mapa?

PARIS (FRANÇA): IMAGEM DE SATÉLITE DA REGIÃO CENTRAL – 2017

PARIS (FRANÇA): USO DO SOLO NA REGIÃO CENTRAL

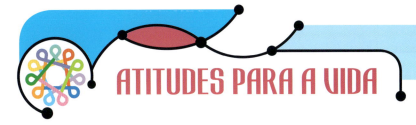

ATITUDES PARA A VIDA

Ouvindo os idosos

"Por seis anos consecutivos, a Holanda foi apontada por ter o melhor sistema de saúde entre 35 países da Europa. Seus idosos também vivem melhor do que os de outros países.

Para o diretor executivo do Departamento de Ciência, Tecnologia e Inovação do Consulado Geral do Reino dos Países Baixos em São Paulo, Nico Schiettekatte, a grande preocupação do seu país é garantir o envelhecimento de forma saudável e ativa.

Ele aponta que a Holanda busca superar as dificuldades investindo na prevenção, cuidado aos idosos e inovação. Nico destaca as principais mudanças no sistema de saúde holandês para acolher os idosos: 'Os três pontos chave do sistema são: o paciente no núcleo e não o cuidado ou o tratamento. Isso significa o autogerenciamento e empoderar os idosos para decidir sobre o seu próprio caminho com dignidade. Segundo, uma abordagem integrada por indivíduo. O idoso tem uma rede familiar em torno dele? É pobre ou é rico? Vive numa cidade pequena? Numa grande cidade? [...]. E terceiro: uma abordagem regional. Porque, em geral, o governo regional tem como entrar em contato mais facilmente com o idoso para poder ouvi-lo, e saber o que ele quer e como personalizar a saúde dele. [...]. O foco é colocar o idoso no centro, estimular a cooperação entre vários parceiros e diminuir a carga de trabalho dos cuidadores.' [...]"

CÂMARA LEGISLATIVA. *Envelhecimento*: Holanda, o melhor país do mundo para os idosos. Disponível em: <www2.camara.leg.br/camaranoticias/radio/materias/REPORTAGEM-ESPECIAL/528194-ENVELHECIMENTO-HOLANDA,-O-MELHOR-PAIS-DO-MUNDO-PARA-OS-IDOSOS-BLOCO-4.html>. Acesso em: 20 maio 2018.

ATIVIDADES

1. De acordo com o texto, o governo dos Países Baixos promoveu mudanças no sistema de saúde para melhor acolher os idosos do país. Em uma dessas mudanças, é possível observar a atitude **questionar e levantar problemas** sendo aplicada. Justifique a afirmação, selecionando um trecho do texto que exemplifica a atitude mencionada.

2. A abordagem regional também é uma das mudanças promovidas pelo governo dos Países Baixos. Nela, o governo entra em contato diretamente com o idoso para poder ouvi-lo e saber o que ele precisa para garantir sua saúde e bem-estar. Qual é a atitude observada nesse tipo de abordagem?

3. A política adotada pelo governo estimula a **pensar de maneira interdependente** ao colocar o idoso no centro e promover a cooperação. Indique alguma circunstância ou situação, ocorrida na escola, em casa ou em outro local, em que essa atitude trouxe benefícios para você.

Idosos caminham em uma rua na cidade de Amsterdã (Países Baixos, 2015).

COMPREENDER UM TEXTO

O escritor italiano Italo Calvino (1923-1985) está entre os mais importantes do século XX. Em uma de suas obras, *Marcovaldo ou as estações na cidade*, o autor retrata a relação entre o ser humano e a natureza de acordo com os valores do mundo contemporâneo. A narrativa se passa em uma cidade fictícia, na qual o tempo e o espaço da natureza deram lugar ao ritmo da industrialização e dos demais elementos urbanos modernos. Na história, Marcovaldo é o único habitante que não sai da cidade durante o mês de agosto, período mais quente do ano e no qual a maior parte da população sai de férias.

A cidade toda para ele

"Durante onze meses por ano, a população amava tanto a cidade que ai de quem tocasse nela: os arranha-céus, [...] os cinemas com tela panorâmica, todos motivos indiscutíveis de atração contínua. O único habitante ao qual não se podia atribuir esse sentimento com certeza era Marcovaldo [...].

Numa certa altura do ano, começava o mês de agosto. E pronto: assistia-se uma mudança geral de sentimentos. Ninguém mais gostava da cidade: os próprios arranha-céus, passagens subterrâneas para pedestres e estacionamentos tão amados até a véspera tornavam-se antipáticos e irritantes. A população só desejava ir embora o mais rápido possível; e assim, entupindo trens e engarrafando rodovias furiosamente, no dia 15 todos já se tinham ido. Exceto um. Marcovaldo era o único habitante a não deixar a cidade.

De manhã, saiu para caminhar no centro. As ruas abriam-se largas e intermináveis, vazias de carros e desertas [...]. Marcovaldo sonhara o ano inteiro em poder usar as ruas como ruas, isto é, caminhar no meio delas: agora podia fazê-lo, e também podia passar os semáforos no vermelho, e atravessar em diagonal, e parar no meio das praças. Mas entendeu que o prazer não era tanto o de fazer essas coisas insólitas quanto o de ver tudo de um outro modo: as ruas como fundos de vale ou leitos de rios secos, as casas como blocos de montanhas íngremes, ou paredes de escolhos.

ORLY WANDERS

Certamente, a falta de alguma coisa saltava aos olhos; mas não da fila de carros estacionados ou do engarrafamento nos cruzamentos, ou do fluxo da multidão na porta da grande loja, ou da ilhota de gente parada à espera do bonde; o que faltava para preencher os espaços vazios e encurvar as superfícies esquadriadas talvez fosse uma enchente para estourar os condutos de água, ou uma invasão de raízes de árvores da alameda para arrebentar a pavimentação. O olhar de Marcovaldo perscrutava ao redor buscando o aflorar de uma cidade diferente, uma cidade de cascas, escamas, brotos e nervuras sob a cidade de verniz, asfalto, vidro e reboco."

CALVINO, Italo. *Marcovaldo ou as estações na cidade*. Tradução de Nilson Moulin. São Paulo: Companhia das Letras, 1994. p. 111-112.

Insólito: raro; incomum.
Escolho: recife, pequena ilha rochosa.
Esquadriado: riscado; cortado em quadrados.
Perscrutar: examinar, procurar.

ATIVIDADES

OBTER INFORMAÇÕES

1. De acordo com o texto, quais eram os elementos da cidade que faziam a população amá-la?

2. O que os habitantes da cidade de Marcovaldo faziam no mês de agosto?

INTERPRETAR

3. Por que Marcovaldo era o único habitante que não saía da cidade no mês de agosto?

4. Como deveria ser a cidade ideal para Marcovaldo?

REFLETIR

5. De que forma o escritor Italo Calvino faz uma crítica ao modo de vida urbano presente nas cidades europeias de meados do século XX?

USAR A CRIATIVIDADE

6. Os problemas urbanos da cidade de Marcovaldo também estão presentes no local onde você vive? Redija um texto, descrevendo como seria, para você, a cidade ideal.

UNIDADE 4

UNIÃO EUROPEIA E RÚSSIA

A União Europeia se constituiu na segunda metade do século XX com o objetivo de garantir a harmonia política e o desenvolvimento econômico e social de seus países-membros. Diante do estabelecimento da livre circulação de mercadorias, serviços e pessoas, a União Europeia é um dos blocos comerciais mais avançados da atualidade, ainda que existam consideráveis desigualdades econômicas entre os seus países-membros.

A Rússia, por sua vez, se destaca como uma das maiores potências energéticas do mundo atual.

Após o estudo desta Unidade, você será capaz de:

- descrever os objetivos da União Europeia;
- compreender os motivos que fazem Alemanha e França serem as principais economias da União Europeia;
- analisar os problemas sociais e econômicos da União Europeia;
- identificar aspectos territoriais, populacionais e socioeconômicos da Rússia.

Participantes de uma manifestação realizada em Berlim, capital da Alemanha, pelo fortalecimento da União Europeia (2017). As bandeiras azuis com as 12 estrelas amarelas simbolizam o bloco.

Trem perto da cidade de Avignon (França, 2014). O sistema ferroviário francês é interligado ao de outros países.

Plataforma russa de exploração de petróleo no Mar de Pechora, no Ártico, a noroeste da Rússia (2016).

COMEÇANDO A UNIDADE

1. Em sua opinião, quais são as possíveis consequências econômicas e sociais do ingresso de um país europeu na União Europeia?

2. De que maneira a foto do trem de alta velocidade representa a integração entre os países europeus?

3. Além de ser reconhecida como uma potência energética, que outros aspectos fazem com que a Rússia tenha uma posição de destaque no cenário internacional?

ATITUDES PARA A VIDA

- Esforçar-se por exatidão e precisão.
- Assumir riscos com responsabilidade.
- Persistir.
- Controlar a impulsividade.

TEMA 1

UNIÃO EUROPEIA

Que fatos históricos antecedem a formação da União Europeia?

A HEGEMONIA EUROPEIA

Nos últimos dois milênios, alguns dos impérios de maior poder político, militar e econômico tiveram sede em território europeu. Além de terem influenciado culturalmente várias regiões do mundo, os processos de expansão e dominação desses blocos de poder contribuíram para causar conflitos e até dizimar populações além das fronteiras europeias.

Impérios Romano, Espanhol e Britânico

Apesar de esses três impérios terem passado por mudanças ao longo do período em que dominaram grandes extensões territoriais, cada um manteve sua unidade política e administrativa com sede, respectivamente, em Roma, na Espanha e na Grã-Bretanha. Veja a seguir o alcance, a duração e alguns dos legados de cada um desses impérios.

| LINHA DO TEMPO | 1 | 100 | 200 | 300 | 400 | 500 | 600 | 700 | 800 |

Império Romano (27 a.C. a 476 d.C.)

Mundo romano

A partir do século I a.C., uma sequência de conquistas militares ampliou os domínios de Roma, levando seus padrões culturais para grande parte da Europa, Norte da África e Oriente Médio. A difusão do cristianismo, por exemplo, teve como fator-chave a oficialização dessa religião nos domínios do império, em 380 d.C.

> Em 2015, o cristianismo era a maior religião do mundo em número de adeptos: **2,3 bilhões de pessoas**, quase um terço da população mundial.

Extensão máxima do Império Romano – 117 d.C.

Fonte: KÖNEMANN, L. *Historical atlas of the world*: with over 1.200 maps. Bath: Parragon, 2010. p. 80.

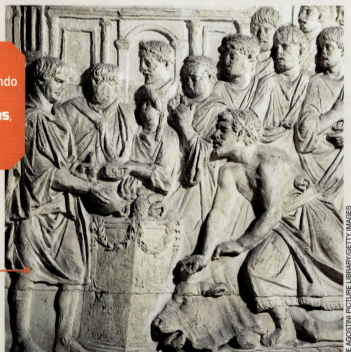

Roma submeteu povos em toda a costa do Mar Mediterrâneo e no interior próximo. Neste trecho da Coluna de Trajano, construída em Roma, em 113 d.C., é representada a submissão dos sármatas, povo da Ásia ocidental, por meio de pagamento de tributos.

A trágica conquista do Novo Mundo

A conquista da América marca o início do Império Espanhol e da subjugação de muitos povos nativos, escravizados e exterminados durante a tomada de seus territórios. Nesse processo, houve também a difusão da língua espanhola entre os territórios conquistados.

Extensão máxima do Império Espanhol – XVII-XVIII

Fonte: DUBY, Georges. *Atlas histórico mundial*. São Paulo: Larousse, 2007. p. 157.

Fortes, como o de Santiago da Glória, no Panamá (século XVII), protegiam o território e o escoamento das riquezas americanas.

Considerando as línguas maternas, o espanhol é o segundo idioma mais difundido no mundo, com **442 milhões de falantes**.

Império Espanhol (1492 a 1975)

| 1000 | 1100 | 1200 | 1300 | 1400 | 1500 | 1600 | 1700 | 1800 | 1900 | 2000 |

Império Britânico (1583 a 1997)

Domínios em cinco continentes

A construção do Império Britânico começou no século XVI, com a tomada de territórios na América do Norte, e atingiu seu auge no início do século XX, quando seus domínios se estendiam por quase um quarto das terras do planeta. Sua hegemonia se baseou no poder naval, mas também na difusão da cultura britânica.

Extensão máxima do Império Britânico – 1922

Os britânicos difundiram o sistema jurídico de *common law* – conjunto de precedentes jurídicos, que, pelo uso, tornam-se leis –, hoje adotado em **mais de 30 países**.

Esta gravura de autoria desconhecida (c. 1860) retrata a Revolta dos Cipaios (1857-1859), na Índia, um dos muitos conflitos decorrentes da dominação colonial nos territórios britânicos.

Fonte: DUBY, Georges. *Atlas histórico mundial*. São Paulo: Larousse, 2007. p. 240.

97

ORIGEM E EVOLUÇÃO DA UNIÃO EUROPEIA

A União Europeia (UE) é um bloco composto de 28 países (dado de 2018) que desenvolvem ações políticas e econômicas integradas, sendo livre a circulação de pessoas, produtos, serviços e capitais entre os países-membros. Nos dias de hoje, esse bloco, formado com objetivos sobretudo econômicos, engloba projetos mais amplos, como o fomento à melhora dos índices sociais e o desenvolvimento de políticas conjuntas de preservação ambiental.

As origens da União Europeia remontam ao final da Segunda Guerra Mundial, quando os países europeus, debilitados pelos sucessivos conflitos, uniram-se em busca de estabilização política e econômica. Assim, para estimular o comércio e eliminar barreiras alfandegárias, criou-se, em 1948, o **Benelux**, uma organização econômica formada por Bélgica, Países Baixos e Luxemburgo.

Em 1951, o Benelux se uniu a França, Itália e Alemanha para criar a **Comunidade Europeia do Carvão e do Aço (Ceca)**. Em 1957, esses países firmaram um acordo, por meio do **Tratado de Roma**, estabelecendo a **Comunidade Econômica Europeia (CEE)** ou **Mercado Comum Europeu (MCE)**. Finalmente, em 1992, foi criada a **União Europeia**, pelo **Tratado de Maastricht**. Em 2004, uma parte dos países ex-socialistas do Leste Europeu passou a integrar a União Europeia (figura 1).

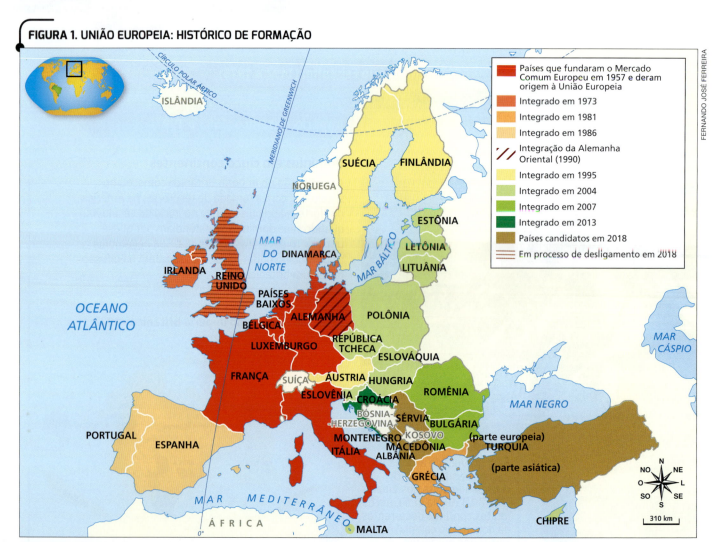

FIGURA 1. UNIÃO EUROPEIA: HISTÓRICO DE FORMAÇÃO

Fonte: UNIÃO EUROPEIA. Países. Disponível em: <https://europa.eu/european-union/about-eu/countries_pt#tab-0-0>. Acesso em: 14 jun. 2018.

POLÍTICAS SOCIAIS NA UNIÃO EUROPEIA

Uma das principais características da União Europeia é seu **sistema de proteção social**: serviços públicos de saúde e educação eficientes, seguro-desemprego, previdência, atendimento a idosos, políticas de integração de pessoas com necessidades especiais e combate à pobreza em todos os países são exemplos das ações de proteção e de inclusão financiadas pelos Estados e pelas instituições da União Europeia (figura 2).

Há mais de uma década, o modelo social europeu passa por dificuldades em razão do baixo crescimento demográfico e do envelhecimento de sua população (as pessoas vivem cada vez mais e as taxas de natalidade são próximas de zero ou negativas). Com isso, as despesas dos governos com aposentadorias e serviços aos idosos aumentam, dificultando a manutenção dos serviços públicos amplos e de qualidade.

As altas taxas de desemprego e o elevado endividamento de alguns países contribuem para aumentar as dificuldades econômicas que diversos Estados-membros da União Europeia enfrentam.

> **QUADRO**
>
> ### A Zona do Euro
>
> Em 2002, diversos países-membros da União Europeia começaram a utilizar uma moeda única, o **euro** (€), em substituição às suas moedas nacionais. Atualmente, o euro é a segunda moeda internacional mais importante do mundo, seguida do dólar americano, e 19 dos 28 Estados-membros da União Europeia adotam o euro como moeda: Alemanha, Áustria, Bélgica, Chipre, Eslováquia, Eslovênia, Espanha, Estônia, Finlândia, França, Grécia, Irlanda, Itália, Letônia, Lituânia, Luxemburgo, Malta, Países Baixos e Portugal. Esses países integram a chamada **Zona do Euro**.
>
>

Figura 2. Dos 10 países com melhores Índices de Desenvolvimento Humano (IDH) do mundo, quatro pertencem à União Europeia: Dinamarca, Países Baixos, Alemanha e Irlanda. Na foto, sala de aula em uma escola pública na cidade de Bonn (Alemanha, 2012).

RELAÇÕES COMERCIAIS

A Europa é uma das áreas mais industrializadas do mundo e com produção de alta tecnologia. As principais relações comerciais da União Europeia são com os Estados Unidos, a China e a Suíça (tabela). O comércio intrabloco é muito ativo e contribui para o desenvolvimento de uma série de serviços, como os bancários e os de transportes.

O ESPAÇO SCHENGEN

A União Europeia foi responsável pela criação do **Espaço Schengen** (figura 3), um acordo por meio do qual os cidadãos dos países signatários podem circular livremente, a turismo ou a trabalho, sem passar pelo controle de fronteira. Criado em 1985, esse espaço engloba quase todos os países da União Europeia e alguns outros associados; ao todo são 26 países: Alemanha, Áustria, Bélgica, Dinamarca, Eslováquia, Eslovênia, Espanha, Estônia, Finlândia, França, Grécia, Hungria, Islândia, Itália, Letônia, Liechtenstein, Lituânia, Luxemburgo, Malta, Noruega, Países Baixos, Polônia, Portugal, República Tcheca, Suécia e Suíça.

> **PARA PESQUISAR**
>
> • <https://europa.eu/european-union/index_pt>
>
> *Site* oficial e em português da União Europeia, em que é possível obter uma série de informações sobre os objetivos e as características de todos os projetos e ações desenvolvidos pelo bloco, tais como os humanitários, econômicos, comerciais, culturais, entre outros.

TABELA. UNIÃO EUROPEIA: COMÉRCIO EXTERIOR – 2016

País	Exportações	Importações
EUA	362.153	247.826
China	170.083	344.468
Suíça	142.455	121.669

Fonte: DAMEN, Mario; PRZETACZNIK, Jakub. A União Europeia e seus parceiros comerciais. *Parlamento europeu*, fev. 2018. Disponível em: <http://www.europarl.europa.eu/atyourservice/pt/displayFtu.html?ftuId=FTU_5.2.1.html>. Acesso em: 17 jun. 2018.

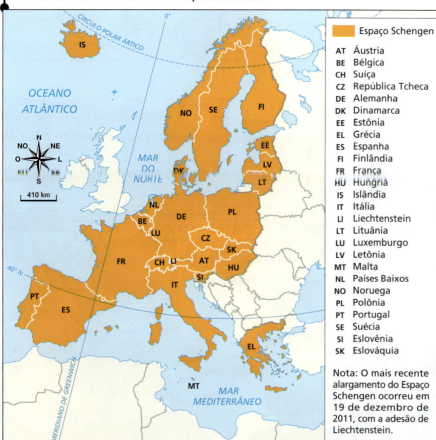

FIGURA 3. UNIÃO EUROPEIA: ESPAÇO SCHENGEN

Espaço Schengen

AT Áustria
BE Bélgica
CH Suíça
CZ República Tcheca
DE Alemanha
DK Dinamarca
EE Estônia
EL Grécia
ES Espanha
FI Finlândia
FR França
HU Hungria
IS Islândia
IT Itália
LI Liechtenstein
LT Lituânia
LU Luxemburgo
LV Letônia
MT Malta
NL Países Baixos
NO Noruega
PL Polônia
PT Portugal
SE Suécia
SI Eslovênia
SK Eslováquia

Nota: O mais recente alargamento do Espaço Schengen ocorreu em 19 de dezembro de 2011, com a adesão de Liechtenstein.

Fonte: COMISSÃO EUROPEIA. *Europa sem fronteiras*: o Espaço Schengen – p. 2. Disponível em: <https://ec.europa.eu/home-affairs/sites/homeaffairs/files/e-library/docs/schengen_brochure/schengen_brochure_dr3111126_pt.pdf>. Acesso em: 18 jun. 2018.

A SAÍDA DO REINO UNIDO

Em junho de 2016, o Reino Unido decidiu – por meio de um referendo popular – deixar a União Europeia. Essa decisão obrigou o governo do Reino Unido a iniciar um processo de negociação diplomática para a desvinculação do país do bloco, que então estava previsto para durar cerca de três anos. A saída do Reino Unido ficou conhecida pelo nome **Brexit**, junção das palavras de língua inglesa *British* (britânica) e *exit* (saída).

O Reino Unido é composto de Inglaterra, Escócia, País de Gales e Irlanda do Norte e é a segunda maior economia da União Europeia, atrás apenas da Alemanha. Além da China e dos Estados Unidos, os maiores importadores e exportadores do Reino Unido estão na União Europeia. O Brexit produz, portanto, impactos significativos em muitas economias do mundo.

O debate em torno dos temas de interesse do Brexit foi intensamente realizado durante os meses que antecederam o referendo. Os principais pontos de discussão sobre o Brexit foram:

- **Política econômica**: os apoiadores da saída indicavam que as contribuições financeiras do Reino Unido para a União Europeia custavam caro para a população britânica; os opositores à saída do bloco argumentavam que com a saída do bloco o Reino Unido pagaria mais impostos e teria menos vantagens comerciais.

- **Comércio**: os favoráveis à saída do bloco afirmavam que, sem a tutela da União Europeia, o Reino Unido poderia negociar diretamente com os outros países melhores condições de preços, taxas e impostos; entre os que defendiam a permanência no bloco, o argumento era o de que o Reino Unido teria menos poder econômico nas negociações.

- **Imigração**: os apoiadores da saída alegavam que um controle maior sobre a entrada de imigrantes era necessário no país para equilibrar a oferta de empregos e para manter a identidade nacional e cultural do Reino Unido. Os apoiadores da permanência no bloco defendiam que os outros países da União Europeia recebiam mais imigrantes do que o Reino Unido.

No referendo de 2016, a vitória do Brexit foi por uma porcentagem muito pequena, fazendo com que parte da população ainda considere a possibilidade da realização de um novo referendo para anular a decisão de 2016. Em 2018, o processo de desligamento do Reino Unido ainda não tinha sido concluído (figura 4).

Figura 4. A população do Reino Unido ficou praticamente dividida entre permanecer ou sair da União Europeia. Na foto, manifestação realizada em Londres a favor da permanência do Reino Unido na União Europeia (Reino Unido, 2018).

TEMA 2

ALEMANHA E FRANÇA

De que forma Alemanha e França se destacam na União Europeia?

DESTAQUES DA UNIÃO EUROPEIA

A União Europeia não é homogênea em termos econômicos e políticos. Com a saída do Reino Unido, Alemanha e França – que, historicamente, apoiaram-se nas principais questões econômicas e políticas – ganham mais destaque e tornam-se os países com maior poder de influência e decisão nos assuntos que envolvem os rumos da União Europeia e a geopolítica global.

ALEMANHA

Durante a Guerra Fria, após a Segunda Guerra Mundial (1939-1945), a Alemanha foi dividida em República Federal Alemã (RFA), capitalista, e República Democrática Alemã (RDA), comunista. Em 1990, com a derrocada do bloco socialista, houve a reunificação do país (figura 5). Hoje, a Alemanha tem uma indústria moderna e é a maior economia da União Europeia.

Em 2017, o país apresentou crescimento econômico de 2,2% em relação ao ano anterior, devido ao aumento do consumo, das exportações e do investimento de empresas em infraestrutura e do crescimento do setor de construção.

Figura 5. Pessoas no gramado em frente ao Bundestag, o Parlamento da República Federal da Alemanha após a reunificação (Berlim, 2018).

ATIVIDADES ECONÔMICAS

A **indústria** alemã figura entre as principais do mundo, destacando-se por seu moderno parque industrial voltado para o setor automotivo, de maquinário, de eletrônicos, da siderurgia e de medicamentos.

As grandes jazidas de carvão foram muito relevantes para o desenvolvimento industrial da Alemanha, além da densa rede hidrográfica, cujo principal rio, o Reno, é responsável pelo escoamento da produção tanto dentro do país quanto para os demais países europeus.

A alta tecnologia emprega cerca de 11% da mão de obra alemã, que é extremamente qualificada, e os investimentos em pesquisa são superiores à média da União Europeia. O apoio à pesquisa e à inovação coloca a Alemanha entre os mais importantes **polos tecnológicos** do mundo.

Nas últimas décadas, a **agropecuária** alemã passou a empregar um número cada vez menor de trabalhadores. Isso não quer dizer que a produção agrícola diminuiu, já que as fazendas, muitas delas de propriedades familiares, tornaram-se mais eficientes devido ao alto grau de tecnologias empregadas e à Política Agrícola Comum da União Europeia.

O setor de **serviços e comércio** é o mais significativo para a Alemanha em termos econômicos, uma vez que representa quase 70% do PIB do país. Os serviços relacionados ao turismo, por exemplo, movimentaram 287,2 milhões de euros em 2015, representando 6,8% do mercado de trabalho alemão. Observe no mapa da figura 6 a distribuição das principais atividades econômicas no território da Alemanha.

Política Agrícola Comum: política instituída com a finalidade de estabelecer um mercado único para os produtos agrícolas da União Europeia e de promover incentivos financeiros aos agricultores do bloco.

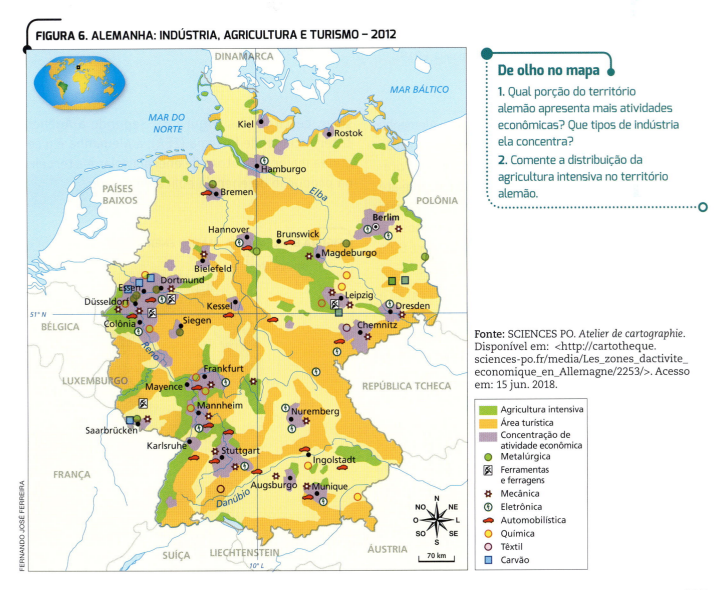

FIGURA 6. ALEMANHA: INDÚSTRIA, AGRICULTURA E TURISMO – 2012

Fonte: SCIENCES PO. Atelier de cartographie. Disponível em: <http://cartotheque.sciences-po.fr/media/Les_zones_dactivite_economique_en_Allemagne/2253/>. Acesso em: 15 jun. 2018.

De olho no mapa

1. Qual porção do território alemão apresenta mais atividades econômicas? Que tipos de indústria ela concentra?

2. Comente a distribuição da agricultura intensiva no território alemão.

Figura 7. A substituição das fontes de energia tradicionais por renováveis reduz a emissão de gases de efeito estufa e o lançamento de poluentes na atmosfera. Na foto, campo de painéis solares em Langelsheim (Alemanha, 2018).

A VIRADA ENERGÉTICA

No que se refere às questões ambientais, a Alemanha está na vanguarda. A palavra que resume a revolução energética vivida pelo país é *energiewende*, ou "virada energética", em português. A previsão é de que até 2050 as energias renováveis constituam 80% de sua matriz energética. Os alemães estão empenhados em reduzir a emissão de gases de efeito estufa, entre 80% e 95% em comparação com os níveis de 1990.

Entre as medidas tomadas pelo governo estão a desativação progressiva das minas de carvão, visto que a queima do combustível fóssil é altamente poluidora. Em relação à energia nuclear, a situação é similar: após o acidente nuclear de 2011 em Fukushima, no Japão, a Alemanha decidiu eliminar suas usinas nucleares até 2022.

Desde 2000, a Alemanha registrou um crescimento significativo na produção de energia eólica, solar (figura 7) e a partir de biomassa. Em 2016, as energias renováveis foram responsáveis por 34% da eletricidade consumida no país. A biomassa, como madeira e lixo, responde por 9% de toda a energia produzida. A energia eólica representa 14%, e a solar, cerca de 7% (figura 8). Segundo a Agência Internacional de Energia (IEA), a Alemanha é a segunda maior produtora de energia solar e a terceira na produção de energia eólica do mundo.

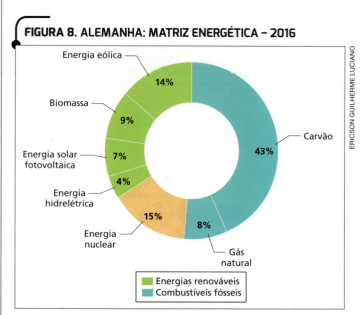

FIGURA 8. ALEMANHA: MATRIZ ENERGÉTICA – 2016

Fonte: DW. *Alemanha descumprirá metas climáticas para 2020, diz estudo.* Disponível em: <http://www.dw.com/pt-br/alemanha-descumprir%C3%A1-metas-clim%C3%A1ticas-para-2020-diz-estudo/a-40452680>. Acesso em: 13 jun. 2018.

Figura 9. O principal produto agrícola da economia francesa é o trigo. Na foto, vilarejo de Niedermorschwihr e suas extensas culturas agrícolas, no Alto Reno (França, 2017).

FRANÇA

Segundo dados oficiais da União Europeia, em 2018 a população francesa era de 67,2 milhões de habitantes. A economia francesa é caracterizada por uma agricultura que atende ao mercado interno e ao bloco, uma indústria moderna e sofisticada e um setor de serviços, particularmente o turismo, muito desenvolvido.

ATIVIDADES ECONÔMICAS

A França tem uma das maiores áreas cultiváveis da Europa. A agricultura é fortemente subsidiada, o que permite o suprimento de seu mercado interno e a exportação do excedente da produção para os demais países europeus (figura 9).

No setor industrial, a metalurgia tem grande destaque na economia do país, servindo de base para os demais ramos, como o aeroespacial.

Um dos problemas da economia francesa é a falta de recursos naturais para a produção de energia, o que obriga o país a importar carvão e petróleo para atender a suas necessidades energéticas.

Atualmente, a energia nuclear representa cerca de 75% da matriz energética da França. Existem estudos para reduzir ou mesmo abandonar a produção desse tipo de energia no país, incentivando o uso de energias renováveis.

Outra importante atividade econômica francesa é o **turismo**. Em 2016, de acordo com a Organização Mundial do Turismo, a França foi o país que teve o maior fluxo de turistas no mundo, com 82 milhões de visitantes.

Paris é o principal polo turístico, mas as praias ao sul, monumentos e patrimônios históricos espalhados pelo território também atraem milhões de turistas o ano todo (figura 10).

Subsidiado: desenvolvido com uma quantia em dinheiro ou financiamento fornecidos pelo governo.

Figura 10. Museu do Louvre em Paris (França, 2017). A capital é uma das cidades que mais recebem turistas no mundo.

ATIVIDADES

ORGANIZAR O CONHECIMENTO

1. Observe a figura 1, na página 98, e responda às questões a seguir.
   a) Quais países fundaram o Mercado Comum Europeu, em 1957?
   b) Que países passaram a integrar a União Europeia a partir de 2004? Qual é a característica política comum à maior parte deles?

2. Assinale as frases que apresentam informações corretas sobre a União Europeia.
   ( ) Bloco formado por 28 países europeus.
   ( ) Possui legislação própria e desenvolve políticas ambientais e sociais.
   ( ) Entre os países-membros, a circulação de pessoas é livre, mas a de produtos não.
   ( ) Possui o euro como moeda oficial, adotada pelos países do Espaço Schengen.
   ( ) Entre os países-membros, é livre a circulação de pessoas, produtos e serviços.

3. Em todos os países da União Europeia o euro é a moeda oficial? Em sua resposta, explique o que é a Zona do Euro.

4. Retome o gráfico da figura 8, na página 104, e faça o que se pede.
   a) Comente o comportamento das fontes de energia na matriz energética alemã.
   b) Quais fontes renováveis de energia vêm se destacando no país?

5. Assinale o item que caracteriza corretamente a economia francesa.
   a) Apresenta recursos naturais fósseis, o que faz da França autossuficiente em termos energéticos.
   b) A produção agrícola da França abastece o mercado interno, mas é insuficiente para a exportação de produtos dessa natureza.
   c) A indústria do país é altamente mecanizada, sendo a metalurgia um dos destaques do setor.
   d) O turismo é muito relevante para a economia francesa, apesar de o setor de serviços ser pouco desenvolvido.

APLICAR SEUS CONHECIMENTOS

6. Analise os gráficos e responda às questões.

MUNDO: PARTICIPAÇÃO DAS POTÊNCIAS COMERCIAIS NAS EXPORTAÇÕES DE MERCADORIAS – 2014

China 16%; União Europeia 15%; EUA 11%; Japão 5%; Outros 53%

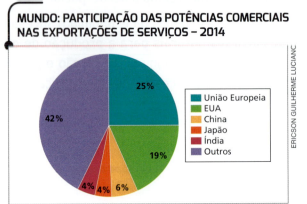

MUNDO: PARTICIPAÇÃO DAS POTÊNCIAS COMERCIAIS NAS EXPORTAÇÕES DE SERVIÇOS – 2014

União Europeia 25%; EUA 19%; China 6%; Japão 4%; Índia 4%; Outros 42%

Fonte dos gráficos: COMISSÃO EUROPEIA. *Compreender as políticas da União Europeia*: comércio. Bruxelas: União Europeia, 2016. p. 4. Disponível em: <https://publications.europa.eu/pt/publication-detail/-/publication/9a2c5c3e-0d03-11e6-ba9a-01aa75ed71a1>. Acesso em: 18 jun. 2018.

a) Quais são os países e os blocos mais importantes no comércio mundial?
b) A que conclusão podemos chegar sobre a participação da União Europeia no comércio mundial ao compararmos os dois gráficos?

7. Interprete a charge abaixo.

8. Analise o gráfico e as informações sobre os produtos exportados pela Alemanha em 2014 e faça o que se pede.

ALEMANHA: PRINCIPAIS BENS EXPORTADOS – 2014				
Automóveis e peças	Máquinas	Produtos químicos	Equipamentos de processamento de dados	Equipamentos elétricos
17,9%	14,5%	9,5%	7,9%	6,0%

Fonte dos dados: TATSACHEN. *Perfil da Alemanha*, p. 74-75. Disponível em: <https://www.tatsachen-ueber-deutschland.de/pt-br/system/files/download/tatsachen_2015_por.pdf>. Acesso em: 18 jun. 2018.

a) Qual foi o principal importador da Alemanha em 2014?

b) Por que os produtos mais exportados pela Alemanha em 2014 indicam que esse país possui economia desenvolvida?

c) A partir da análise do gráfico, comente a importância da União Europeia no cenário econômico internacional.

9. (UERJ, 2018)

A integração da União Europeia começou oficialmente em 1957 e durante décadas houve um movimento contínuo de ampliação das liberdades de circulação de riquezas. A imagem abaixo aponta um fato importante desse período: a entrada em vigor do Acordo Schengen. Nos últimos anos, no entanto, o bloco vem enfrentando dificuldades que sinalizam a possibilidade de retrocessos.

1991

2016

A Alemanha e outros países da União Europeia estenderam por mais três meses o controle em suas fronteiras. Além da Alemanha, também Áustria, Dinamarca, Suécia e Noruega (que não faz parte da UE) vão continuar com o controle temporário de suas fronteiras, após o aval do Conselho Europeu. Todos esses países fazem parte da zona de livre-circulação prevista no Acordo Schengen.

Adaptado de g1.globo.com.

Considerando os eventos ocorridos nesse continente nos últimos cinco anos, a explicação para a mudança exposta na notícia é a necessidade de controle dos fluxos de:

a) capitais;
b) serviços;
c) pessoas;
d) mercadorias.

TEMA 3 — DESIGUALDADES NA UNIÃO EUROPEIA

Quais são as principais desigualdades existentes entre os países da União Europeia?

DESIGUALDADES REGIONAIS

Na Europa existem **desigualdades econômicas** e **sociais** entre as regiões. De modo geral, o conjunto de países da União Europeia apresenta altos indicadores socioeconômicos, mas isso não significa que a economia desses países apresente igual desenvolvimento.

A área mais industrializada e desenvolvida economicamente estende-se de Londres, no Reino Unido, até Milão, no norte da Itália, abrangendo os Países Baixos, a porção leste da França e a parte oeste da Alemanha. Grécia, Portugal e Espanha apresentam desenvolvimento econômico intermediário, e os países do Leste Europeu apresentam as economias menos desenvolvidas (figura 11).

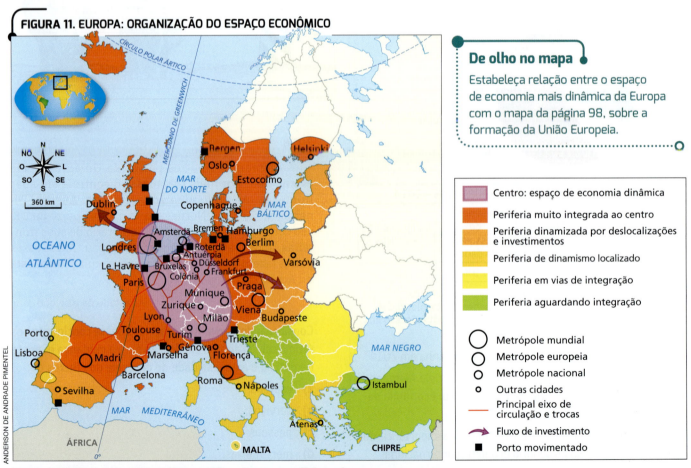

FIGURA 11. EUROPA: ORGANIZAÇÃO DO ESPAÇO ECONÔMICO

De olho no mapa
Estabeleça relação entre o espaço de economia mais dinâmica da Europa com o mapa da página 98, sobre a formação da União Europeia.

Fonte: FERREIRA, Graça M. L. Atlas geográfico: espaço mundial. 4. ed. São Paulo: Moderna, 2013.

Figura 12. A Romênia é um dos países menos desenvolvidos da Europa. Bucareste, capital da Romênia, é uma cidade de contrastes – nela a desigualdade é perceptível nas ruas e construções (foto de 2017).

RISCO DE POBREZA

Existem substanciais desníveis de desenvolvimento socioeconômico entre os países centrais e periféricos do bloco, diferenças que se revelam em índices de desigualdade, como o **risco de pobreza**, um indicador utilizado na União Europeia para avaliar a exclusão social. Consideram-se em risco de pobreza as pessoas que recebem mensalmente menos de 60% do rendimento médio mensal *per capita* do país onde vivem.

Em 2016, 23,8% da população da União Europeia, o equivalente a 118 milhões de pessoas, se encontrava em risco de pobreza ou de exclusão social, em comparação com 23,4%, em 2010. Os países que apresentaram maior porcentagem de população em risco de pobreza foram: Bulgária, com 40,4%, Romênia (figura 12), com 38,8%, e Grécia, com 35,6%. No outro extremo, as porcentagens mais baixas de pessoas em risco de pobreza ou exclusão social foram registradas na República Tcheca (13,3%), na Finlândia (16,6%), na Dinamarca (16,7%) e nos Países Baixos (16,7%). Observe o mapa da figura 13.

Entre as metas atuais da União Europeia, está garantir uma taxa de 75% de emprego na faixa etária entre os 20 e os 64 anos e tirar pelo menos 20 milhões de pessoas da situação de pobreza e de exclusão social.

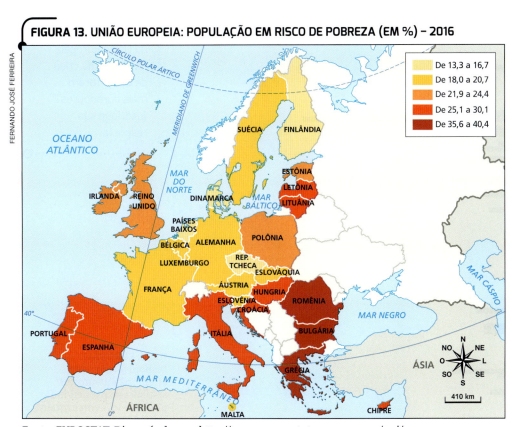

Fonte: EUROSTAT. Disponível em: <http://appsso.eurostat.ec.europa.eu/nui/submitViewTableAction.do>. Acesso em: 18 jun. 2018.

Europa: organização do espaço e agropecuária

O mapa interativo permite sobrepor informações a respeito da organização do espaço e da agropecuária no continente europeu.

De olho no mapa

Retome o conceito de risco de pobreza e explique por que não podemos afirmar, com base na leitura do mapa, que os rendimentos das pessoas em risco de pobreza na Polônia e na Itália são parecidos.

DESEMPREGO NA UNIÃO EUROPEIA

O desemprego é um problema que agrava o risco de pobreza ou exclusão social. No início de 2018, estimava-se que aproximadamente 17,5 milhões de pessoas (7,6%) estavam desempregadas na União Europeia. As parcelas mais atingidas eram os jovens e os trabalhadores menos qualificados.

Em 2017, 16,8% dos jovens (parcela da população entre 15 e 24 anos) estavam desempregados, ao passo que a taxa de desemprego referente à parcela da população entre 25 e 74 anos era de 6,7% (figura 14).

Entre 2008 e 2013, por causa dos efeitos da crise econômica que atingiu profundamente a Europa, observou-se um aumento significativo das taxas de desemprego. Mas a partir de 2014, com o início da recuperação econômica da União Europeia, ocorreu uma redução dessas taxas, que se aproximavam em 2018 dos patamares anteriores à crise de 2008. Todavia, é importante salientar que as taxas de desemprego entre as diversas economias da União Europeia variam, o que significa que os efeitos da crise foram sentidos de forma desigual (figura 15).

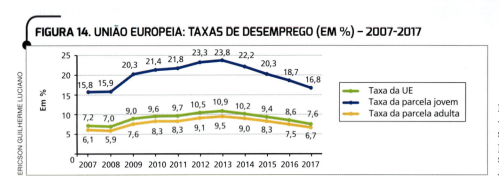

FIGURA 14. UNIÃO EUROPEIA: TAXAS DE DESEMPREGO (EM %) – 2007-2017

Fonte: EUROSTAT. Disponível em: <http://ec.europa.eu/eurostat/statistics-explained/index.php?title=Unemployment_statistics#Recent_developments>. Acesso em: 18 jun. 2018.

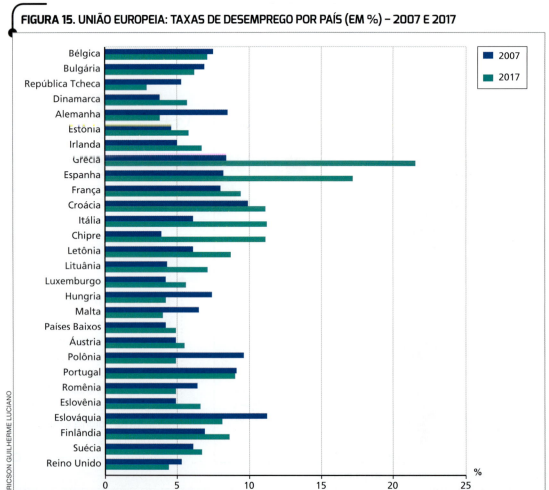

FIGURA 15. UNIÃO EUROPEIA: TAXAS DE DESEMPREGO POR PAÍS (EM %) – 2007 E 2017

Fonte: EUROSTAT. Disponível em: <http://ec.europa.eu/eurostat/statistics-explained/index.php?title=Unemployment_statistics#Recent_developments>. Acesso em: 18 jun. 2018.

De olho no gráfico

Em quais países da União Europeia os efeitos da crise de 2008 foram mais duradouros? Justifique sua resposta.

POLÍTICAS REGIONAIS

Na União Europeia são desenvolvidas políticas regionais com o objetivo de promover o crescimento econômico e a melhora da qualidade de vida da população, sobretudo a dos países menos desenvolvidos. Com isso, busca-se reduzir as disparidades econômicas e sociais dentro do bloco. As políticas regionais são geridas pela Comissão Europeia em parceria com os governos nacionais.

Em 2010, as políticas regionais implantadas na União Europeia estabeleceram alguns objetivos a serem alcançados até 2020: garantir que 75% das pessoas entre 20 e 64 anos estivessem empregadas, investir 3% do PIB da UE em inovação e tecnologia, reduzir as emissões de gases de efeitos de estufa, aumentar a produção de energias renováveis, diminuir as taxas de abandono escolar e combater a pobreza e a exclusão social. Os países que mais têm recebido auxílio das instituições da UE são Chipre, Grécia, Hungria, Irlanda, Portugal e Romênia, os menos desenvolvidos do bloco.

ADESÃO À UE

De maneira geral, os países europeus que não pertencem à União Europeia têm interesse em entrar no bloco para se beneficiarem da livre circulação de pessoas e mercadorias e das políticas de desenvolvimento econômico e social planejadas pela UE.

O processo de adesão à União Europeia, porém, é complexo e demorado, e é preciso que os países candidatos atendam a três condições básicas: apresentar desenvolvimento econômico, manter um regime político democrático que respeite os direitos humanos e aceitar a legislação do bloco.

Para ingressarem, os países devem apresentar uma candidatura, cabendo a uma comissão da UE avaliar se todas as condições são atendidas. Caso a comissão dê um parecer favorável, abrem-se negociações entre o governo do país candidato e o Conselho da UE, que demoram, em geral, alguns anos para serem concluídas. Em 2018, Albânia (figura 16), Macedônia, Montenegro, Sérvia e Turquia estavam em processo de avaliação pela União Europeia. Bósnia Herzegovina e Kosovo eram países com interesse em aderir à UE, mas não atendiam às regulamentações necessárias.

Figura 16. A Albânia é um país localizado na Península Balcânica. Em 2017, possuía cerca de 3 milhões de habitantes. A língua oficial do país é o albanês, e mais de 55% de sua população é de religião muçulmana. A Albânia possui estreita relação econômica, cultural e política com Itália e Grécia. Na foto, vista de Tirana, capital da Albânia, em 2018.

TEMA 4

RÚSSIA

Qual é a importância dos recursos naturais para a posição da Rússia no cenário internacional?

ASPECTOS NATURAIS

A Rússia, maior país do mundo, abrange mais de 17 milhões de quilômetros quadrados, estendendo-se pela Europa e pela Ásia (figura 17). Grande parte de seu território está localizada nas altas latitudes, onde predomina o clima frio, caracterizado pela frequência de temperaturas baixas ao longo do ano e pelos invernos longos e muito rigorosos. O clima temperado, marcado pela continentalidade, domina a oeste dos Montes Urais, na Rússia europeia, e invade a porção asiática, ao longo de uma faixa situada a sudoeste do território. Ao norte do país, predominam os climas polar e subpolar. A **Sibéria** é uma região que ocupa quase 60% do território russo, estendendo-se dos Montes Urais ao Oceano Pacífico. Nela encontram-se as planícies siberianas (áreas pouco povoadas, muito frias, congeladas durante parte do ano) e áreas planálticas, com predomínio de clima frio, recobertas pela **taiga**.

FIGURA 17. RÚSSIA: LOCALIZAÇÃO E PRINCIPAIS CIDADES

Fonte: CIA. *The World Factbook*. Disponível em: <https://www.cia.gov/library/publications/the-world-factbook/geos/rs.html>. Acesso em: 24 jun. 2018.

POPULAÇÃO

A população russa – que ultrapassa 144 milhões de pessoas (de acordo com estimativas de 2017) – está distribuída de maneira irregular pelo território: cerca de 78% dos habitantes residem na parte europeia do país, onde se encontram o centro econômico e as principais cidades da Rússia: Moscou e São Petersburgo (figura 18). Nessa região, a taxa de urbanização é de 74,3%.

Um dos grandes problemas do país é a taxa de crescimento natural negativo da população, de –1,3‰ (lê-se "por mil"). O governo encara essa questão como prioridade nacional e oferece incentivos para que as famílias tenham mais de um filho.

IMPORTÂNCIA DAS MIGRAÇÕES

O crescimento populacional da Rússia não é ainda menor porque, nos últimos anos, o país tem sido polo de atração de imigrantes da Ásia Central, do Leste Europeu e de países localizados no sul do Cáucaso. Diante da crise demográfica e da necessidade de mão de obra, o governo russo flexibilizou a entrada de imigrantes e de migrantes do extremo leste de sua porção asiática, região menos desenvolvida do país (figura 19).

Figura 18. São Petersburgo é a segunda maior cidade da Rússia, com 5,3 milhões de habitantes. Localizada às margens do Rio Neva, a cidade é um importante centro industrial e cultural do país. Na foto, catedral ortodoxa russa, em São Petersburgo (Rússia, 2017).

De olho no mapa
Caracterize os fluxos de migração entre a Rússia e os países da Europa.

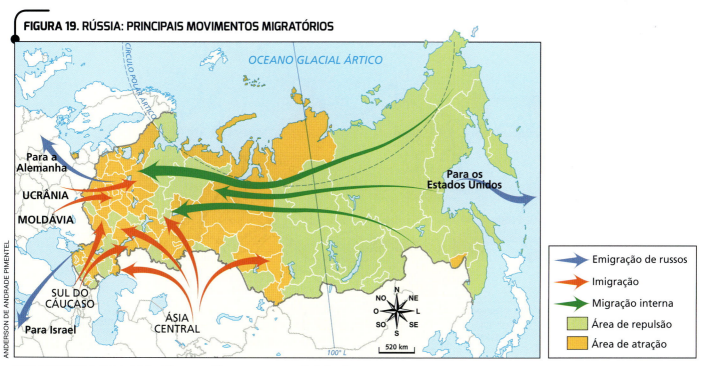

Fonte: FERREIRA, Graça M. L. *Atlas geográfico*: espaço mundial. 4. ed. São Paulo: Moderna, 2013. p. 99.

IMPORTÂNCIA DOS RECURSOS MINERAIS

A Rússia é um país com grandes reservas minerais. As abundantes jazidas de petróleo e de gás fazem do país o segundo maior produtor de **petróleo** e de **gás natural** do mundo (figuras 20 e 21). O país apresenta as maiores reservas de gás e a segunda maior reserva de carvão. A Rússia também está entre os cinco maiores produtores mundiais de diamantes, minério de ferro, níquel, potássio e urânio.

A maior parte dessas riquezas se concentra no norte e no leste do país (figura 22). Durante um longo período do ano, parte da Sibéria permanece congelada, o que dificulta o transporte e o acesso à região. Um grande esforço vem sendo feito na implantação de oleodutos e gasodutos para levar o óleo e o gás extraídos nessa região para serem exportados ou consumidos internamente.

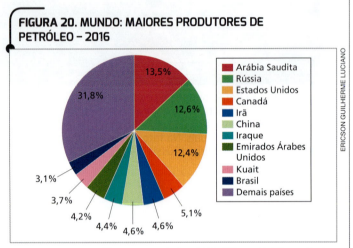

FIGURA 20. MUNDO: MAIORES PRODUTORES DE PETRÓLEO – 2016

Fonte: IEA. *Key world energy statistics*, 2017. IEA. p. 13. Disponível em: <https://www.iea.org/publications/freepublications/publication/KeyWorld2017.pdf>. Acesso em: 18 jun. 2018.

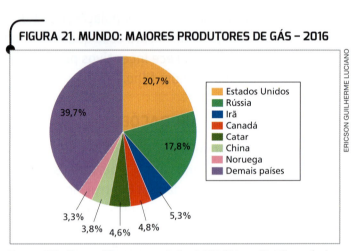

FIGURA 21. MUNDO: MAIORES PRODUTORES DE GÁS – 2016

Fonte: IEA. *Key world energy statistics*, 2017. IEA. p. 15. Disponível em: <https://www.iea.org/publications/freepublications/publication/KeyWorld2017.pdf>. Acesso em: 18 jun. 2018.

FIGURA 22. RÚSSIA: ORGANIZAÇÃO DO ESPAÇO

Fonte: FERREIRA, Graça M. L. *Atlas geográfico*: espaço mundial. 4. ed. São Paulo: Moderna, 2013. p. 99.

DESINTEGRAÇÃO DA UNIÃO SOVIÉTICA

Em 1945, com o término da Segunda Guerra Mundial, a União Soviética despontou como uma das duas superpotências mundiais, ao lado dos Estados Unidos, seu rival e opositor ideológico.

Nos anos 1980, o Estado centralizado e burocrático dava sinais de que o modelo da economia socialista planificada não atendia às necessidades de consumo da população, e a indústria estava muito aquém em termos de desenvolvimento tecnológico em relação ao Ocidente.

Após intensas manifestações populares, a URSS foi dissolvida em 1991, e as repúblicas que formavam a União Soviética, incluindo a Rússia, enfrentaram muitos problemas nos anos seguintes.

DA DESORGANIZAÇÃO ECONÔMICA E SOCIAL À RECUPERAÇÃO

O esfacelamento do complexo militar-industrial soviético e a desorganização da produção geraram problemas de desabastecimento do mercado interno e afetaram a economia russa como um todo. Entre 1991 e 1998, o PIB da Rússia reduziu 40% e a produção industrial diminuiu 55%. A desigualdade social cresceu e a migração interna para a porção europeia do país, principalmente para Moscou, se intensificou (figura 23).

Em 1998, uma grande crise econômica provocou a declaração de moratória da Rússia, que foi socorrida pelo Fundo Monetário Internacional. Após a adoção de uma série de medidas fiscais, além da desvalorização da moeda e dos investimentos estrangeiros, a economia russa teve rápido crescimento (figura 24). As exportações de *commodities*, especialmente gás e petróleo, passaram a ser os mais importantes itens da pauta de exportações russa.

Com a crise internacional de 2008, a economia teve uma grave queda. No entanto, a Rússia não foi tão atingida quanto os demais países europeus, e sua economia voltou a crescer. Contudo, de 2014 em diante, a economia russa entrou em uma nova recessão: o excesso de oferta do petróleo no mercado internacional, gerando quedas no preço do produto, impactou diretamente a economia do país. Além disso, a anexação da Crimeia pela Rússia sem o reconhecimento internacional trouxe consequências econômicas negativas para o país, devido às sanções impostas por países do Ocidente.

Moratória: disposição legal que prevê a suspensão de pagamentos a credores internacionais, quando um país se encontra em circunstâncias excepcionais, como guerra, grande calamidade, grave crise econômica etc.

Recessão: diminuição da atividade produtiva que resulta em encolhimento da economia e redução do Produto Interno Bruto.

Sanções: medidas que restringem as relações comerciais de um país punido, no caso a Rússia, com outras nações.

PARA LER

- **O fim da URSS: origens e fracassos da Perestroika**
Jacob Gorender. São Paulo: Atual, 2003.

O autor analisa com detalhes a série de causas que levaram ao fim o regime socialista na União das Repúblicas Socialistas Soviéticas, em 1991.

Figura 23. Moscovitas fazem fila em um supermercado em Moscou, pouco antes da dissolução da URSS (União Soviética, 1991).

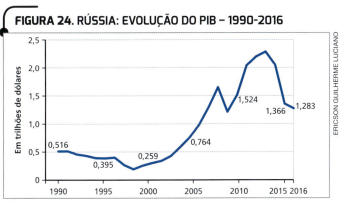

FIGURA 24. RÚSSIA: EVOLUÇÃO DO PIB – 1990-2016

Fonte: THE WORLD BANK. Disponível em: <https://data.worldbank.org/indicator/NY.GDP.MKTP.CD?locations=RU>. Acesso em: 18 jun. 2018.

POTÊNCIA REGIONAL

Embora não conte com o mesmo poder de décadas anteriores, hoje a Rússia ocupa lugar de destaque no cenário mundial. O país é um dos cinco membros permanentes do Conselho de Segurança da ONU, com Estados Unidos, Reino Unido, Alemanha, França e China. Esses países têm direito a veto, ou seja, se uma questão levada ao Conselho contrariar os interesses de um país, este pode vetá-la, a despeito da posição dos demais.

Além disso, o arsenal nuclear da Rússia ainda é considerável, bem como seu poderio militar e seu exército. O país também produz material bélico de todos os tipos, destacando-se nesse aspecto.

A Rússia mantém sua hegemonia na Ásia Central e grande poder de influência junto às ex-repúblicas soviéticas, que são países ricos em recursos energéticos. Os russos consideram importante manter sua posição para impedir o avanço dos Estados Unidos e da China, que têm interesses nessa área estratégica. Isso também acontece no Oriente Médio.

A DISPUTA PELO ÁRTICO

As fronteiras no Oceano Glacial Ártico ainda não foram definidas internacionalmente, mas Rússia, Estados Unidos, Canadá, Dinamarca e Noruega já discutem a redefinição de fronteiras marinhas para garantir direito de exploração do subsolo rico em petróleo dessa região, que vem sofrendo progressivo degelo. Esse fenômeno, provocado pelo aquecimento global, pode trazer sérios riscos ambientais, como a extinção de espécies marinhas e a elevação do nível do mar, causando o desaparecimento parcial ou total de cidades litorâneas.

A Rússia mantém uma posição agressiva nessa disputa, ao consolidar sua presença militar no Ártico (figura 25).

> **PARA PESQUISAR**
>
> • **Pravda**
> <http://port.pravda.ru>
> Versão digital, em língua portuguesa, de um dos jornais russos mais importantes, o *Pravda*, com notícias da atualidade. Clique em "Ciência" para ler notícias sobre pesquisas realizadas na Rússia e em parceria com outros países.

Figura 25. Complexo militar russo Nagurskoye, em Aleksandra Land, uma ilha localizada no Oceano Glacial Ártico (2017).

SAIBA MAIS

Vida na Sibéria

A Sibéria é considerada um dos lugares mais inóspitos da Terra: nessa região da Rússia, podem ocorrer temperaturas inferiores a –50 °C. Nos dias de hoje, vivem na Sibéria alguns povos indígenas que se adaptam bem às condições climáticas locais, sobrevivendo da caça, da pesca e da criação de renas. Na Sibéria existem também algumas cidades. Leia o texto.

"Absurdos 64 °C negativos. Essa é a temperatura que os termômetros de Yakutsk, na Sibéria, chegam a marcar nos piores dias do inverno local. [...] O frio e o gelo perduram por boa parte do ano – oito meses ao todo. As condições climáticas da cidade se aproximam daquelas experimentadas no Círculo Polar Ártico, que fica a 450 km de distância dali. A população, que excede os 200 mil moradores, passa seus dias migrando entre ambientes fechados, artificialmente aquecidos, evitando passar muito tempo ao ar livre. [...]

Além de deter o título, Yakutsk é a maior cidade construída sobre *permafrost*, um tipo de solo permanentemente congelado. A maioria das casas, por esta razão, é construída sobre estacas de concreto.

Ninguém está ali de graça, claro. Abaixo de todo o gelo e de alguma terra, encontram-se tesouros: ouro, diamante e outros minerais preciosos. São justamente estes elementos que garantem a economia da região. Indústrias vêm se instalando no local desde o início do século XVIII. [...]"

A cidade mais fria do mundo: –64 °C. *Revista Casa Vogue*, 21 jun. 2016. Disponível em: <https://casavogue.globo.com/LazerCultura/noticia/2012/11/cidade-mais-fria-da-terra-yakutsk.html>. Acesso em: 19 jun. 2018.

 **ATIVIDADES**

1. Como é o solo na região da Sibéria e como os moradores da cidade de Yakutsk adaptaram-se às suas características?

2. Qual é a base da economia na região próxima à cidade?

Trilha de estudo

Vai estudar? Nosso assistente virtual no *app* pode ajudar! <http://mod.lk/trilhas>

Rua coberta de neve na cidade de Yakutsk, na Sibéria (Rússia, 2018).

ATIVIDADES

ORGANIZAR O CONHECIMENTO

1. A desigualdade no desenvolvimento socioeconômico entre os países da União Europeia pode ser avaliada de diferentes formas: uma delas é pelo risco de pobreza ou exclusão social. Explique como funciona esse indicador e identifique os países do bloco onde esse risco é mais expressivo.

2. Segundo dados da União Europeia, em 2007 a taxa de desemprego no bloco era de 7,2%, em 2013 esse índice atingiu a marca de 10,9% e em 2017 foram registrados 7,6%. O que explica essa variação do desemprego entre 2007 e 2017?

3. Ao ingressar na União Europeia, a Irlanda passou a receber grandes investimentos de empresas transnacionais e de instituições do próprio bloco. Logo tornou-se um polo tecnológico, conquistando importantes avanços econômicos e sociais. Em 2015, ocupava a oitava posição no *ranking* do IDH. O que explica essa melhoria das condições sociais e econômicas da Irlanda a partir do seu ingresso na União Europeia?

4. Sobre a União Europeia, faça o que se pede.
   a) Que objetivos a União Europeia estabeleceu para 2020?
   b) Quais são as principais condições para um país ingressar na União Europeia?
   c) Quais são as vantagens que os países em desenvolvimento têm em aderir à União Europeia?
   d) Cite pelo menos três países europeus que não integram a UE.

5. Assinale a alternativa correta em relação à Rússia.
   a) O fim da URSS foi um período muito difícil para o país.
   b) A porção europeia russa concentra a população e as atividades econômicas.
   c) A população russa enfrenta problemas com o envelhecimento da população.
   d) Apenas as alternativas *b* e *c* estão corretas.
   e) As alternativas *a*, *b* e *c* estão corretas.

APLICAR SEUS CONHECIMENTOS

6. Observe o mapa a seguir e faça o que se pede.

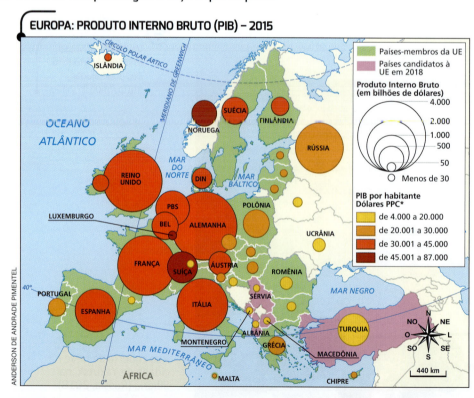

a) Compare o PIB por habitante de cada país-membro da União Europeia com o dos países candidatos a ingressar nesse bloco.

b) Que aspectos motivam os países que não fazem parte da União Europeia a aderir ao bloco?

c) Que condições são fundamentais para que os países candidatos consigam aderir à União Europeia?

* PPC: Paridade do Poder de Compra.

Fonte: FERREIRA, Graça M. L. *Moderno atlas geográfico.* 6. ed. São Paulo: Moderna, 2016. p. 47.

7. Observe a foto a seguir e faça o que se pede.

Vista de uma refinaria em Nizhnevartovsk, cidade localizada no distrito de Khanty-Mansi, na Sibéria Ocidental (Rússia, 2007).

a) Identifique no mapa da figura 22, na página 114, a área do território russo onde está localizada a refinaria mostrada na foto.

b) Redija um pequeno texto relacionando a importância dessa porção territorial da Rússia para o seu desenvolvimento econômico.

8. Em relação à União Europeia, identifique as afirmações verdadeiras (V) e as falsas (F). Assinale em seguida a alternativa que apresenta a sequência correta das respostas.
   I. Esse bloco econômico, que passou a existir em 1992 e hoje reúne 28 países, teve sua origem com a criação da Comunidade Europeia do Carvão e do Aço (Ceca), da qual faziam parte, inicialmente, apenas seis países.
   II. Após a ratificação de uma constituição para a União Europeia, o euro se tornou a moeda oficial de todo o bloco econômico.
   III. A recusa da Turquia em ingressar na União Europeia frustra a pretensão do bloco de se aproximar do Oriente Médio e ter maior representação de muçulmanos em sua população.
   IV. O veto do ingresso dos países do Leste Europeu à União Europeia se deve ao fato de tais nações terem sido repúblicas socialistas.

   a) F V V V.
   b) V V V V.
   c) F F F F.
   d) V F F F.
   e) F F V V.

9. Retome o gráfico da figura 24, na página 115, e faça o que se pede.
   a) Entre 1990 e 2016, em quais períodos ocorreram as três maiores quedas do PIB russo?
   b) Explique os fatores que motivaram cada um desses momentos de retração da economia russa.

DESAFIO DIGITAL

10. Acesse o objeto digital *A geopolítica do Ártico*, disponível em <http://mod.lk/desv9u4>, e faça o que se pede.

    a) Compare as imagens da calota polar ártica em 1982, 2007 e 2012 e indique os eventos que ocorreram nesses três anos.
    b) Para qual finalidade foi criado o Conselho do Ártico?
    c) Por que é possível relacionar o degelo do Ártico com o comércio internacional? Explique utilizando o exemplo da Passagem do Nordeste.
    d) Utilizando o infográfico final do objeto digital, cite dois exemplos que atestam a presença russa no Ártico.

Mais questões no livro digital

REPRESENTAÇÕES GRÁFICAS

Georreferenciamento e Sistema de Posicionamento Global (GPS)

As referências são essenciais para podermos nos localizar. No cotidiano, é comum dizermos, por exemplo, que moramos perto de determinada ponte, praça ou avenida, que vamos encontrar um colega em frente ao cinema, e assim por diante. Vários sistemas de coordenadas foram criados para fornecer referências fixas e conhecidas, facilitando, desse modo, a localização. Muitos são válidos ainda hoje e servem para georreferenciamentos, ou seja, para indicar a posição exata de um ponto em relação ao sistema de referência escolhido — normalmente uma rede de paralelos e meridianos.

Tendo em mãos um mapa detalhado, é possível calcular a localização de um ponto; porém, com um aparelho conectado ao Sistema de Posicionamento Global (Global Positioning System – GPS), o cálculo é mais rápido e preciso. Esse sistema não criou novas coordenadas ou referências, apenas possibilitou conhecer com rapidez e precisão a posição de um elemento qualquer em relação a essas referências.

O sistema GPS possibilita às pessoas identificar sua exata localização e a localização de outras pessoas, saber que direção seguir e determinar o melhor caminho para chegar a certo ponto, a qualquer hora e em qualquer lugar e condição meteorológica.

O Sistema de Posicionamento Global funciona por meio de satélites artificiais que orbitam o planeta. Esses satélites emitem ondas de rádio que são captadas por um receptor chamado aparelho GPS. A distância em que ele se encontra de cada satélite é calculada pelo tempo gasto pelas ondas até chegar ao aparelho. Esse cálculo permite o posicionamento em relação à rede global de paralelos e meridianos, processo denominado triangulação. Na foto da esquerda, GPS sendo utilizado para um trajeto em uma rodovia (foto de 2013). Na imagem da direita, representação de vários satélites em órbita ao redor do planeta Terra.

ATIVIDADES

1. Ao marcar um encontro ao pé do Cristo Redentor, dificilmente algum morador da cidade do Rio de Janeiro erraria o endereço, mesmo sem o uso do GPS. Por quê?

2. Em mar aberto, como é possível fornecer referências fixas e conhecidas para localizar um barco à deriva?

3. Por que não podemos afirmar que o GPS é um sistema novo de coordenadas?

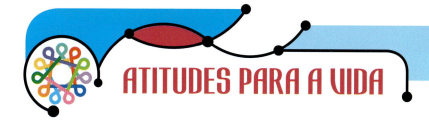

ATITUDES PARA A VIDA

Atleta olímpico

O treinamento eficaz é fundamental para um atleta poder competir em uma Olimpíada. Saiba mais sobre a preparação de um dos maiores atletas do mundo, o tcheco Emil Zátopek, que disputou os Jogos Olímpicos de Helsinque em 1952.

> "Emil Zátopek tornou-se uma lenda do esporte [...]. Sua personalidade marcante e um rigoroso treinamento levaram-no ao sucesso. [...]
>
> Já em 1948, sua média diária incluía 5 'sprints' de 200 metros; 20 corridas de 400 metros; depois mais 5 tiros de 200 metros. Ao ver os resultados, endureceu o treinamento: passou a fazer 50 corridas de 400 metros, depois 60 e 70. Viu que, quanto mais rigoroso era o treinamento, melhores eram os resultados nas competições. [...]
>
> Zátopek corria no inverno, quando os bosques estavam cheios de neve. Corria à noite, carregando uma tocha. Corria com as botas do exército, sem se importar com chuva, gelo ou neve. [...] 'Havia uma grande vantagem em treinar sob condições desfavoráveis', disse. 'É melhor treinar sob más condições, pois isto faz uma tremenda diferença nas provas oficiais'.
>
> Isso fez com que o histórico de Zátopek se tornasse impressionante: quatro títulos olímpicos, 18 recordes mundiais em provas que iam dos 5.000 metros aos 30 quilômetros. [...] Em Helsinque, ganhou três ouros."

ALTMAN, Max. Helsinque, 1952: com treinamento pesado e rigoroso, tcheco Emil Zátopek ganha ouro na maratona, nos 5.000 e nos 10 mil metros. *Revista Samuel*, 10 maio 2015. Disponível em: <http://operamundi.uol.com.br/conteudo/samuel/40951/helsinque+1952+com+treinamento+pesado+e+rigoroso+tcheco+emil+zatopek+ganha+ouro+na+maratona+nos+5.000+e+nos+10+mil+metros.shtml>. Acesso em: 18 jun. 2018.

Emil Zátopek nos jogos Olímpicos de Helsinque (Finlândia, 1952).

ATIVIDADES

1. Explique como as atitudes abaixo ajudaram Emil Zátopek a atingir seus resultados. Selecione trechos do texto que demonstrem a aplicação delas.
   - **Esforçar-se por exatidão e precisão.**
   - **Assumir riscos com responsabilidade.**

2. Em sua opinião, outras atitudes trabalhadas neste livro costumam ser aplicadas por um atleta olímpico durante sua preparação física e mental? Identifique outra atitude e justifique sua resposta.

COMPREENDER UM TEXTO

Entre tantos atores novos disputando uma posição de destaque no cenário internacional, a Rússia tem se oposto cada vez mais ao poder hegemônico dos Estados Unidos.

Após herdar o arsenal nuclear e resquícios do sistema político da URSS, o país vem destinando investimentos para se modernizar e sustentar o crescimento econômico registrado nas últimas décadas.

Do ponto de vista da política externa, além de almejar a consolidação de sua supremacia no Leste Europeu, a Rússia vem alcançando um elevado grau de influência em locais de grande interesse político e econômico da ordem global multipolarizada.

Superpotência exerce papel central na geopolítica mundial

"Cem anos depois da revolução de 1917 e 26 anos depois da dissolução da União das Repúblicas Socialistas Soviéticas (URSS) e do fim da Guerra Fria, a Federação Russa segue como superpotência com grande capacidade de adaptação. Rico em recursos naturais como petróleo, gás natural e madeira, o país é uma das maiores economias do mundo, o que lhe assegura um lugar no G20. É um dos cinco Estados com armas nucleares (EAN), ao lado de Estados Unidos, China, França e Reino Unido, além de abrigar o maior arsenal de armas de destruição de massa do planeta. 'A partir da reestruturação de suas forças militares nos anos 2000, passou a exercer importante papel em conflitos que vão do leste da Europa ao Oriente Médio', destaca Fabiano Pellin Mielniczuk, professor de relações internacionais na Universidade Federal do Rio Grande do Sul (UFRGS) [...].

A importância geopolítica russa é muito grande, por isso não é raro que os movimentos do país no cenário internacional despertem a atenção – e tensão – no resto do mundo. Segundo Pomeranz, é essa característica que, mais recentemente, tem colocado Estados Unidos e Rússia mais uma vez em campos opostos. 'Isso se deve a vários fatores, como a Rússia ser a porta voz de uma ordem internacional multipolarizada, de certa forma desafiando a hegemonia decrescente dos Estados Unidos'. Para exemplificar, a professora cita o protagonismo russo na solução de conflitos em vários países, como o acordo obtido com o governo sírio – durante a gestão de Barack Obama – de eliminação das armas químicas; a oferta de ficar com o lixo nuclear do Irã no acordo fechado para suspender as sanções contra esse país; a participação no grupo de países que tentam resolver pacificamente o conflito Israel-Palestina e a participação no combate ao terrorismo na Síria".

PIACENTINI, Patricia. Superpotência exerce papel central na geopolítica mundial. *Ciência e Cultura*, v. 69, p. 20-22. São Paulo out./dez. 2017. Disponível em: <https://dx.doi.org/10.21800/2317-66602017000400008>. Acesso em: 18 jun. 2018.

ATIVIDADES

OBTER INFORMAÇÕES

1. Quais são os recursos naturais importantes para a economia da Rússia?

2. Em que regiões do mundo a Rússia tem exercido grande influência geopolítica?

INTERPRETAR

3. De acordo com o texto, de que forma as ações políticas da Rússia desafiam a hegemonia dos Estados Unidos no cenário da geopolítica mundial?

4. Por que as ações da Rússia no cenário internacional têm o poder de despertar a tensão no resto do mundo?

REFLETIR

5. Em sua opinião, quais são as possíveis consequências do aumento da influência militar, política e econômica de outras potências no cenário internacional?

PESQUISAR

6. A Rússia também vem ganhando destaque nos meios de comunicação internacionais pelas políticas bastante polêmicas desenvolvidas atualmente no país. Pesquise sobre essas polêmicas e traga o material para ser debatido com o professor e os colegas na sala de aula.

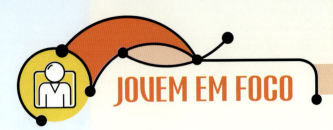

JOVEM EM FOCO

Acesso a bens e serviços

Em 2017, na União Europeia, a porcentagem de jovens entre 16 e 24 anos com acesso diário à internet variava entre os países: enquanto em Malta, Luxemburgo, República Tcheca, Finlândia, Dinamarca, Estônia, Islândia e Luxemburgo as porcentagens eram de 97% a 98%, na Bulgária era de 85%. A diferença de um indicador também ocorre dentro de um país. Periodicamente, por exemplo, o IBGE realiza a Pesquisa Nacional de Saúde Escolar, que utiliza vários indicadores socioeconômicos e de saúde para traçar o perfil dos estudantes adolescentes brasileiros. Além de analisar como os estudantes se comportam diante da realidade em que vivem durante a transição da infância para a vida adulta, a pesquisa fornece dados que revelam a desigualdade na sociedade brasileira.

Um dos indicadores estudados é a posse de bens e serviços. Compare na tabela abaixo a proporção de estudantes de escolas públicas e privadas relacionada a cada item. Depois, leia as questões.

BRASIL: PERCENTUAL DE ESTUDANTES DO 9º ANO POR POSSE DE BENS E/OU SERVIÇOS - 2015		
	Estudantes de escolas públicas (%)	Estudantes de escolas privadas (%)
Possuem telefone celular	86,0	95,5
Possuem computador em seu domicílio	65,2	95,2
Possuem acesso à internet em seu domicílio	74,3	96,8
Moram no domicílio de alguém que tem carro	51,7	85,1
Têm serviço de empregado(a) doméstico(a) três ou mais dias da semana em seu domicílio	6,3	29,3

Fonte: IBGE. *Pesquisa nacional de saúde escolar 2015.* Tabela 1.1.8.6. Acesso em: <www.ibge.gov.br/home/estatistica/populacao/pense/2015/default_xls.shtm>. Acesso em: 18 jun. 2018.

1. Como a análise de indicadores socioeconômicos pode auxiliar o estudo da sociedade?
2. O que explica a desigualdade na posse de bens e serviços entre estudantes de escolas públicas e privadas?
3. A posse de mais bens e serviços implica melhores condições de estudo e, consequentemente, maior chance de futuro profissional bem-sucedido? O que você entende por "bem-sucedido"?
4. Quais são as consequências da desigualdade retratada para as próximas gerações?
5. A desigualdade tende a diminuir ou a aumentar com o passar dos anos? Por quê?
6. Que ações poderiam ser tomadas para reduzir essa desigualdade? Por quais pessoas e instituições?

Com ajuda do professor, dividam a turma em grupos. Cada grupo deverá:

- formular hipóteses para responder a uma das questões;
- anotar as hipóteses do grupo;
- escolher um representante para apresentá-las à turma.

No momento seguinte, cada grupo deverá apresentar suas hipóteses, seguindo a ordem em que as questões estão organizadas. Depois que os grupos tiverem feito suas apresentações, a turma deverá construir uma resposta em conjunto para o seguinte questionamento:

É justo que grupos de pessoas com diferentes níveis de acesso a bens e serviços durante a infância e a adolescência concorram em situação de igualdade em concursos para ingresso em universidades públicas ou para a ocupação de cargos públicos? Justifique.

UNIDADE 5

O CONTINENTE ASIÁTICO

A Ásia é o continente mais extenso e o mais populoso da Terra e abriga algumas das maiores cidades do mundo. O continente asiático também se destaca por apresentar paisagens muito variadas, que incluem grandes cadeias montanhosas, extensos desertos e diversos tipos de formação vegetal.

No continente, coexistem atividades econômicas desenvolvidas por meio de técnicas e práticas milenares e atividades realizadas com emprego de avançadas tecnologias.

A Ásia também é marcada por grandes desigualdades sociais.

Após o estudo desta Unidade, você será capaz de:

- identificar as principais características naturais do continente asiático;
- interpretar os principais aspectos demográficos da Ásia;
- resumir as atividades econômicas que se destacam no continente;
- avaliar os principais problemas ambientais que afetam a Ásia.

Fábricas, galpões e vias de circulação em área industrial próxima a Pequim, capital da China, em 2017.

Exploração de petróleo próximo à fronteira com os Emirados Árabes Unidos (Arábia Saudita, 2017).

Cordilheira do Himalaia (Nepal, 2017).

COMEÇANDO A UNIDADE

1. A Cordilheira do Himalaia se estende por cinco países (Butão, China, Índia, Nepal e Paquistão) e é a cadeia montanhosa com as maiores altitudes da Terra. Como essa cordilheira influencia a vida da população local?

2. O que você sabe sobre a atividade industrial na China, no Japão e em Cingapura?

3. Qual é a relevância da extração e da exportação de petróleo nos países do Oriente Médio?

ATITUDES PARA A VIDA

- Pensar com flexibilidade.
- Persistir.
- Esforçar-se por exatidão e precisão.

TEMA 1 — ASPECTOS NATURAIS

O que faz a Ásia ser chamada de continente das grandes montanhas?

LOCALIZAÇÃO DA ÁSIA

A maior parte do continente asiático está localizada no Hemisfério Norte.

Ao norte, a Ásia é banhada pelo Oceano Glacial Ártico, a leste, pelo Pacífico e, ao sul, pelo Índico. As fronteiras ocidentais são constituídas pelos Montes Urais (que separam as porções europeia e asiática da Rússia), pela cadeia do Cáucaso e pelos mares Cáspio, Negro e Mediterrâneo. As águas destes dois últimos se encontram no Estreito de Bósforo, na cidade turca de Istambul (que também possui território nos continentes europeu e asiático).

O Mar Vermelho e o Canal de Suez (que cruza o Egito) estabelecem as fronteiras entre Ásia e África. Por fim, na porção sudeste do continente, a Indonésia divide a Ilha de Nova Guiné com Papua Nova Guiné, marcando a fronteira com a Oceania.

Devido sobretudo às diferenças geográficas, econômicas e culturais existentes no continente, a Ásia pode ser dividida em seis regiões: Ásia Setentrional, Central, Meridional, Oriente Médio, Extremo Oriente e Sudeste Asiático (figura 1).

FIGURA 1. ÁSIA: DIVISÃO REGIONAL

Fonte: elaborado com base em IBGE. *Atlas geográfico escolar*. 7. ed. Rio de Janeiro: IBGE, 2016. p. 47.

RELEVO

O tipo de relevo predominante na Ásia são os planaltos, e neles estão os divisores das bacias hidrográficas do continente e as nascentes dos principais rios, como o Ganges, o Indo, o Amarelo, o Azul e o Ob. Na Ásia está a Cordilheira do Himalaia.

No Japão, as formações montanhosas são recentes, com destaque para o Monte Fuji, com mais de três mil metros de altitude. O Japão está situado numa área de encontro entre placas tectônicas: a Euro-Asiática, a das Filipinas, a do Pacífico e a Norte-Americana, estando o país, portanto, sujeito a frequentes abalos sísmicos. O relevo montanhoso predomina também na Península da Coreia e na China, que apresenta montanhas elevadas a oeste. No território da Mongólia, encontram-se planaltos de até dois mil metros de altitude.

As planícies estão nas bordas do continente e em áreas banhadas por grandes rios. Destacam-se as planícies da Sibéria, em território russo; dos rios Syr Daria e Amu Daria, a leste do Mar Cáspio; dos rios Tigre e Eufrates, na Mesopotâmia; dos rios Indo e Ganges, ao sul do Himalaia; e dos rios Amarelo e Azul, no extremo leste do território chinês (figura 2).

FORMAÇÃO DO HIMALAIA

A Cordilheira do Himalaia possui as montanhas com as maiores altitudes e as mais jovens da Terra. Essa cordilheira foi formada nos últimos 50 milhões de anos devido ao encontro entre a placa indiana (que havia se desprendido do continente Gondwana durante a deriva continental) e o sul do continente asiático. Como essas placas ainda se chocam, a cordilheira continua se elevando cerca de cinco centímetros por ano. Butão, China, Índia, Nepal e Paquistão são países onde está o Himalaia.

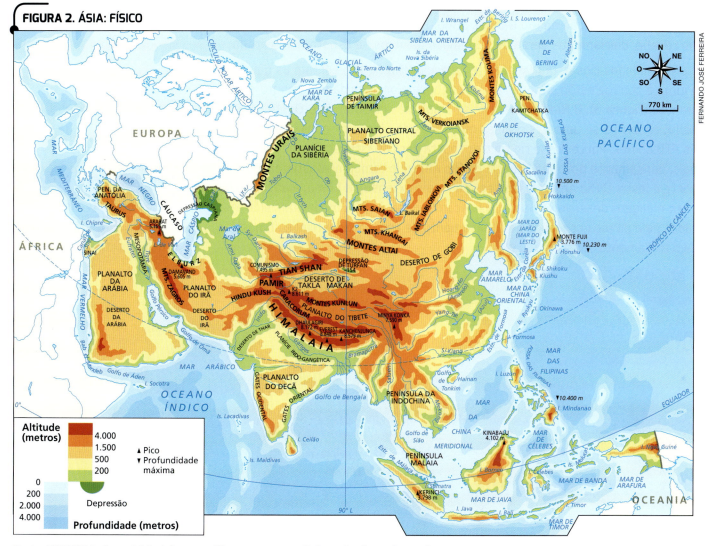

FIGURA 2. ÁSIA: FÍSICO

Fonte: FERREIRA, Graça M. L. Atlas geográfico: espaço mundial. 4. ed. São Paulo: Moderna, 2013. p. 96.

HIDROGRAFIA

Na hidrografia asiática, destacam-se os rios Tigre e Eufrates a oeste do continente. Nas margens desses rios fixaram-se muitos povos no decorrer de milhares de anos. Em virtude das condições de declividade dos terrenos por onde fluem, esses rios são utilizados para abastecimento doméstico e uso industrial, navegação, irrigação e obtenção de energia elétrica. O Tigre e o Eufrates passam por regiões áridas e semi-áridas, sendo essenciais para o abastecimento da população e a irrigação nas áreas por onde passam. A superexploração do Tigre e do Eufrates está causando a diminuição em até 60% do volume da água desses rios, conforme estudo da Agência Espacial Estadunidense (Nasa).

A leste do Mar Cáspio, os principais rios são o Syr Daria e o Amu Daria, que deságuam no Mar de Aral (mar interior). No entanto, devido ao clima seco nessa área, muitos rios possuem cursos de água temporários.

Os rios Indo e Ganges são importantes para o abastecimento de áreas densamente povoadas do Paquistão e da Índia, respectivamente. O Rio Ganges, na Índia, é considerado sagrado para os 750 milhões de seguidores do hinduísmo, crença milenar que tem suas origens no século III a.C.

Nas margens do Rio Ganges vivem cerca de 20 milhões de pessoas. Nos últimos anos, a poluição do Rio Ganges atingiu níveis alarmantes, visto que esse rio recebe, diariamente, cerca de 12 bilhões de litros de esgoto não tratado.

Na China, os rios Azul (Yangtzé) e Amarelo (Huang Ho) cortam as planícies e junto à sua foz estão situadas as áreas com maior densidade demográfica do planeta (figura 3). O Rio Azul atravessa o país no sentido Leste-Oeste. No seu delta, encontra-se uma das regiões mais ricas da China, responsável por 20% do PIB chinês. Parte desse rio foi transposta para abastecer a região norte do país, densamente povoada. A bacia do Rio Amarelo também abastece a porção norte e leste. O Rio Amarelo é o segundo mais extenso da China, e ao longo de suas margens desenvolveu-se a civilização chinesa. Ambos os rios têm sido afetados pela poluição causada pelo lançamento de esgoto industrial e doméstico sem tratamento em suas águas.

> **PARA ASSISTIR**
>
> • **Limite vertical**
> Direção: Martin Campbell. Estados Unidos/Alemanha: Sony Pictures, 2000.
>
> O filme narra a história de um grupo de pessoas que fica preso ao tentar escalar a montanha K2 — a segunda mais alta do mundo, situada na Cordilheira de Caracorum, no Himalaia.

Figura 3. O Rio Azul, na China, é o rio mais extenso do continente asiático e nele está a maior usina hidrelétrica do mundo, a Usina de Três Gargantas. Na foto, barragem das Três Gargantas (China, 2010).

CLIMA E VEGETAÇÃO

A ampla extensão latitudinal do continente asiático resulta na ocorrência de variados tipos de clima, que, combinados a outros elementos (relevo, tipos de rocha e de solo, rios, distância em relação ao oceano etc.), levam à formação de diversos tipos de vegetação (figuras 4 e 5).

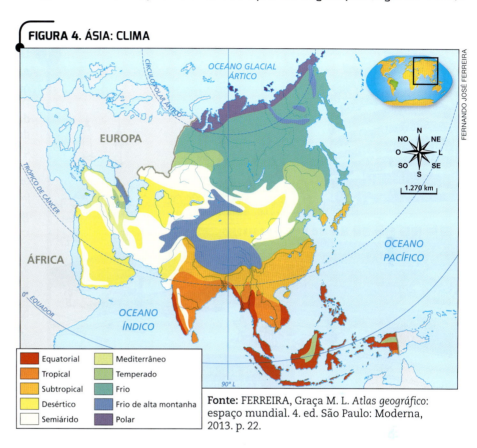

Fonte: FERREIRA, Graça M. L. Atlas geográfico: espaço mundial. 4. ed. São Paulo: Moderna, 2013. p. 22.

De olho nos mapas

1. Quais são os climas que predominam na zona tropical?
2. Que tipos de vegetação nativa ocorrem nessa faixa?

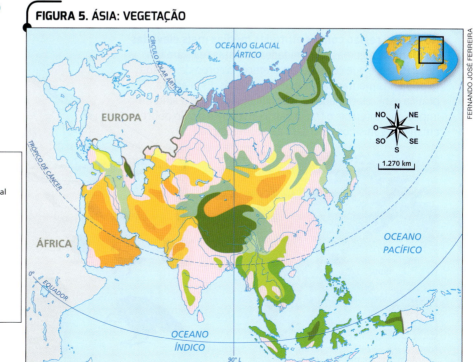

Fonte: FERREIRA, Graça M. L. Atlas geográfico: espaço mundial. 4. ed. São Paulo: Moderna, 2013. p. 24.

131

PAISAGENS E MODOS DE VIDA

Desde o princípio de sua história, o ser humano tem sido capaz de viver em diferentes condições geográficas. Soluções associadas a modos de vida específicos dão mostras de criatividade adaptativa a essa diversidade de condições. Veja quatro exemplos na Ásia.

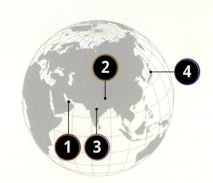

1 Uma cidade no deserto

Abu Dabi, nos Emirados Árabes, tem quase 2 milhões de habitantes e fica no Deserto da Arábia, que **registra algumas das mais elevadas temperaturas médias do planeta**. Para viver em uma região tão quente e aproveitar a radiação solar, as casas são projetadas para fazer sombra umas nas outras, e os painéis solares fazem parte da paisagem urbana.

Os painéis solares ajudam a compensar o alto consumo energético relacionado à refrigeração dos espaços fechados.

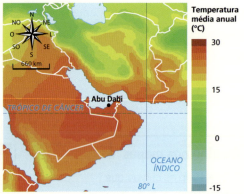

Fonte: *Atlas of the biosphere*. Disponível em: <nelson.wisc.edu/sage/data-and-models/atlas/maps.php>. Acesso em: 26 jul. 2018.

2 "Enterro" tibetano

No **Tibete, região com as altitudes médias mais elevadas do planeta**, algumas comunidades budistas realizam um ritual fúnebre que consiste em oferecer o corpo da pessoa falecida nas montanhas às aves carniceiras. Essa antiga prática está relacionada com as dificuldades que a altitude impõe aos enterros: o frio, a baixa umidade e o solo pobre em microrganismos retardam a decomposição.

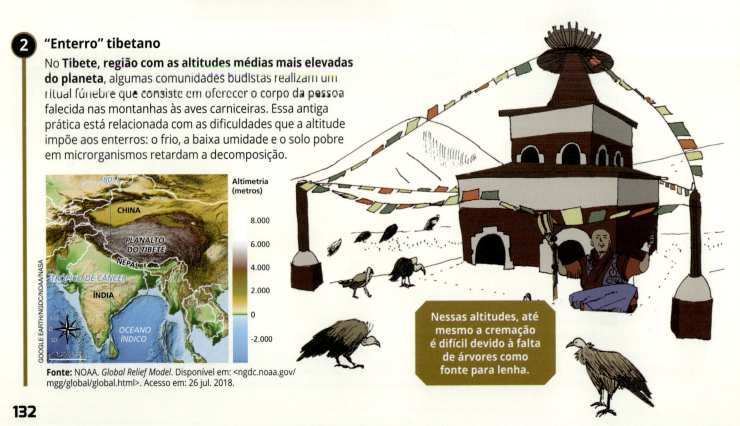

Nessas altitudes, até mesmo a cremação é difícil devido à falta de árvores como fonte para lenha.

Fonte: NOAA. *Global Relief Model*. Disponível em: <ngdc.noaa.gov/mgg/global/global.html>. Acesso em: 26 jul. 2018.

3. As monções e a agricultura

A **Índia** e outros países do sul e do sudeste asiático **estão sujeitos às monções**, fenômeno que divide o ano em um período muito úmido e chuvoso (de maio a agosto) e outro seco (de novembro a fevereiro). Na Índia, os agricultores aproveitam o período chuvoso para o plantio de cana-de-açúcar, juta e, principalmente, arroz, alimento fundamental na dieta indiana.

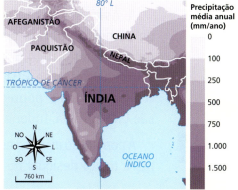

Fonte: FAO. Aquastat. Disponível em: <fao.org/nr/water/aquastat/maps/index.stm>. Acesso em: 26 jul. 2018.

As chuvas intensas durante a monção de verão encharcam o solo e favorecem o plantio de arroz.

4. Na borda das placas tectônicas

No **Japão**, os terremotos ocorrem com frequência porque o país está situado no **encontro de três placas tectônicas**. Por isso, a preocupação com a segurança da população e a adaptação das construções aos tremores de terra são muito antigas. Alguns templos de mais de 1400 anos, projetados para absorver a vibração, ainda estão de pé.

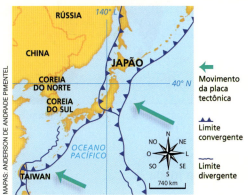

Fonte: USGS. This Dynamic Planet. Disponível em: <https://pubs.usgs.gov/imap/2800/>. Acesso em: 26 jul. 2018.

Beirais largos e pesados e a instalação de uma coluna central, técnica usada até hoje, ajudam a manter a construção estável durante um abalo sísmico.

TEMA 2 — POPULAÇÃO

Como a população asiática se distribui pelo continente?

DISTRIBUIÇÃO DA POPULAÇÃO

A Ásia é o continente mais populoso do planeta e abriga cerca de 60% da população mundial (4,5 bilhões de pessoas, segundo dados de 2018 da ONU). Os quatro países mais populosos do continente são China, Índia, Indonésia e Paquistão.

A população asiática está distribuída de maneira muito desigual no continente: enquanto algumas áreas chegam a ter densidades demográficas superiores a 1.000 hab./km² (como Bangladesh), extensas áreas inóspitas — devido a características como frio intenso, na Sibéria; paisagens desérticas, na Ásia Central; ou montanhosas, no Himalaia — registram densidades inferiores a 10 hab./km² (figura 6).

Outra característica do continente é a grande porcentagem da população que vive no campo (figura 7).

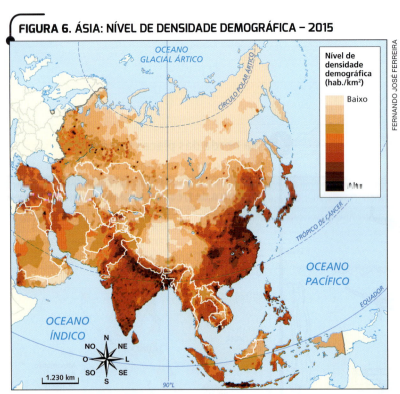

FIGURA 6. ÁSIA: NÍVEL DE DENSIDADE DEMOGRÁFICA – 2015

Fonte: *Atlas geográfico escolar*. 7. ed. Rio de Janeiro: IBGE, 2016. p. 70.

FIGURA 7. ÁSIA: POPULAÇÃO RURAL E URBANA – 2018

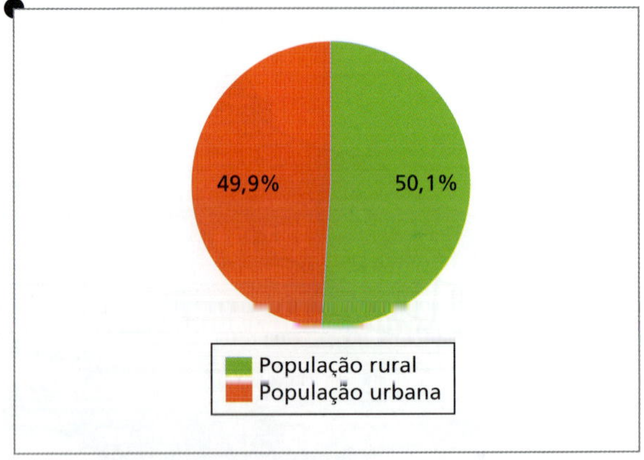

- População rural: 50,1%
- População urbana: 49,9%

Fonte: ONU. *Department of Economic and Social Affairs – Population division*. Disponível em: <https://esa.un.org/unpd/wup/Download>. Acesso em: 20 jun. 2018.

De olho no gráfico

1. A maior parte da população da Ásia vive no campo ou na cidade?
2. Que características econômicas esse dado pode indicar?

De olho no mapa

Descreva a distribuição populacional do continente asiático, levando em conta as concentrações e os vazios demográficos.

AS AGLOMERAÇÕES URBANAS

No continente asiático há grandes aglomerações urbanas com elevada concentração populacional. Entre as cidades mais populosas, estão Tóquio, no Japão; Mumbai e Nova Délhi, na Índia; Xangai e Pequim, na China; e Dacca, em Bangladesh.

Historicamente, as **zonas costeiras** e os **rios**, como o Tigre e o Eufrates, no Oriente Médio, foram primordiais para a fixação das primeiras cidades no continente, milhares de anos atrás. Hoje, as grandes cidades asiáticas estão nas áreas litorâneas da China, do Vietnã, da Indonésia, da Índia e das Filipinas (figura 8) e em regiões interioranas próximas a grandes rios, como o Amarelo e o Azul, na China; o Ganges, na Índia; e o Indo, no Paquistão.

Na Ásia, os recursos hídricos encontram-se especialmente ameaçados devido à grande quantidade de água consumida pela população e utilizada para a irrigação e pela poluição causada principalmente pelo despejo de esgoto sem tratamento nos cursos de água.

PRINCIPAIS PROBLEMAS URBANOS

O crescimento acelerado e sem planejamento na maioria das cidades asiáticas faz com que elas apresentem sérios problemas de habitação, infraestrutura e mobilidade.

- **Habitação**: o déficit habitacional gera a multiplicação de habitações precárias, seja em áreas abandonadas dos centros urbanos, seja nas periferias.
- **Serviços e infraestrutura**: a precarização decorre da alta demanda por escolas, creches, hospitais, postos de saúde e áreas públicas de lazer e dos reduzidos investimentos públicos. Os problemas se agravam devido à falta de acesso a saneamento básico e eletricidade (figura 9).
- **Mobilidade**: em geral, as opções de transporte público não atendem a todos os usuários, causando déficit. Por outro lado, a dimensão das cidades e a disseminação do uso do transporte individual colaboram para o trânsito intenso e congestionado.

Figura 8. Manila, capital das Filipinas, está localizada no litoral do país e contava com 13,4 milhões de habitantes em 2018.

Figura 9. O Rio Ciliwung recebe parte dos esgotos não tratados de Jacarta (Indonésia, 2016).

TENDÊNCIAS DEMOGRÁFICAS

Em termos absolutos, a população asiática está em crescimento. Os fatores que colaboram para isso são as elevadas taxas de natalidade, associadas à redução da mortalidade ao longo do século XX, graças à melhoria das condições de higiene e à ampliação do atendimento médico-hospitalar.

No entanto, em termos relativos, a população tende a crescer menos na maioria dos países asiáticos. Essa tendência está relacionada ao aumento da população urbana nas próximas décadas, que, geralmente, implica no planejamento familiar e na diminuição do número de filhos. A China foi um caso único: o governo desse país estabeleceu uma política governamental, a chamada **política do filho único**, uma lei que permitia aos casais terem apenas um filho.

De acordo com a ONU, as taxas de crescimento da população asiática apresentarão queda ao longo dos próximos anos. Grande parte dos países da Ásia já mostra redução substancial da taxa de fecundidade, embora alguns estejam apenas reduzindo a taxa de mortalidade, como Iêmen, Afeganistão, Nepal e Butão, países que também se caracterizam pelo elevado nível de pobreza de grande parte da população.

DESLOCAMENTOS POPULACIONAIS

A **migração** é um dos principais fatores que influenciam a dinâmica da população asiática. Os maiores fluxos de migração ocorrem em países do sul, sudeste e leste do continente: em 2015, segundo a ONU, 59,3 milhões de imigrantes internacionais localizavam-se em países dessas regiões, enquanto 98,4 milhões de emigrados em todo o mundo eram originários do sul, do sudeste e do leste desse continente.

Os fluxos migratórios entre as nações asiáticas estão relacionados sobretudo à necessidade dos países industrializados de absorver mão de obra pouco qualificada oriunda de países menos desenvolvidos do continente. As migrações de profissionais qualificados para a Europa e a América do Norte têm origem principalmente na Índia, nas Filipinas e na China, caracterizando um processo chamado de fuga de cérebros.

Na Ásia, também chamam a atenção os fluxos de pessoas que saem de seus países devido a instabilidade política, perseguição religiosa, guerra civil ou catástrofe natural. Essas pessoas buscam asilo, com o intuito de serem reconhecidas como **refugiadas**. Turquia, Paquistão, Líbano e Irã foram os países que mais receberam refugiados no mundo em 2017, recebendo milhões de sírios, que fogem da guerra civil em seu país.

Fuga de cérebros: nome dado à migração de profissionais com grande conhecimento em sua área de atuação e que mudam de país pelas boas oportunidades de trabalho oferecidas a eles no estrangeiro.

QUADRO

Os *rohingyas* são uma minoria étnica muçulmana que vive no oeste de Mianmar. A maioria da população de Mianmar é budista e há décadas é acusada de discriminar e cometer atos violentos contra os *rohingyas*. Além disso, essa minoria não é reconhecida oficialmente pelo governo como cidadã do país. Milhares de *rohingyas* fogem de Mianmar todos os anos, com o intuito de chegar à Malásia e à Indonésia, países de maioria muçulmana. A situação se agravou em 2017 (figura 10).

Figura 10. No estado de Rakhine, em Mianmar, os *rohingyas* foram vítimas de perseguições que culminaram em grandes movimentos de refugiados. Na foto, *rohingyas* de Mianmar fogem em direção a um campo de refugiados em Bangladesh, em 2017.

DESIGUALDADES ECONÔMICAS E SOCIAIS

Existem grandes diferenças entre os índices socioeconômicos dos países asiáticos.

Na primeira década do século XXI, por exemplo, o analfabetismo atingia 39% da população da Índia e 50% da do Paquistão. Por outro lado, Japão, Coreia do Sul e Israel destacam-se pelos seus elevados índices educacionais; quase 100% da população de Israel é alfabetizada, e o país possui mão de obra altamente qualificada.

Em muitos países, embora os indicadores sociais tenham apresentado melhora nos últimos anos, as taxas de mortalidade infantil continuam elevadas e a expectativa de vida permanece baixa, sobretudo se comparadas às dos continentes europeu, americano e oceânico. Observe nas figuras 11 e 12 as diferenças entre os índices de alguns países asiáticos.

> **De olho nos gráficos**
>
> 1. Entre os países asiáticos selecionados, quais apresentavam os piores índices sociais em 2015?
> 2. Os gráficos comprovam que os índices sociais são bastante diferentes entre os países asiáticos? Justifique.

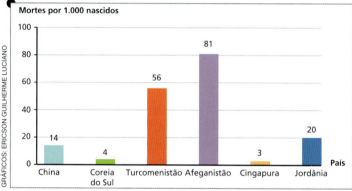

FIGURA 11. ÁSIA: PAÍSES SELECIONADOS – MORTALIDADE ABAIXO DOS 5 ANOS – 2015

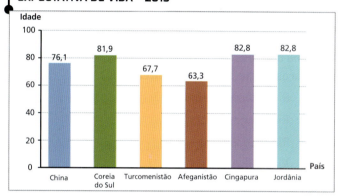

FIGURA 12. ÁSIA: PAÍSES SELECIONADOS – EXPECTATIVA DE VIDA – 2015

Fonte: UNITED NATIONS. *World Mortality 2017*: data booklet. p. 12, 13 e 14. Disponível em: <http://www.un.org/en/development/desa/population/publications/pdf/mortality/World-Mortality-2017-Data-Booklet.pdf>. Acesso em: 21 jun. 2018.

As desigualdades sociais e econômicas também ocorrem entre a população de cada país. Em alguns deles, a concentração da renda é muito elevada, como na Tailândia, na Rússia, na China, na Malásia, Filipinas e Turcomenistão (figura 13).

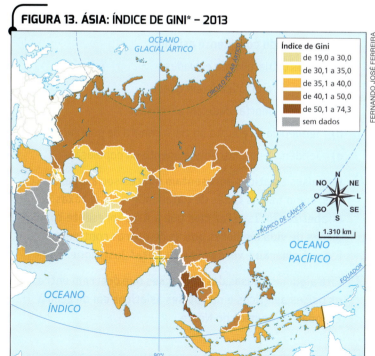

FIGURA 13. ÁSIA: ÍNDICE DE GINI* – 2013

> **De olho no mapa**
>
> 1. De maneira geral, como é a distribuição de renda no continente asiático?
> 2. Compare a concentração da renda no Japão e na China.

* Nessa representação numérica, quanto mais próximo de 100, maior a concentração da renda no país.

Fonte: FERREIRA, Graça M. L. *Atlas geográfico*: espaço mundial. 4. ed. São Paulo: Moderna, 2013. p. 36.

ATIVIDADES

ORGANIZAR O CONHECIMENTO

1. Assinale a alternativa que indica corretamente as palavras que completam o texto.

   Na Ásia, predominam as áreas de ▬▬▬▬, onde estão as nascentes dos principais rios do continente. As formações montanhosas, como a Cordilheira do ▬▬▬▬, são recentes e possuem algumas das altitudes mais elevadas da Terra. As ▬▬▬▬ estão nas bordas do continente e em áreas banhadas por grandes rios.

   a) Planície; Himalaia; planícies.
   b) Planalto; Monte Fuji; planícies.
   c) Planalto; Himalaia; planícies.
   d) Planície; Himalaia; áreas de planalto.

2. Cite o nome de alguns dos principais rios da Ásia.

3. Uma obra de transposição das águas de um rio, por milhares de quilômetros, aconteceu no:

   a) Rio Amarelo, na China.
   b) Rio Ganges, na Índia.
   c) Rio Indo, no Paquistão.
   d) Rio Azul, na China.
   e) Rio Tigre, no Iraque.

4. Explique as principais características da distribuição da população no continente asiático.

5. Assinale os itens que apresentam características demográficas do continente asiático.

   a) Taxas de natalidade elevadas.
   b) Taxas de mortalidade em queda.
   c) Taxas de mortalidade em ascensão.
   d) Tendência à redução do crescimento da população.
   e) Tendência ao crescente aumento da população.

6. Os países asiáticos apresentam índices sociais parecidos, como baixas taxas de natalidade e altas taxas de alfabetização. Isso faz com que a Ásia apresente condições de vida melhores que as de outros continentes. Essa afirmação é verdadeira ou falsa? Justifique.

7. Cite algumas causas das migrações que ocorrem entre os países asiáticos e dos países asiáticos em direção à Europa e à América do Norte.

APLICAR SEUS CONHECIMENTOS

8. Observe a imagem abaixo e responda às questões.

   Rua na cidade de Mumbai (Índia, 2018).

   a) Qual problema urbano está representado na imagem?
   b) Quais outros problemas urbanos estão presentes em cidades asiáticas?

9. Com base no texto abaixo e em seus conhecimentos sobre a demografia asiática, faça o que se pede.

   "Dois anos depois do fim da política do filho único que durante décadas afetou milhões de mulheres na China, as taxas de natalidade do país continuam caindo, e agora são as próprias famílias, asfixiadas pelas pressões econômicas, que resistem a ter um segundo bebê.

   Dados do Escritório Nacional de Estatísticas da China mostram que o número de nascimentos caiu cerca de 630 mil em 2017 na comparação com o ano anterior. No mesmo período, o percentual da população com mais de 60 anos passou de 16,7% para 17,3%.

   O fato de o país seguir envelhecendo sem parar disparou os alertas demográficos dentro do governo. [...]

   Hoje a China precisa de jovens para frear o envelhecimento da população. No entanto, o custo elevado da educação e novas prioridades trabalhistas das mulheres estão fazendo com que as famílias pensem mais na hora de ter um bebê. E mais ainda para dar à luz o segundo filho. [...]

   Os especialistas em demografia acham pouco e defendem que a China deveria promover mais políticas para incentivar os casais a terem filhos. O professor James Ling, da Universidade de Pequim, sugeriu à agência 'Xinhua' duas medidas: reduzir os impostos e oferecer subsídios para auxiliar nos custos de criar as crianças. [...]

Investimento na educação, especialmente nas creches, é outra das medidas apontadas como prioridades pelos demógrafos para que a China reverta o envelhecimento de sua população."

China continua a envelhecer, apesar do fim da política do filho único. G1, 3 fev. 2018. Disponível em: <https://g1.globo.com/mundo/noticia/china-continua-a- envelhecer-apesar-do-fim-da-politica-do-filho-unico.ghtml>. Acesso em: 25 jun. 2018.

a) Como a política do filho único está relacionada à transição demográfica na China?

b) Explique os desafios que o governo chinês deve enfrentar em relação à demografia do país.

c) Quais foram as medidas sugeridas por especialistas para lidar com os desafios populacionais na China?

10. (Unifenas, 2016)

Leia o fragmento de texto a seguir:

Um intenso terremoto abala o Nepal e provoca mais de 1.300 mortes

"Mais de 1.300 pessoas morreram, quase 2.000 estão feridas e um patrimônio cultural incalculável foi destroçado no terremoto de 7,9 graus na escala Richter que sacudiu o Nepal neste sábado, segundo as últimas estimativas oficiais, citadas pela agência Reuters. É a pior catástrofe natural sofrida pelo país desde 1934, quando outro terremoto deixou cerca de 8.500 mortos.

O tremor, que teve epicentro a 150 quilômetros a oeste de Katmandu, afetou também a Índia, onde foram registradas mais de 30 vítimas fatais, e o Tibete, onde as autoridades chinesas confirmaram a morte de pelo menos uma dezena de pessoas. (...)."

VIDAL LIY, Macarena. Um intenso terremoto abala o Nepal e provoca mais de 1.300 mortes. El País, 26 abr. 2015. Disponível em: http://brasil.elpais.com/brasil/2015/04/25/internacional/1429950325-883537.html.Acesso em 20/06/2015.

O Nepal está localizado em uma das regiões de maior atividade sísmica do mundo. Nesta porção da Ásia é comum a ocorrência de tremores porque:

a) ocorre um movimento convergente entre as placas da Eurásia e da Índia, tornando a região vulnerável às ações sismológicas com maiores magnitudes.

b) há um deslocamento tangencial entre as placas Nazca e Indiana, liberando enorme quantidade de energia no subsolo nepalês.

c) sucede na região uma movimentação continental do tipo passiva, ocorrendo um deslocamento transformante entre as placas eurasiana e arábica.

d) a região está localizada em uma área de expansão do assoalho oceânico, que causa uma convergência construtiva entre placas tectônicas.

e) sucede um processo de deformação compressiva da litosfera continental, causado pelo atrito entre as placas da Califórnia e da Índia.

11. Interprete o gráfico e faça o que se pede.

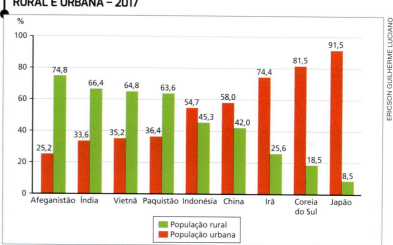

Fonte: ONU. *Department of Economic and Social Affairs – Population division.* Disponível em: <https://esa.un.org/unpd/wup/DataQuery/>. Acesso em: 15 ago. 2018.

a) Cite o nome de três países asiáticos em que a maior parte da população vivia em 2017 na zona rural e de três em que a maioria da população vivia na zona urbana.

b) Os dados do gráfico indicam que a população dos países asiáticos apresenta um padrão semelhante de distribuição entre campo e cidade? Explique.

c) Com base em seus conhecimentos, interprete os dados sobre o Afeganistão e o Japão.

TEMA 3

ECONOMIA

Quais são as atividades econômicas que mais se destacam no continente asiático?

AGROPECUÁRIA E EXPLORAÇÃO DE RECURSOS MINERAIS

Grande parte da população asiática se concentra em áreas rurais e desenvolve atividades ligadas à **agropecuária** e à **exploração dos recursos minerais**. Essas atividades são fundamentais para a economia da Ásia, sobretudo nos países menos desenvolvidos do continente.

AGRICULTURA

A agricultura praticada na Ásia varia em termos do tipo de cultura, do nível de tecnologia empregada e do destino da produção. Existem áreas agrícolas tradicionais, em que os cultivos são realizados com pouca tecnologia, baixo nível de mecanização e emprego de mão de obra familiar, com produção voltada basicamente ao mercado interno (figura 14). Em outras áreas, a agricultura é praticada com intensa mecanização, técnicas modernas e uso de sementes selecionadas, visando aumentar a produtividade e atender o mercado internacional.

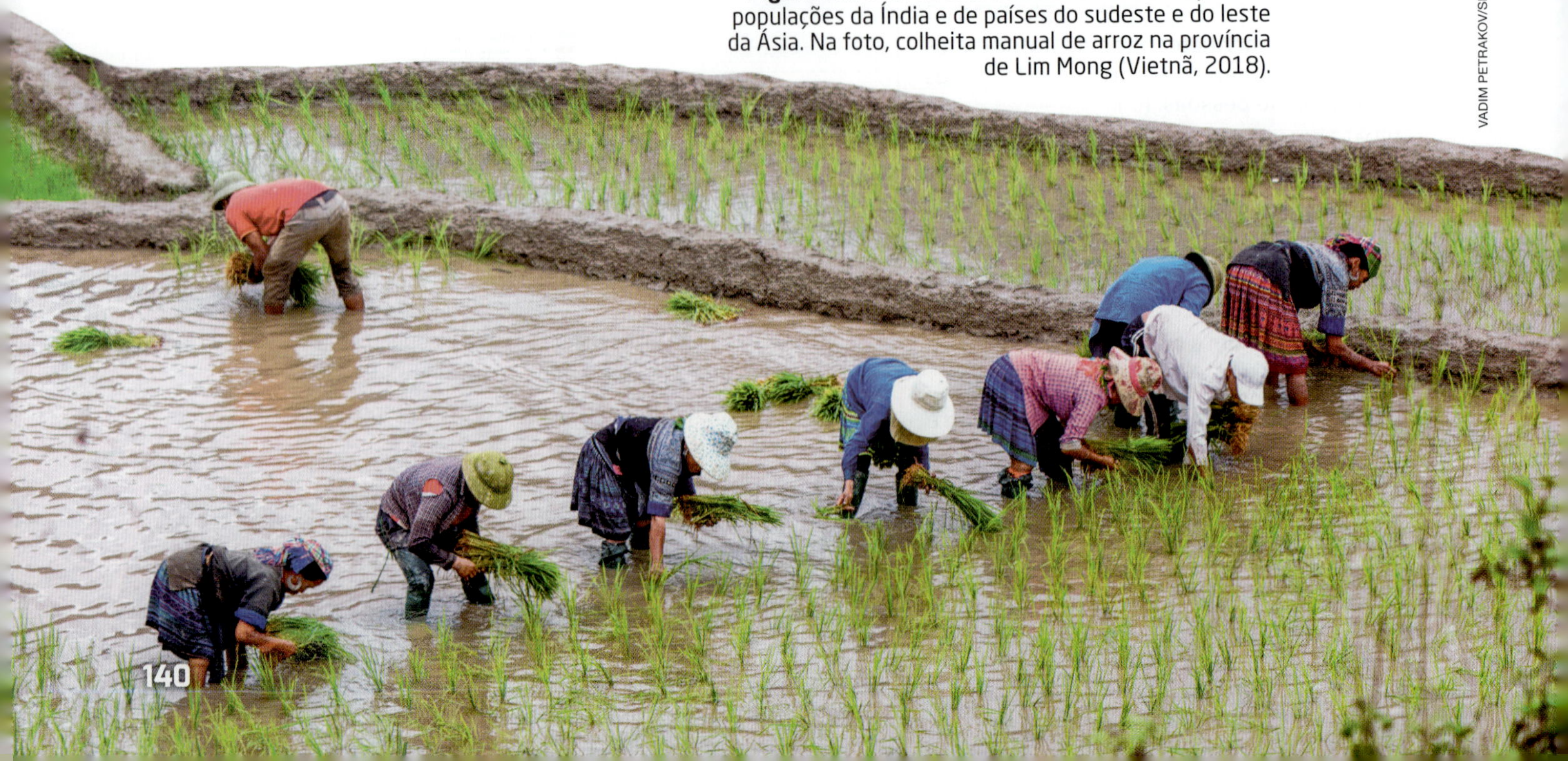

Figura 14. O arroz está na base da alimentação das populações da Índia e de países do sudeste e do leste da Ásia. Na foto, colheita manual de arroz na província de Lim Mong (Vietnã, 2018).

PRINCIPAIS PRODUTOS AGRÍCOLAS

Em áreas tropicais da Ásia são comuns as **plantations**, sistema de produção voltado para a exportação. Resquício do colonialismo europeu, nessas propriedades são cultivados produtos tropicais, como café, tabaco, algodão, frutas, chá e cana-de-açúcar, entre outros.

A **rizicultura** ocupa grandes áreas de plantio no continente asiático. China e Índia são os dois maiores produtores mundiais de arroz, seguidos por Bangladesh e Vietnã. Outros **cereais** são plantados em regiões mais setentrionais, como Cazaquistão, Uzbequistão e Rússia.

Japão e Israel, países desenvolvidos, mas com pequena extensão territorial, se destacam pela elevada produtividade agrícola, o que se deve ao emprego de técnicas modernas de **plantio intensivo**. Em Israel, país localizado em área desértica, a agricultura se tornou viável com o desenvolvimento de tecnologias de irrigação e o combate ao desperdício de recursos hídricos (figura 15).

EXPLORAÇÃO DE RECURSOS MINERAIS

A exploração de recursos minerais, como minérios de ferro, ouro, estanho e cobre, além de petróleo, carvão mineral e gás natural, é fundamental para a economia da Ásia. Em 2016, segundo a Agência Internacional de Energia, seis entre os dez maiores produtores mundiais de petróleo eram países asiáticos: Arábia Saudita, Rússia, Irã, Iraque, Emirados Árabes Unidos e Kuait. Nesse mesmo ano, somente o Oriente Médio respondia por 47,6% das reservas mundiais de petróleo.

Figura 16. O pastoreio de ovinos, bovinos e camelos é realizado por grupos nômades no Oriente Médio e em outras regiões no interior da Ásia. Na foto, pastor com suas ovelhas no nordeste do Iraque, em 2017.

PECUÁRIA

A pecuária na Ásia é praticada, principalmente, de forma **extensiva**, com o gado solto no pasto. Esse tipo de atividade é realizado em amplas extensões de terra na Ásia Central e no Oriente Médio, áreas com vegetação de baixo porte (como as estepes), utilizadas como pastagens naturais (figura 16). Os principais rebanhos são de bovinos, suínos, ovinos e bufalinos.

A China possui os maiores rebanhos caprinos, suínos e ovinos da Ásia, comercializando parte da sua produção no mercado mundial.

Figura 15. O constante investimento em tecnologia contribui para a alta produtividade agrícola de Israel. O país é autossuficiente em diversos cultivos, além de ser exportador de frutos e legumes. Na foto, plantação irrigada em Hulla Valley (Israel, 2017).

A ATIVIDADE INDUSTRIAL

Nos últimos anos, o continente asiático passou por um processo de intensa industrialização, concentrado, porém, em alguns países.

De modo geral, o desenvolvimento industrial ocorrido nos países asiáticos ocorreu de duas maneiras. Em alguns países, foram implementadas políticas de curto e médio prazos, que atraíram indústrias estrangeiras, aumentando a produção e a exportação de produtos, em combinação com altos investimentos em educação e desenvolvimento de tecnologia. Em outros países, foram implantadas políticas de curto prazo baseadas na atração de indústrias estrangeiras em busca de mão de obra e matéria-prima mais baratas, isenções fiscais e leis trabalhistas pouco rígidas. Nesses casos, o crescimento econômico não teve como consequência uma melhora consistente das condições de vida da população.

JAPÃO

Entre os países asiáticos, o Japão é o mais industrializado, apresentando modernos sistemas de produção associados à ampla oferta de mão de obra especializada e à tecnologia de ponta. Mais especificamente, a indústria japonesa se destaca mundialmente nos setores de informática, robótica, eletroeletrônico e automobilístico.

O destaque do Japão na **indústria de alta tecnologia** está relacionado aos volumosos recursos investidos em universidades e institutos de pesquisa, que colaboram na criação de tecnologias voltadas para a indústria.

TIGRES ASIÁTICOS

O processo de industrialização ocorreu de maneira acelerada nas últimas décadas em Taiwan, Cingapura, Hong Kong, Coreia do Sul e, mais recentemente, na Malásia, no Vietnã, na Indonésia, nas Filipinas e na Tailândia. Nesse grupo, conhecido como **Tigres Asiáticos**, a industrialização se desenvolveu por meio das **plataformas de exportação**.

O bom desempenho dessas economias foi alcançado por meio da produção e da exportação em larga escala de artigos com preços competitivos no mercado internacional. Aliados a isso, destacam-se os investimentos no sistema educacional (figura 17).

Plataformas de exportação: modelo de desenvolvimento econômico baseado na implantação de parques industriais cuja produção é voltada a atender um mercado externo.

PARA PESQUISAR

- NHK World
<https://www3.nhk.or.jp/nhkworld/pt/>

Página em português da televisão pública do Japão, na qual se encontram notícias sobre o país e também sobre o continente asiático.

Figura 17. Na atualidade, algumas das principais universidades do mundo estão localizadas em Cingapura, Hong Kong e Coreia do Sul. Em 2018, a Universidade Tecnológica de Nanyang, em Cingapura, aparecia na 11ª posição no *QS World University Rankings*, lista anual com as 4.500 melhores instituições de ensino superior do mundo. Na foto, o *campus* da Universidade Tecnológica de Nanyang (NTU), em 2015.

Figura 18. Indústria naval na cidade de Dalian (China, 2018).

ÍNDIA

Nas últimas décadas, tem ocorrido na Índia um considerável crescimento industrial, sobretudo nos setores mecânico, têxtil, siderúrgico e de informática – com extensão de atividades para o setor terciário. O nível de instrução mais elevado de pequena parcela da população indiana formou uma elite atuante em setores de tecnologia sofisticada, entre os quais sobressaem os de informática, microeletrônica e medicamentos.

CHINA

O setor industrial chinês tem apresentado um dos mais elevados índices de crescimento no mundo, em boa parte graças à mão de obra abundante e barata, à grande quantidade de matéria-prima e a um mercado consumidor crescente, que hoje conta com uma classe média composta de mais de 250 milhões de pessoas.

A China, embora de industrialização recente, abriga grandes conglomerados que atuam em diversos setores industriais, como automobilístico e naval (figura 18).

TURQUIA

A Turquia é um importante elo entre a Europa e a Ásia e, nos últimos anos, vem ganhando importância econômica. Com forte setor petroquímico e indústria naval bastante desenvolvida, o país também se destaca nos setores automobilístico e têxtil.

ARÁBIA SAUDITA

A Arábia Saudita, uma das maiores exportadoras de petróleo do mundo, vem se desenvolvendo industrialmente e realizando investimentos para a construção de refinarias e indústrias petroquímicas (figura 19).

Figura 19. Refinaria de petróleo na Arábia Saudita, em 2018.

TEMA 4

MEIO AMBIENTE

Quais são os principais problemas ambientais no continente asiático?

DESMATAMENTO

A exploração e o uso intenso dos recursos naturais na Ásia têm causado diversos impactos ambientais no continente. Na Ásia, por exemplo, cerca de 60% da floresta tropical nativa já foi devastada, sobretudo para a prática da agricultura e da pecuária.

Na atualidade, os países asiáticos em que o desmatamento das florestas é mais intenso são a Malásia, o Sri-Lanka, as Filipinas, Bangladesh, Camboja e Indonésia (figura 20). Grande parte das áreas desmatadas são para a prática agrícola, sobretudo para o cultivo de palma, planta da qual se extrai um óleo muito utilizado na indústria alimentícia mundial.

Além de comprometer a biodiversidade, o desmatamento deixa os solos descobertos e mais expostos à erosão.

De acordo com a Organização das Nações Unidas para Alimentação e Agricultura (FAO), porém, depois da perda de extensas áreas de floresta, em países como Vietnã, Laos e China, tem ocorrido a expansão das áreas de floresta.

Figura 20. O desmatamento na Indonésia ocorre de forma acelerada e é praticado sobretudo para a plantação de palmas e de seringueiras. Muitas indústrias transnacionais estão se comprometendo a não usar óleo de palma vindo de áreas recém-desflorestadas, mas, assim mesmo, o desmatamento no Sudeste Asiático continua elevado. Na foto, plantação de palma na Indonésia, em 2016.

DEGRADAÇÃO DOS SOLOS

O desmatamento e o uso intensivo do solo pela agricultura tem provocado a degradação dos solos, sobretudo nos países do Oriente Médio, do sul e do sudeste asiáticos.

Nas porções sul e sudeste do continente, as plantações, em especial de arroz, são feitas em áreas com altos índices de precipitação e nas encostas, onde há grande declividade, fatores que favorecem a erosão e o empobrecimento do solo.

Uma das soluções utilizadas pelas populações dessas áreas é o cultivo em curvas de nível, conhecido como **terraceamento**, que torna a erosão do solo menos intensa (figura 21).

POLUIÇÃO ATMOSFÉRICA

As regiões do Oriente Médio e do Sudeste Asiático, localizadas no continente asiático, são as que apresentam os maiores índices de poluição atmosférica do mundo. Esse fato está associado ao intenso e rápido desenvolvimento industrial e ao acelerado processo de urbanização ocorrido durante as últimas décadas. Nessas regiões, a poluição do ar ocorre sobretudo nas grandes áreas urbanas (figura 22).

Figura 21. O uso de terraços para evitar a erosão e aumentar a área de plantio nas encostas de montanhas é uma técnica milenar usada em diversas regiões da Ásia. Na foto, terraços após a colheita de arroz em Guilin (China, 2017).

> **De olho no gráfico**
>
> Quais eram as três cidades do mundo com os maiores índices de poluição atmosférica entre 2011 e 2015? Em que países e em qual continente elas se localizam?

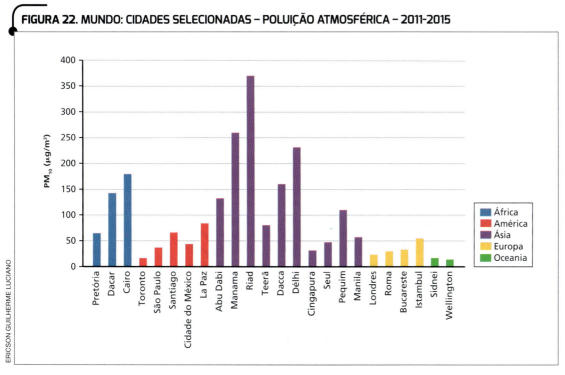

FIGURA 22. MUNDO: CIDADES SELECIONADAS – POLUIÇÃO ATMOSFÉRICA – 2011-2015

Fonte: ORGANIZAÇÃO MUNDIAL DE SAÚDE. *WHO's Urban Ambient Air Pollution database – Update 2016.* Disponível em: <http://www.who.int/phe/health_topics/outdoorair/databases/AAP_database_summary_results_2016_v02.pdf?ua=1> Acesso em: 25 jun. 2018.

POLUIÇÃO DA ÁGUA

A Ásia é o continente com os rios mais poluídos do mundo, devido, sobretudo, ao despejo de esgoto doméstico e industrial diretamente nos cursos fluviais. A poluição da água é uma das principais causas das elevadas taxas de mortalidade infantil na Índia e na China, e calcula-se que cerca de metade da população desses países não tem acesso à água tratada.

Nas áreas costeiras do continente, os Oceanos Índico e Pacífico apresentam elevados índices de poluição. Parte dessa poluição está associada ao tráfego marítimo nessa região, um dos mais intensos do mundo (figura 23).

A poluição do oceano nessa região também é causada pelo despejo de esgoto doméstico e industrial na água, sobretudo nas áreas com elevada concentração populacional, como no leste e no sudeste asiáticos, na Índia, no Paquistão e em Bangladesh.

LIXO PLÁSTICO

A maior camada de plástico flutuante nos oceanos da Terra encontra-se no Pacífico Norte, indo da costa dos Estados Unidos até a costa do Japão. Com uma profundidade média de 10 metros, formada por mais de 4 milhões de toneladas, o lixo plástico dessa região se movimenta pelas correntes marítimas e se dispersa no oceano. A China é a maior poluidora dos oceanos, seguida por Indonésia e Índia.

Figura 23. Nove entre os dez maiores portos marítimos do mundo estão na Ásia. O maior porto é o de Xangai, na China. Foto de 2018.

TECNOLOGIA E GEOGRAFIA

A dessalinização da água do mar

"Israel, o pequeno país do Oriente Médio com cerca de 22 mil quilômetros quadrados de extensão e com nove milhões de habitantes, depende exclusivamente da dessalinização da água do mar para o consumo humano, dos rebanhos, para o desempenho das atividades domésticas e comerciais diárias e para a agricultura. A tecnologia desenvolvida pelos pesquisadores do Estado israelense para tal fim é, na atualidade, exemplo para o mundo e poderá ser importada pelo Rio Grande do Norte.

[...] Em Israel, em somente uma das usinas de dessalinização, instaladas através da parceria Público Privada (PPP) em Tel Aviv, cerca de 624 mil metros cúbicos de água do mar são dessalinizadas diariamente [...].

Para chegar ao nível atual de desenvolvimento tecnológico, que permitiu a instalação de plantas (usinas) de dessalinização, Israel investe cerca de 4,6% do Produto Interno Bruto (PIB) anual em desenvolvimento de tecnologias. Em 2016, dado mais recente da medição do PIB no país, a soma das riquezas produzidas foi de 318,7 bilhões de dólares. A título de comparação, no Brasil o investimento em tecnologia corresponde a menos de 1 % do PIB. De acordo com o embaixador Yossi Avraham Shelley, as empresas israelenses instalaram cerca de 350 usinas de dessalinização em quase 40 países."

Israel exporta tecnologia de dessalinizadores para mais de 40 países. *Tribuna do Norte*, 5 jun. 2018. Disponível em: <http://www.tribunadonorte.com.br/noticia/israel-exporta-tecnologia-de-dessalinizadores-para-40-paa-ses/414806>. Acesso em: 21 jun. 2018.

A tecnologia aperfeiçoada em Israel para a dessalinização da água é chamada de **osmose reversa**. Nesse sistema, a água salgada é filtrada por uma membrana com furos minúsculos, por onde passam as moléculas de água, mas não as moléculas de sal. Com isso, a água perde o sal que continha. Na foto, usina de Hadera (Israel, 2011).

ATIVIDADES

1. Segundo o texto, qual é a importância da dessalinização da água do mar para a população de Israel?

2. O que explica a grande demanda da população israelense por água dessalinizada?

3. A reportagem cita a possibilidade da importação da tecnologia israelense pelo estado do Rio Grande do Norte, localizado na Região Nordeste do Brasil. Qual pode ser a causa desse interesse?

ATIVIDADES

ORGANIZAR O CONHECIMENTO

1. Com relação à atividade agrícola, responda às questões.
   a) Quais são os principais produtos cultivados no continente asiático?
   b) Que relação pode ser estabelecida entre esses cultivos e o tipo de clima característico dos locais em que eles são plantados?

2. Em quais regiões da Ásia prevalece a atividade pecuária? Que tipo de formação vegetal favorece o desenvolvimento dessa atividade?

3. Sobre a indústria da Ásia, faça o que se pede.
   a) O processo de industrialização dos países asiáticos tem se caracterizado por dois modelos distintos de desenvolvimento. Explique-os.
   b) Que países do continente compõem o grupo dos Tigres Asiáticos? De que maneira ocorreu a industrialização desses países?

4. Reescreva as frases que apresentam afirmações falsas, corrigindo-as.
   a) A Índia e a China são os países mais populosos da Ásia e do mundo.
   b) As atividades agrícolas são praticadas com pouca tecnologia em todos os países do continente asiático.
   c) Na Ásia se encontram alguns dos principais produtores de petróleo do mundo, com destaque para a região do Oriente Médio.
   d) O uso da técnica de terraceamento tem sido uma das principais causas da degradação dos solos no Sudeste Asiático.

APLICAR SEUS CONHECIMENTOS

5. Leia os trechos da reportagem e responda às questões.

   "[...] No mundo, dez rios carregam sozinhos mais de 90% dos resíduos plásticos que acabam nos oceanos. O maior rio da Ásia, o Yangtzé (China), é responsável pelo transporte de 1.469.481 toneladas. Já o Indo (Índia) conduz 164.332 toneladas, o Rio Amarelo (China) 124.249 toneladas e o Nilo (Egito) 84.792 toneladas. Na África, o Níger (Guiné, Mali, Níger, Benim e Nigéria) deságua 35.196 toneladas de plástico no mar."

   ONU Meio Ambiente e parceiros miram a poluição nos rios para reduzir o lixo marinho. *Nações Unidas do Brasil*, 7 jun. 2018. Disponível em: <https://nacoesunidas.org/onu-meio-ambiente-e-parceiros-miram-a-poluicao-nos-rios-para-reduzir-o-lixo-marinho/>. Acesso em: 22 jun. 2018.

   "[...] Cerca de 17 milhões de bebês com menos de um ano de idade vivem em áreas onde a poluição do ar é no mínimo seis vezes maior do que os limites internacionais. É o que revela um novo levantamento do Fundo das Nações Unidas para a Infância (UNICEF). Agência da ONU alertou que contaminação pode danificar o tecido cerebral das crianças, prejudicando permanentemente seu desenvolvimento cognitivo.

   Cerca de 12,2 milhões de meninos e meninas em risco vivem no sul da Ásia. [...] Já o Leste asiático e a região do Pacífico são o lar de 4,3 milhões de bebês morando em comunidades com o mesmo nível alarmante de contaminação do ar. [...]"

   UNICEF: poluição ameaça desenvolvimento cerebral de 17 milhões de bebês. *Nações Unidas do Brasil*, 29 dez. 2017. Disponível em: <https://nacoesunidas.org/unicef-poluicao-ameaca-desenvolvimento-cerebral-de-17-milhoes-de-bebes/>. Acesso em: 23 jun. 2018.

   a) Qual é a relação entre os rios asiáticos e a poluição dos oceanos por lixo plástico?
   b) O que explica os elevados índices de poluição atmosférica na Ásia e como isso afeta a saúde infantil?

6. Identifique as características e a importância da atividade retratada em cada foto.

Rizicultura em Yenbay (Vietnã, 2016).

Fábrica de *smartphones* em Uttar Pradesh (Índia, 2017).

7. Em que região da Ásia encontram-se as maiores reservas de petróleo desse continente? Por que essa região é considerada geopoliticamente estratégica?

8. Interprete os mapas de biodiversidade e de desmatamento do Sudeste Asiático e faça o que se pede.

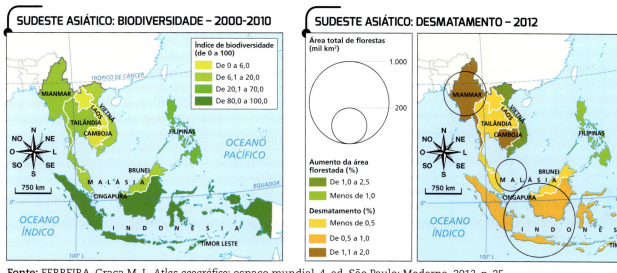

Fonte: FERREIRA, Graça M. L. *Atlas geográfico*: espaço mundial. 4. ed. São Paulo: Moderna, 2013. p. 25.

   a) Com relação à biodiversidade, descreva a situação dos países do Sudeste Asiático.

   b) Quais países apresentam as maiores taxas de desmatamento de áreas florestadas?

   c) Qual relação é possível estabelecer entre as taxas de desmatamento e a manutenção da biodiversidade no Sudeste Asiático?

   d) Que problemas podem ser desencadeados a partir do avanço do desmatamento na região?

DESAFIO DIGITAL

9. Acesse o objeto digital *Ásia: cidades populosas*, disponível em <http://mod.lk/desv9u5>, e faça o que se pede.

   a) No setor habitacional e no de transporte, quais problemas as aglomerações urbanas asiáticas enfrentam? Explique utilizando exemplos do objeto digital.

   b) As questões relacionadas ao meio ambiente e ao trabalho em áreas muito populosas na Ásia são parecidas às das grandes cidades brasileiras? Justifique.

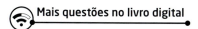

REPRESENTAÇÕES GRÁFICAS

Sensoriamento remoto

Antigamente, a elaboração dos mapas dependia de viagens de técnicos cartógrafos e desenhistas que conhecessem ou investigassem pessoalmente as áreas de mapeamento.

Com o decorrer do tempo, foram desenvolvidos meios de mapear os terrenos sem a necessidade de ir até eles. Hoje é possível conseguir imagens por sensoriamento remoto desses lugares, ou seja, um conhecimento obtido a distância.

O sensoriamento remoto pode ser realizado, por exemplo, por meio de fotografias aéreas ou de radares — aparelhos formados por transmissor, receptor, antena e um sistema eletrônico para processar e registrar os dados.

Os radares emitem sinais de rádio ou micro-ondas que refletem na superfície-alvo e retornam até eles. Pelo tempo de retorno dos sinais, é possível calcular a distância entre o radar e as irregularidades da superfície para montar a imagem da área-alvo.

Há também sensores capazes de registrar ondas de energia (por exemplo, as infravermelhas). Normalmente, esses sensores estão instalados em satélites que orbitam o planeta e captam as ondas eletromagnéticas que partem da superfície da Terra, depois de aquecida pelo Sol, para produzir imagens muito precisas.

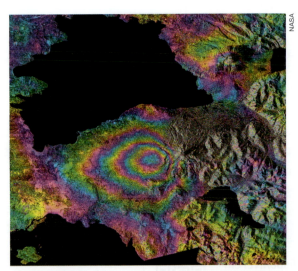

Uma vantagem do sensoriamento remoto por radar em comparação com o uso de fotografias aéreas é a formação de imagem mesmo em condições meteorológicas desfavoráveis. Imagem de radar do vulcão Cabulco (Chile, 2015).

O esquema mostra o funcionamento de um radar. O transmissor, localizado no avião, gera pulsos de micro-ondas (**A**) direcionadas em um feixe (**B**). Na superfície, os objetos que recebem esses pulsos refletem parte da energia recebida (**C**). Uma antena localizada no avião recebe então essa porção de energia refletida, e as informações são processadas para formar a imagem.

ATIVIDADES

1. Explique a afirmação: "As novas tecnologias de sensoriamento remoto são extensões de nossos sentidos".

2. Cite um elemento comum de paisagens com vulcanismo recente que aparecem na imagem de radar do vulcão chileno Cabulco. Busque utilizar termos adequados ao descrever cada elemento.

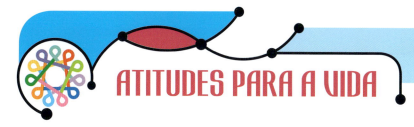

ATITUDES PARA A VIDA

Solução para o lixo

Em 2003, os moradores da cidade japonesa Kamikatsu estabeleceram a meta do desperdício zero, buscando reciclar 100% dos resíduos domésticos. Atualmente, cerca de 80% do lixo da cidade é reciclado e a população espera atingir a meta dos 100% em 2020.

"[...] Originalmente, Kamikatsu eliminava o lixo como qualquer outra cidade pequena: jogavam na natureza ou queimavam em suas casas. Mas a queima de lixo produz uma enorme quantidade de gases de efeito estufa e os aterros sanitários poluem o meio ambiente. Então a população decidiu mudar e em 2003 foi introduzido o conceito de 'Desperdício Zero'.

No começo, foi difícil para todos. Lavar e separar o lixo tornou-se uma tarefa tediosa e demorada. Garrafas de vidro e plástico devem ser liberadas de suas tampas e classificadas por cor. Garrafas plásticas de molho de soja e óleo de cozinha devem ser mantidas separadas das garrafas PET que antes continham água mineral e chá verde [...]. Jornais e revistas precisam ser empilhados em pacotes limpos e amarrados com um fio. São muitas regras.

Não há caminhões para fazer a coleta de lixo nas casas, então os próprios moradores têm que trazê-lo para o centro de reciclagem. Os trabalhadores do centro, em seguida, certificam-se de que tudo foi classificado corretamente e vai para os recipientes corretos.

O que inicialmente era um fardo enorme tornou-se um modo de vida em Kamikatsu [...]"

Kamikatsu, a cidade japonesa que não produz lixo. *Hypeness*. Disponível em: <www.hypeness.com.br/2018/05/kamikatsu-a-cidade-japonesa-que-nao-produz-lixo/>. Acesso em: 21 jun. 2018.

Latinhas são entregues no centro de reciclagem de Kamikatsu, onde o lixo é separado em 34 categorias diferentes de material (Japão, 2008).

ATIVIDADES

1. Para alcançarem o desperdício zero, os moradores da cidade de Kamikatsu aplicaram algumas atitudes trabalhadas neste livro. Indique essas atitudes nos trechos do texto reproduzidos abaixo, justificando sua resposta.

   a) "Mas a queima de lixo produz uma enorme quantidade de gases de efeito estufa e os aterros sanitários poluem o meio ambiente. Então a população decidiu mudar e em 2003 foi introduzido o conceito de 'Desperdício Zero'."

   b) "No começo, foi difícil para todos. Lavar e separar o lixo tornou-se uma tarefa tediosa e demorada."

   c) "Os trabalhadores do centro, em seguida, certificam-se de que tudo foi classificado corretamente e vai para os recipientes corretos."

2. Na cidade, bairro ou comunidade onde você vive, houve alguma iniciativa por parte dos moradores para solucionar algum problema local? Cite uma iniciativa, indicando a atitude aplicada. Lembre que todas as atitudes podem ser encontradas no início do livro.

COMPREENDER UM TEXTO

A Ásia é um continente de grande diversidade étnica, cultural e religiosa devido à presença de povos de diversas origens.
A porção ocidental do continente é considerada o berço das civilizações, onde as planícies férteis dos rios Tigre e Eufrates possibilitaram o desenvolvimento de diversos povos da Antiguidade, tais como os babilônicos.
Na porção oriental, em alguns vales importantes, como os dos rios Indo e Ganges (atuais Paquistão e Índia), Amarelo e Azul (atual China), surgiram importantes civilizações do continente, entre elas a indiana e a chinesa.

História da Ásia

"Foi ao longo dos vales de rios perenes do Indo e do Rio Amarelo (Huang Ho) que as primeiras manifestações civilizacionais asiáticas se deram desde o segundo milênio antes de Cristo. Em torno de lagos, rios e costas os humanos se adaptaram ao meio ambiente e recursos ambientais disponíveis. Os do Rio Indo, no atual Paquistão, cedo manifestaram a domesticidade do gado bovino e apresentaram uma notável estrutura urbana e sanitária como nas ruínas de Mohenjo-daro (c. 2600 a.C.-c. 1700 a.C.). Os do Rio Amarelo, no norte da China, durante a dinastia Xia (c. 2070 a.C.-c. 1600 a.C.) desenvolveram o uso do bambu e um sistema de escrita pictográfica inscrita em carcaças de tartarugas que deu origem ao atual alfabeto chinês. Os povos do Sudeste Asiático, por sua vez, já nos apresentaram desde antes de Cristo o cultivo do arroz como na Indonésia, do inhame na Papua Nova Guiné, além da domesticação do búfalo, de porcos e uso do bronze como na cultura Dong Son (1000 a.C.-100 d.C.) no Rio Vermelho, norte do Vietnã.

Estruturas políticas e ideológicas foram se consolidando com o tempo a partir dessas bases. Os chineses na época de Qin Shi Huang Di (260 a.C.-210 a.C.) unificaram-se visando proteção de suas cidades e vilas contra nômades da Ásia Central e Mongólia. [...]. Nas ilhas do Sudeste Asiático, o acesso marítimo ofereceu oportunidade de chegada de ideias nascidas no norte indiano, primeiro o hinduísmo, depois o budismo, a mesclarem-se com os costumes locais. A partir do nono século d.C., o Islã chega a ter presença nas comunidades portuárias. [...]

O caleidoscópio comercial asiático se manifestou através da oferta e compra de seda, têxtil, ouro, prata, algodão, açúcar, chá, gengibre, camelo e jade da China; de lã e menta do Tibete; de canela, pimenta, óleos aromáticos, açafrão, sândalo e jasmim da Índia; [...]. Esse rico painel comercial foi mantido ao longo dos séculos, a ser trocado com o Ocidente nos mercados do Cairo, Constantinopla (Istambul) e Veneza. [...].

Portanto, no século 16, a Ásia apresentou-se como uma região de longa e complexa atividade histórica e cultural com pujante atividade comercial."

MACEDO, Emiliano Unzer. *História da Ásia*: uma introdução à sua história moderna e contemporânea. Vitória: UFES, 2016. p. 6-7.

Dong Son: cultura originária do norte do Vietnã durante a Idade do Bronze. Além da metalurgia, os povos que lá viviam praticavam a caça, a pesca e a agricultura, estabelecendo-se em pequenos vilarejos no delta do Rio Vermelho.

Qin Shi Huang Di: primeiro imperador após a primeira unificação da China.

Açafrão: especiaria originária da Índia.

Sândalo: espécie de árvore originária da Ásia.

ATIVIDADES

OBTER INFORMAÇÕES

1. De acordo com o texto, onde se estabeleceram as primeiras civilizações asiáticas?

2. Quais religiões se estabeleceram nas ilhas do Sudeste Asiático?

INTERPRETAR

3. De que maneira as civilizações asiáticas da Antiguidade se relacionavam com a natureza?

4. Quais eram os interesses dos europeus na Ásia, durante o período das Grandes Navegações, no século XVI?

PESQUISAR

5. Escolha duas civilizações asiáticas e pesquise as principais características de cada uma. Traga o material encontrado para ser compartilhado em sala de aula com seus colegas e o professor.

USAR SUA CRIATIVIDADE

6. Escolha um país do continente asiático. Em seguida, construa uma linha do tempo para representar fatos históricos que influenciaram a formação e o desenvolvimento desse país.

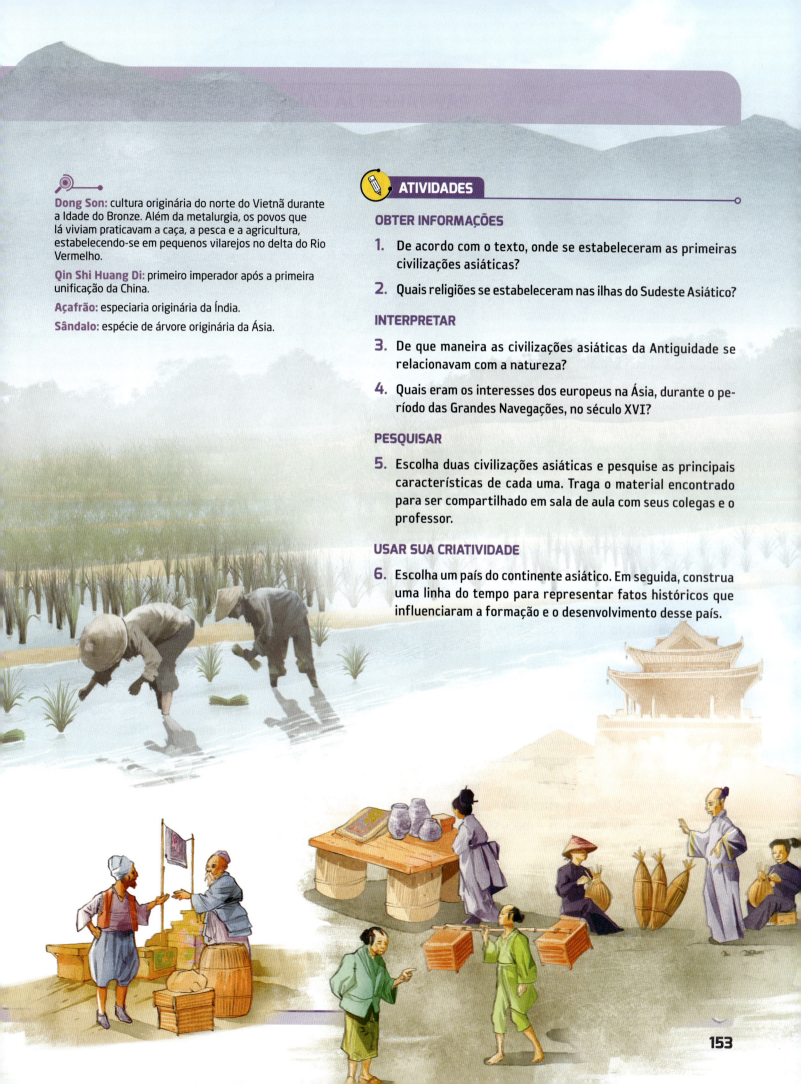

UNIDADE 6

CHINA

Nos últimos anos, a China tem se destacado como a segunda maior economia do mundo, atrás apenas dos Estados Unidos. As elevadas taxas de crescimento da economia chinesa, porém, foram alcançadas mediante grandes impactos ambientais: no início do século XXI, a China era o país com as mais elevadas taxas de poluição atmosférica.

Com emprego intensivo de mão de obra no setor industrial, atualmente o país ampliou suas estratégias econômicas, investindo em tecnologia, aproveitamento do mercado consumidor interno, construção de grandes obras de infraestrutura e desenvolvimento de políticas de conservação ambiental.

Após o estudo desta Unidade, você será capaz de:

- interpretar as principais causas do crescimento econômico chinês e as atuais diretrizes do país;
- reconhecer características demográficas da China nos espaços urbano e rural;
- examinar o problema da poluição na China e os avanços alcançados com as novas políticas ambientais;
- identificar características do comércio exterior chinês, incluindo as relações entre China e Brasil.

ATITUDES PARA A VIDA

- Assumir riscos com responsabilidade.
- Esforçar-se por exatidão e precisão.
- Pensar de maneira interdependente.

COMEÇANDO A UNIDADE

1. A China tem tido taxas de crescimento econômico muito elevadas, baseadas sobretudo no desenvolvimento da atividade industrial. Que impactos ambientais esse crescimento tem causado?

2. O que você sabe sobre as características do trabalho nas indústrias chinesas?

3. A China está entre os maiores produtores agrícolas do mundo, mas não está entre os maiores exportadores desses produtos. Por que isso ocorre?

Poluição atmosférica paira sobre os modernos arranha-céus de Pudong (China, 2018).

Trabalhadores em uma fábrica de equipamentos eletrônicos em Guangzhou (China, 2016).

Terraços para plantação de arroz em uma aldeia localizada em Yunnan, no sul da China (foto de 2016).

TEMA 1 — CHINA: DINÂMICA ECONÔMICA

Quais são os desafios que a economia chinesa enfrenta?

POTÊNCIA ECONÔMICA MUNDIAL

Nas últimas quatro décadas, a China vem apresentando crescimento econômico acima dos 6,5% ao ano, centrado na exportação de manufaturados. Atualmente é a segunda economia do mundo, atrás apenas dos Estados Unidos (tabela 1). Estima-se que, por volta de 2026, a China irá se tornar a primeira economia mundial (figura 1).

O crescimento econômico chinês tem reflexos globais. Mesmo com a desaceleração do crescimento do PIB nos últimos anos (figura 2), os índices chineses continuam superando os das demais grandes economias do mundo. Hoje, o PIB chinês representa aproximadamente 15% do PIB global.

TABELA 1. MUNDO: 10 MAIORES PIBS – 2016

Posição	País	Trilhões de dólares
1º	Estados Unidos	18,7
2º	China	11,2
3º	Japão	4,9
4º	Alemanha	3,5
5º	Reino Unido	2,7
6º	França	2,7
7º	Índia	2,2
8º	Itália	1,9
9º	Brasil	1,8
10º	Canadá	1,5

Fonte: BANCO MUNDIAL. Disponível em: <https://data.worldbank.org/indicator/NY.GDP.MKTP.CD?year_high_desc=true>. Acesso em: 28 jun. 2018.

FIGURA 2. CHINA: VARIAÇÃO DO PIB (EM %) – 2010-2017

Fonte: INTERNATIONAL MONETARY FUND. IMF Data Mapper. Disponível em: <http://www.imf.org/external/datamapper/NGDP_RPCH@WEO/OEMDC/ADVEC/WEOWORLD/CHN>. Acesso em: 28 jun. 2018.

Figura 1. Vista de Pequim, capital da China e seu centro político, econômico e cultural, em 2016.

Figura 3. A propaganda foi um dos pilares da Revolução Cultural. A figura de Mao Tsé-Tung era venerada por seus seguidores.

DO COMUNISMO À ABERTURA COMERCIAL

A China é um país milenar, no qual ainda hoje se percebe a forte presença da tradição. Durante séculos, o país permaneceu isolado, abrindo-se ao Ocidente apenas no século XIX. No início do século XX, passou do sistema monárquico para o republicano e, em 1949, ocorreu no país, sob a liderança de Mao Tsé-Tung, a chamada Revolução Comunista. O movimento obteve vitória e implantou um sistema socialista organizado em torno de um partido único, o Partido Comunista da China (PCC), que, efetivamente, detém o poder no país.

A ERA DE MAO TSÉ-TUNG

Nos primeiros anos que se seguiram à revolução, os chineses contaram com o apoio soviético para empreender reformas no país. Até então, a China era um país essencialmente rural. Para promover o desenvolvimento, Mao Tsé-Tung organizou uma estratégia sustentada na coletivização do campo e na industrialização de base (siderurgia, metalurgia). Esse plano, conhecido como Grande Salto para a Frente, foi implementado durante a segunda metade da década de 1950.

Ao contrário do esperado, o plano estatal não obteve êxito. Diante dos resultados negativos das estratégias governamentais, as relações da China com a União Soviética se deterioraram e, no início dos anos 1960, houve o rompimento diplomático com Moscou.

Mao Tsé-Tung, diante do fracasso, aliou-se a radicais do Partido Comunista da China, e promoveu, em 1966, a **Revolução Cultural** para combater qualquer elemento ou pessoa que, segundo ele, fosse contrário ao comunismo (figura 3). Até sua morte, em 1976, milhões de pessoas foram mortas em nome da pureza do comunismo na China, em especial os opositores do Grande Timoneiro, nome como Mao era conhecido.

Coletivização: no contexto, corresponde ao sistema de transformação de pequenas propriedades agrícolas em cooperativas estatais.

Figura 4. Entre os 10 maiores portos do mundo em 2017, sete são chineses: 1º Xangai, 3º Shenzhen, 4º Hong Kong, 6º Ningbo, 7º Qingdao, 8º Guangzhou. Na foto, porto de Xangai (China, 2018).

REFORMAS NA CHINA

Com a morte de Mao, em 1978 subiu ao poder Deng Xiaoping, membro moderado do Partido Comunista que propôs um programa de mudanças, sem, no entanto, alterar a orientação política do país, que permaneceu centralizada e socialista.

ZONAS ECONÔMICAS ESPECIAIS (ZEE)

Abertas no começo da década de 1980 – inicialmente no litoral, próximas aos portos e ao Japão –, as **Zonas Econômicas Especiais (ZEE)** da China constituem o principal mecanismo de abertura da economia do país, pois permitem práticas capitalistas.

A enorme oferta de mão de obra barata, os incentivos governamentais e as facilidades para a exportação atraíram para o país as maiores empresas transnacionais, especialmente japonesas e estadunidenses, que implantaram unidades fabris em território chinês.

Esse cenário contribuiu para o crescimento da economia chinesa, cujas exportações de manufaturados abastecem muitos países (figura 4).

A IMPORTÂNCIA DE HONG KONG

Hong Kong, antiga possessão inglesa que voltou a ser território chinês em 1997, é uma Região Administrativa Especial (RAE) da China, assim como Macau.

Embora tenha grande autonomia no que diz respeito às questões administrativas, mantendo sua base econômica capitalista, nas áreas de relações exteriores e defesa militar, Hong Kong se submete à China. Essa forma de administração permanecerá inalterada pelo menos até 2047.

Esse pequeno território se desenvolveu com o livre-comércio e serviu de modelo para as ZEE chinesas. É hoje um dos mais importantes centros urbanos da Ásia (figura 5) e financeiros do mundo. Além disso, tem grande produção industrial.

Figura 5. Em razão da alta densidade demográfica, uma das principais características de Hong Kong é a verticalização. Embora não seja completamente independente da China, em Hong Kong há uma moeda própria (dólar de Hong Kong) e duas línguas oficiais, o chinês e o inglês. Na foto, vista de Hong Kong (China, 2017).

A INTERIORIZAÇÃO DO DESENVOLVIMENTO

O litoral chinês é a área mais densamente povoada do país, onde se concentram as ZEE e as cidades com mais de 10 milhões de habitantes.

Há alguns anos, teve início um intenso programa governamental para integrar as regiões interioranas à dinâmica economia do litoral. Bilhões de dólares foram investidos na infraestrutura e na modernização de centros urbanos do interior do país, com implantação de ferrovias, rodovias, aeroportos, portos fluviais e rede de energia elétrica. O intuito dessa política era a criação de polos urbanos industriais para atrair investimentos e empregos. Para o sucesso dessa empreitada, o governo chinês forneceu subsídios (menos impostos, facilidade para aquisição de terrenos, além de crédito) às empresas que se dispunham a se deslocar para o centro e o oeste do país (figura 6). Dessa forma, o governo procurou evitar também que o crescente êxodo rural fosse para a zona costeira, já com alta densidade populacional.

NOVOS DIRECIONAMENTOS

A China alavancou seu crescimento econômico baseando-se nas exportações de manufaturados. Nos últimos anos, com as taxas de crescimento caindo ou se mantendo no mesmo ritmo, os líderes chineses perceberam que a produção manufatureira corria o risco de estagnar. Diante disso, trabalham na implantação de um novo modelo industrial baseado na **inovação tecnológica** e na exploração do **mercado interno**. Esta é uma das razões pelas quais, na atualidade, entre as metas do planejamento econômico esteja a erradicação da pobreza – hoje, mais de 40% da população do país vive com menos de 5,50 dólares por dia (figura 7).

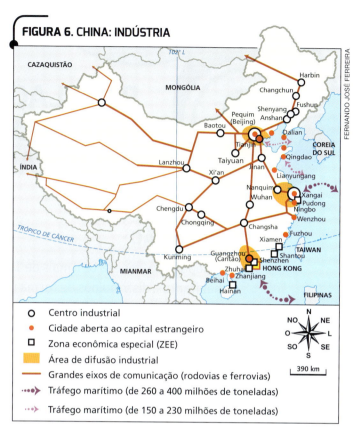

Fonte: FERREIRA, Graça M.L. *Atlas geográfico*: espaço mundial. 4. ed. São Paulo: Moderna, 2013, p. 105.

Figura 7. O esforço chinês para acabar com a pobreza fez com que, somente em 2017, 68 milhões de habitantes deixassem essa condição. Os maiores bolsões de pobreza são encontrados entre as minorias étnicas e em áreas desérticas e de altas montanhas. Na foto, rua na periferia de Pequim (China, 2017).

TEMA 2 — POPULAÇÃO E DISPARIDADES REGIONAIS

O que você conhece sobre a população chinesa?

POPULAÇÃO

A população chinesa tem mais de 1,4 bilhão de habitantes, distribuídos de forma irregular pelo território. Na **zona litorânea** e nas **planícies aluviais** se encontram as maiores densidades demográficas (figura 8). Em compensação, quase dois terços do território chinês é formado por regiões montanhosas e áreas de deserto pouco habitadas.

DINÂMICAS DEMOGRÁFICAS

Em meados da década de 1980, a população chinesa já era de 1 bilhão de habitantes. Diante desse número, o governo implantou a **política do filho único**, impondo aos casais uma série de penalidades caso tivessem o segundo filho.

A política de controle da natalidade atingiu seus objetivos nas áreas urbanas, onde foi amplamente divulgada. No entanto, nas áreas rurais, onde residia a maioria da população, não teve o sucesso esperado por diversas razões: os idosos tinham nos filhos a garantia de serem cuidados e sustentados e os filhos homens contribuíam para a renda familiar, além de ser difícil o acesso aos métodos anticoncepcionais. Contudo, o **envelhecimento da população** e o **aumento da expectativa de vida**, decorrentes da ampliação ao acesso à saúde e à informação nas últimas décadas, são uma realidade que o país enfrenta e que repercute em termos econômicos.

Em 2013, atento à possível falta de população economicamente ativa (PEA) para os próximos anos, o governo chinês flexibilizou a política do filho único, permitindo que os casais que tinham apenas um filho optassem por ter um segundo filho. Em 2016, essa medida foi estendida para todos os casais.

Figura 8. Xangai localiza-se no litoral leste da China e é a cidade mais populosa do país. Em 2017, contava com quase 25 milhões de habitantes. Foto de 2018.

PIRÂMIDE ETÁRIA

As políticas de controle de natalidade ao longo das últimas décadas e o aumento na longevidade da população repercutem na pirâmide etária da China (figuras 9 e 10). A crescente entrada das mulheres no mercado de trabalho, a popularização dos métodos contraceptivos e a responsabilidade pela criação dos filhos impedem o crescimento significativo das taxas de natalidade e ajudam a explicar por que a questão demográfica do país ainda é um desafio.

A DIVERSIDADE ÉTNICA

Na China, existem 56 grupos étnicos, com predominância da etnia **han**, que corresponde a mais de 90% da população do país. Em termos numéricos, os mais importantes entre as minorias étnicas são o **zhuang**, o **manchu** e o **hui**. Entretanto, devido às questões políticas e religiosas associadas a ele, o grupo **tibetano** é um dos mais conhecidos.

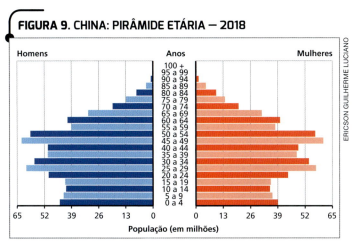

FIGURA 9. CHINA: PIRÂMIDE ETÁRIA — 2018

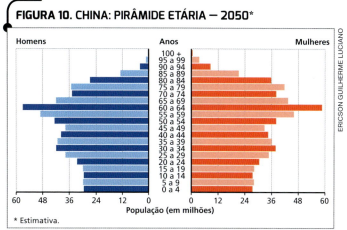

FIGURA 10. CHINA: PIRÂMIDE ETÁRIA — 2050*

*Estimativa.

Fonte dos gráficos: UNITED STATES CENSUS BUREAU. Disponível em: <https://www.census.gov/data-tools/demo/idb/informationGateway.php>. Acesso em: 26 jun. 2018.

De olho nos gráficos

1. Como é possível identificar a influência da política do filho único na evolução da população chinesa observando a pirâmide etária de 2018?

2. De acordo com a projeção representada na pirâmide etária de 2050, haverá aumento do número de nascimentos na China? Como é possível saber a resposta com base no gráfico?

QUADRO

As manifestações culturais e os movimentos por independência ou soberania política por parte das minorias étnicas são reprimidos pelo Estado chinês. Os **uigures**, por exemplo, minoria muçulmana localizada na província de Xinjiang, no noroeste do país, enfrentam há anos repressão por parte do governo, que procura moldar os hábitos e tradições desse povo de acordo com os seus interesses.

A China tem grande diversidade cultural. No cotidiano, para preservar a identidade e suas tradições, muitas dessas minorias étnicas mantêm as vestimentas, os hábitos culinários e os costumes que remontam a gerações.

O respeito à diversidade cultural é um caminho importante para uma sociedade mais justa e pacífica. Na foto, idosos da etnia miao em uma vila na província de Guizhou (China, 2018).

CHINA RURAL E URBANA

Depois de levar as regiões litorâneas a acumular mais de meio bilhão de habitantes urbanos em três décadas, as autoridades chinesas atualmente direcionaram quantias cada vez maiores de investimentos em transporte, mineração, turismo e infraestrutura urbana para cidades do interior.

Superfície ocupada pelas cidades

Comparando os mapas ao lado, é possível identificar claramente as áreas nas quais a urbanização se concentrou. A ONU e o Banco Mundial afirmam que essa urbanização é rara pela velocidade em que ocorreu e pela ausência de favelização, mas apontam diversos problemas, como a perda de rios, terras férteis e áreas naturais (às vezes cobertas por verdadeiras cidades-fantasma), o aumento do trânsito, da poluição e de tensões sociais ligadas a desapropriações, demolições, remoção de pessoas etc.

Superfície ocupada pelas cidades (por província, em km²)
- menos de 700
- de 700 a 999
- de 1.000 a 3.000
- mais de 3.000

A urbanização das províncias autônomas é uma questão delicada. Críticos acusam a China de impor a budistas tibetanos, a muçulmanos uigures e a outras minorias projetos que debilitam suas culturas visando dominar esses povos e suas riquezas.

Interiorização do desenvolvimento

Investimentos em transportes, moradia, turismo e outras áreas seguem em crescimento no interior, como a construção de um enorme conjunto residencial em Yinchuan, na capital de Ningxia, região autônoma de minoria muçulmana hui (China, 2015).

Shenzhen tinha 30 mil habitantes em 1979, ano anterior àquele em que se tornou ZEE. Em 2018, já era uma metrópole com população de 11,9 milhões.

MAPAS: FERNANDO JOSÉ FERREIRA

Evolução da população de acordo com o domicílio – 1949-2017

Desde a fundação da República Popular da China, a urbanização do país segue o ritmo ditado por suas políticas econômicas.

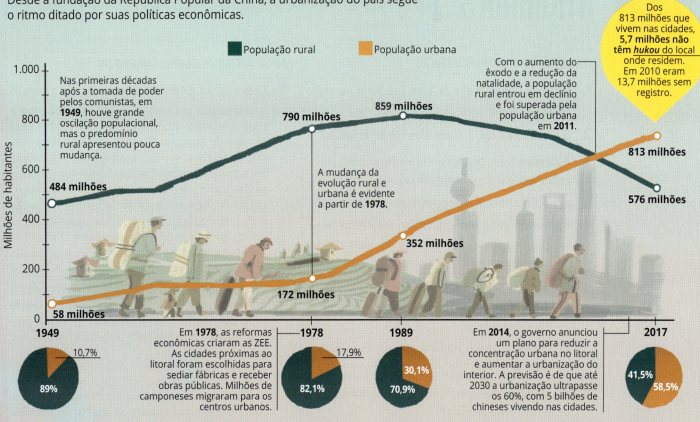

- População rural
- População urbana

Nas primeiras décadas após a tomada de poder pelos comunistas, em **1949**, houve grande oscilação populacional, mas o predomínio rural apresentou pouca mudança.

484 milhões — 1949 — 58 milhões — 89% / 10,7%

A mudança da evolução rural e urbana é evidente a partir de **1978**.

790 milhões — 1978 — 172 milhões — 82,1% / 17,9%

Em **1978**, as reformas econômicas criaram as ZEE. As cidades próximas ao litoral foram escolhidas para sediar fábricas e receber obras públicas. Milhões de camponeses migraram para os centros urbanos.

859 milhões — 1989 — 352 milhões — 70,9% / 30,1%

Com o aumento do êxodo e a redução da natalidade, a população rural entrou em declínio e foi superada pela população urbana em **2011**.

Em **2014**, o governo anunciou um plano para reduzir a concentração urbana no litoral e aumentar a urbanização do interior. A previsão é de que até 2030 a urbanização ultrapasse os 60%, com 5 bilhões de chineses vivendo nas cidades.

576 milhões / 813 milhões — 2017 — 41,5% / 58,5%

Dos 813 milhões que vivem nas cidades, **5,7 milhões não têm *hukou* do local onde residem.** Em 2010 eram 13,7 milhões sem registro.

Cidades-fantasmas

Em alguns casos, a urbanização planejada não atrai um número suficiente de moradores. Ao lado, agricultores próximos à "Torre Eiffel" de Tianducheng, bairro residencial planejado em 2007 para abrigar 10 mil pessoas, mas que só tinha 2 mil moradores em 2012. Foto de 2014.

O *hukou* é um documento que determina o local onde um chinês pode se fixar e ter acesso a serviços públicos como escolas e hospitais. Até 2012 apenas estudantes universitários tinham o direito de solicitar o documento. Em 2015, o governo propôs uma reforma no sistema para conceder o registro a 100 milhões de migrantes rurais até 2020.

Fontes: *El atlas geopolítico de China*. Valência: Fondación Mondiplo, 2013; *China National Human Development Report 2016*. Beijing: China Publishing Group Corporation, 2016; National Bureau of Statistics of China. Disponível em: <http://www.stats.gov.cn/english/>; The World Factbook. Disponível em: <https://www.cia.gov/index.html>. Acessos em: 9 ago. 2018.

ATIVIDADES

ORGANIZAR O CONHECIMENTO

1. Qual é a importância de Mao Tsé-Tung na história da China?

2. O que são as ZEE e como elas foram criadas?

3. Assinale a frase que apresenta informações corretas sobre o crescimento econômico chinês.

    a) Apresenta taxas de crescimento ascendente.

    b) Em décadas, tem sido muito acelerado. Nos últimos cinco anos, entretanto, suas taxas diminuíram e tem sido negativo.

    c) Tem sido superior a 9,5% ao ano.

    d) É bastante acelerado, mas vem apresentando decréscimo.

    e) Está estagnado, não ultrapassando os 3,5% ao ano.

4. Na China, onde se concentram a população e os centros industriais?

    a) Na porção norte do país.

    b) Na porção litorânea.

    c) Na porção litorânea e no oeste do país.

    d) No interior do território chinês.

    e) Não há concentração. A população e os polos econômicos estão distribuídos de forma homogênea pela China.

5. O crescimento da economia chinesa está baseado:

    a) nas exportações de matérias-primas;

    b) na indústria de alta tecnologia;

    c) na indústria manufatureira;

    d) na exportação de *commodities*;

    e) nas exportações de matérias-primas e na indústria manufatureira.

6. Qual foi o objetivo do governo chinês ao implantar a política do filho único?

7. Explique os desafios demográficos que o governo chinês deve enfrentar nas próximas décadas.

8. Interprete a frase "a China é a fábrica do mundo".

APLICAR SEUS CONHECIMENTOS

9. Leia o texto e responda às questões a seguir.

    "Quando um país se torna um fornecedor para o mundo, monopolizando mercados para si, algo de bom ou de ruim está acontecendo. Depende de como tal monopólio é utilizado. Para os Estados Unidos, a avassaladora presença da China nas economias de pelo menos 60 países (a chamada Rota da Seda) tem sido vista com preocupação. Preponderância econômica, enfim, gera dependência que, por sua vez, abre portas para uma influência militar, na visão do atual governo americano. [...]

    Os Estados Unidos confirmam abertamente tais preocupações, conforme afirmou o Secretário de Estado americano, Rex Tillerson, em sua última viagem pela América Latina, no início do mês.

    [...]

    Tillerson fala com conhecimento de causa. Após a Segunda Guerra Mundial, os Estados Unidos monopolizaram vários setores da economia mundial, aproveitando-se do fato de que países estavam em reconstrução.

    E, no rastro desta influência, vieram o fortalecimento militar americano, o desenvolvimento das indústrias de armas (até mesmo indústrias automotivas se adaptaram para a fabricação de armamentos na guerra mundial) e influência, na maioria das vezes indireta, em governos de nações temerosas em contrariar os interesses da nova potência do século 20.

    [...]

    Em relação à produção de riquezas, será quase impossível evitar que a China se torne o país com o PIB nominal mais alto do mundo a partir de 2030.

    GOUSSINSKY, Eugenio. China terá maior PIB mundial e se prepara para virar potência militar. R7. *Nosso mundo*, 23 fev. 2018. Disponível em: <https://noticias.r7.com/prisma/nosso-mundo/china-tera-maior-pib-mundial-e-se-prepara-para-virar-potencia-militar-23022018>. Acesso em: 28 jun. 2018.

    a) Por que os Estados Unidos estão preocupados com a ascensão da China como potência hegemônica mundial?

    b) Qual será um dos motivos da superação do PIB estadunidense pelo PIB chinês?

10. A partir da leitura do mapa e de seus conhecimentos, faça o que se pede.

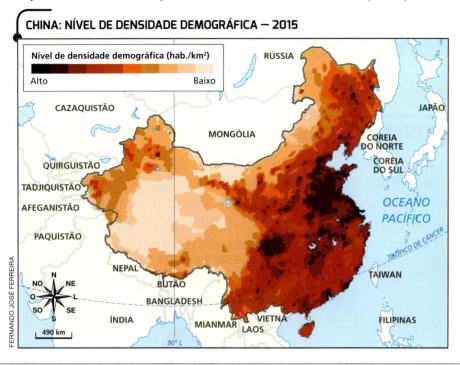

CHINA: NÍVEL DE DENSIDADE DEMOGRÁFICA — 2015

Fonte: *Atlas geográfico escolar*. 7. ed. Rio de Janeiro: IBGE, 2016. p. 70.

a) Comente a distribuição da população chinesa pelo território.

b) O que explica os vazios demográficos da China?

11. (ENEM, 2016)

"A geografia mundial da inovação sofreu uma reviravolta que mobiliza fatores humanos, financeiros e tecnológicos. Esforço humano: com 1,15 milhão de pesquisadores, a China dispõe de um potencial equivalente a 82% da capacidade norte-americana e 79% da europeia; segundo a *National Science Foundation* norte-americana, o país deverá concentrar 30% de todos os pesquisadores do mundo até 2025.

Esforço financeiro: em 2009, pela primeira vez, a China apresentou um orçamento para pesquisa que a colocou em segundo lugar no mundo — ainda bastante longe dos Estados Unidos, mas à frente do Japão.

Esforço tecnológico: em 2011, o país se tornou o primeiro depositante mundial de patentes, graças a uma estratégia nacional que visa passar do *Made in China* (produzido na China) para o *Designed in China* (projetado na China)."

CARROUÉ, L. *Desindustrialização*. Disponível em: <www.diplomatique.org.br>. Acesso em: 30 jul. 2013 (adaptado).

O texto apresenta um novo fator a ser considerado para refletir sobre o papel produtivo entre os países, representado pela:

a) aplicação da ciência e tecnologia no desenvolvimento produtivo, que aumenta o potencial inventivo.

b) ampliação da capacidade da indústria de base, que coopera para diversificar os níveis produtivos.

c) exploração da mão de obra barata, que atrai fluxo de investimentos industriais para os países.

d) inserção de pesquisas aplicadas ao setor financeiro, que incentiva a livre concorrência.

e) transnacionalização do capital industrial, que eleva os lucros em escala planetária.v

DESAFIO DIGITAL

12. Acesse o objeto digital *Deixando a terra: realocando a tradição*, disponível em <http://mod.lk/desv9u6>, e faça o que se pede.

a) O documentário aborda o deslocamento de pessoas do espaço rural para o urbano na China. Qual consequência desse movimento o objeto digital apresenta?

b) Segundo o documentário, por que é importante que as tradições não se percam com o transcorrer do tempo?

TEMA 3 — ENERGIA E QUESTÕES AMBIENTAIS

Por que a China é o país que mais investe em fontes alternativas de energia no mundo?

DEPENDÊNCIA DOS COMBUSTÍVEIS FÓSSEIS

A China é a maior produtora mundial de carvão mineral (figura 11), recurso energético que contribuiu para o acelerado crescimento econômico chinês.

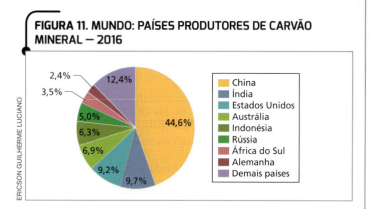

FIGURA 11. MUNDO: PAÍSES PRODUTORES DE CARVÃO MINERAL – 2016

- China: 44,6%
- Índia: 9,7%
- Estados Unidos: 9,2%
- Austrália: 6,9%
- Indonésia: 6,3%
- Rússia: 5,0%
- África do Sul: 3,5%
- Alemanha: 2,4%
- Demais países: 12,4%

Fonte: IEA. *Key world energy statistics*, 2017. IEA. p. 17. Disponível em: <https://www.iea.org/publications/freepublications/publication/KeyWorld2017.pdf>. Acesso em: 18 jun. 2018.

O carvão é a base da matriz energética do país (figura 12), usado sobretudo nas indústrias siderúrgicas e nas antigas termelétricas. Seu uso, no entanto, passou a ser questionado devido ao agravamento da poluição atmosférica e à emissão de grandes quantidades de CO_2, apontado como um dos principais responsáveis pelo aquecimento global (observe a tabela 2). Outro grave problema são as minas de carvão a céu aberto, exploradas diretamente pela população de maneira irregular, sem receber tratamento adequado. O governo chinês vem combatendo a exploração dessas minas com o fechamento de várias delas.

A China também se destaca na produção de petróleo e gás natural: em 2016, o país foi o sexto maior produtor mundial desses combustíveis fósseis. Entretanto, seu consumo é muito maior que sua capacidade de produção. O resultado é a dependência da importação, principalmente de petróleo do Oriente Médio e de gás natural da Rússia, o que torna a China mais vulnerável em termos estratégicos.

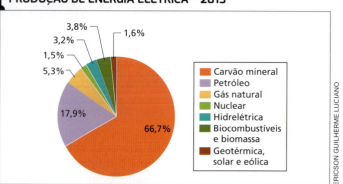

FIGURA 12. CHINA: FONTES DE ENERGIA USADAS NA PRODUÇÃO DE ENERGIA ELÉTRICA – 2015

- Carvão mineral: 66,7%
- Petróleo: 17,9%
- Gás natural: 5,3%
- Nuclear: 1,5%
- Hidrelétrica: 3,2%
- Biocombustíveis e biomassa: 3,8%
- Geotérmica, solar e eólica: 1,6%

Fonte: IEA. *Energy Statistics*. Disponível em: <http://www.iea.org/stats/WebGraphs/CHINA4.pdf>. Acesso em: 26 jun. 2018.

TABELA 2. MUNDO: MAIORES EMISSORES DE CO_2 – 2016

Países	*Mt de CO_2	% do total de emissões
China	10.151	28,1
Estados Unidos	5.312	14,7
Índia	2.431	6,7
Rússia	1.635	4,5
Japão	1.209	3,3
Alemanha	802	2,2
Irã	656	1,8
Arábia Saudita	634	1,8
Coreia do Sul	595	1,6
Resto do mundo	12.195	33,7

*1 Megatonelada [Mt] = 1.000.000 toneladas

Fonte: GLOBAL CARBON ATLAS. Disponível em: <http://www.globalcarbonatlas.org/en/CO2-emissions>. Acesso em: 26 jun. 2018.

POLUIÇÃO NA CHINA

A China se depara atualmente com sérios problemas ambientais decorrentes da poluição. Segundo o Environmental Performance Index (EPI) – *ranking* bienal elaborado por uma equipe de especialistas de universidades estadunidenses –, em 2018, a China foi classificada em 120º lugar em uma lista de 178 países com a pior qualidade do ar. As águas de rios e lagos também são afetadas pela poluição.

CONTAMINAÇÃO DAS ÁGUAS

Há anos a contaminação das águas vem sendo apontada como um dos mais graves problemas ambientais e de saúde pública na China. Com base em informações de 2016, do Ministério de Proteção Ambiental do país, 32,9% da água disponível na China era segura apenas para ser usada em processos industriais, ou seja, se encontrava imprópria para o consumo humano; e 47,3% não poderia ser utilizada nem mesmo para esse fim, dada a gravidade da contaminação.

Os produtos químicos lançados nos rios e lagos constituem a principal fonte de contaminação, pois atingem os reservatórios subterrâneos (figura 13). Muitos desses produtos são tóxicos e nocivos à saúde humana. Cerca de 80% da água subterrânea da China se encontra contaminada por produtos químicos, tais como manganês, flúor e triazóis (que são compostos usados em herbicidas).

Diante da gravidade da situação, as autoridades chinesas pretendem investir maciçamente na limpeza de rios e fontes de água potável nos próximos anos, aprimorando as leis ambientais e intensificando a fiscalização.

POLUIÇÃO ATMOSFÉRICA

Em virtude do alto consumo de combustíveis fósseis em indústrias e termelétricas e do aumento considerável do número de veículos automotores que circulam pelas populosas cidades chinesas, a poluição atmosférica se agravou. No país, as cidades mais afetadas pela neblina poluente são as que concentram indústrias de carvão e de ferro (figura 14).

Em 2016, a poluição do ar atingiu níveis considerados alarmantes e perigosos para a saúde humana em 22 cidades chinesas, incluindo a capital Pequim. Nessas cidades, os níveis de poluição atmosférica ultrapassaram em seis vezes o limite estipulado pela Organização Mundial da Saúde (OMS).

Devido à altíssima concentração de material particulado no ar, em algumas ocasiões, a população foi aconselhada a permanecer em casa, e os que saíam às ruas precisavam usar máscaras de proteção e enfrentavam baixa visibilidade por causa da espessa névoa provocada pela poluição, que encobria o céu e o Sol.

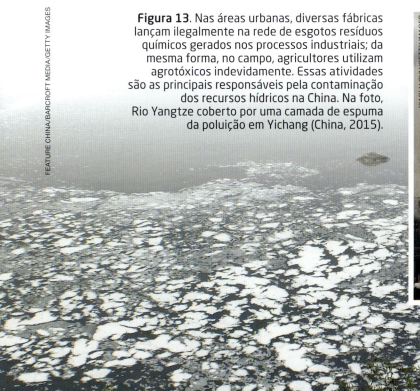

Figura 13. Nas áreas urbanas, diversas fábricas lançam ilegalmente na rede de esgotos resíduos químicos gerados nos processos industriais; da mesma forma, no campo, agricultores utilizam agrotóxicos indevidamente. Essas atividades são as principais responsáveis pela contaminação dos recursos hídricos na China. Na foto, Rio Yangtze coberto por uma camada de espuma da poluição em Yichang (China, 2015).

Figura 14. Algumas das cidades mais poluídas da China estão na província Hebei, no norte do país, que concentra um elevado número de indústrias que utilizam carvão mineral. Na foto, poluição atmosférica em um complexo industrial em Tangshan (China, 2016).

QUADRO

A poluição atmosférica e o risco de morte

De acordo com dados divulgados em 2018 pela OMS, a poluição do ar provoca, anualmente, a morte de aproximadamente 7 milhões de pessoas no mundo. A Ásia é a região que mais sofre com o problema da poluição atmosférica, uma vez que mais 70% das cidades asiáticas sofrem com a perda da qualidade do ar.

Países em desenvolvimento são apontados como os mais suscetíveis a essas ocorrências. Delhi e Mumbai, na Índia, e Pequim, na China, são reconhecidas como algumas das megacidades mais poluídas do mundo. Até 2050, estima-se que a poluição atmosférica será a principal causa das mortes prematuras por câncer de pulmão no mundo.

1. Que fatores fazem com que Pequim, na China, seja considerada uma das megacidades de países em desenvolvimento, com o ar mais poluído do mundo?
2. Em sua opinião, de que forma essa realidade pode ser revertida?

Figura 15. Chineses caminham pelas ruas de Pequim usando máscara de proteção em dia com níveis alarmantes de poluição atmosférica (China, 2017).

SOLUÇÕES PARA A POLUIÇÃO

Durante muito tempo o governo chinês priorizou o crescimento econômico em detrimento da preservação do meio ambiente. Contudo, diante dos altos níveis de poluição nas cidades chinesas, as autoridades têm buscado aplicar uma série de medidas para reverter esse cenário (figura 15).

A expectativa do governo é de que a China consiga eliminar grande parte da poluição. Até 2030, o consumo de carvão no país deverá cair em 46% e o uso de energia limpa deverá aumentar na mesma proporção. Busca-se ainda investir na melhoria da capacidade industrial, desenvolvendo novas tecnologias de produção das empresas e aumentando o rigor na proteção ambiental.

Resultados dessas ações já podem ser percebidos em algumas das principais cidades do país, com a redução da concentração de partículas de poluição no ar (figura 16).

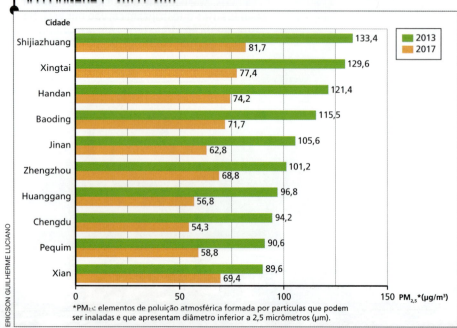

*$PM_{2,5}$: elementos de poluição atmosférica formada por partículas que podem ser inaladas e que apresentam diâmetro inferior a 2,5 micrômetros (μm).

Fonte: EPIC. *Is China Winning its War on Pollution?* p. 7. Disponível em: <https://epic.uchicago.edu/sites/default/files/UCH-EPIC-AQLI_Update_8pager_v04_Singles_Hi%20%282%29.pdf>. Acesso em: 26 jun. 2018.

INVESTIMENTOS EM ENERGIAS ALTERNATIVAS

A China é hoje um dos países líderes na produção de energias renováveis e o que mais investe nessas fontes energéticas. Somente a China é responsável por mais de 40% do crescimento da capacidade global de geração de energias renováveis (figura 17).

FIGURA 17. PAÍSES E REGIÕES SELECIONADAS: CRESCIMENTO DA CAPACIDADE DE GERAÇÃO DE ENERGIAS RENOVÁVEIS – 2011-2022

ERICSON GUILHERME LUCIANO

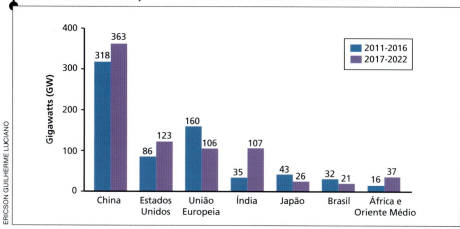

Fonte: IEA. *Renewables 2017*. Disponível em: <https://www.iea.org/publications/renewables2017/>. Acesso em: 26 jun. 2018.

O país se destaca no desenvolvimento tecnológico e na produção de equipamentos voltados para a geração de energia eólica e solar. Com relação à energia eólica, a China tem a maior capacidade instalada do planeta, com cerca de 31,2%. Quanto à energia solar, o país ocupa a primeira posição na produção mundial de equipamentos voltados à geração desse tipo de energia, respondendo por cerca de 60% da capacidade total anual de fabricação de células fotovoltaicas (figura 18). Além disso, também detém a maior capacidade instalada de geração de energia solar do mundo, com 19,6%.

A China também é líder mundial em hidreletricidade, comportando 27,5% da capacidade global instalada. No país, encontra-se a maior hidrelétrica do planeta, a usina de Três Gargantas. Construída no Rio Azul (Yang-tsé), começou a operar em 2003 com o objetivo de gerar energia limpa e auxiliar no transporte fluvial.

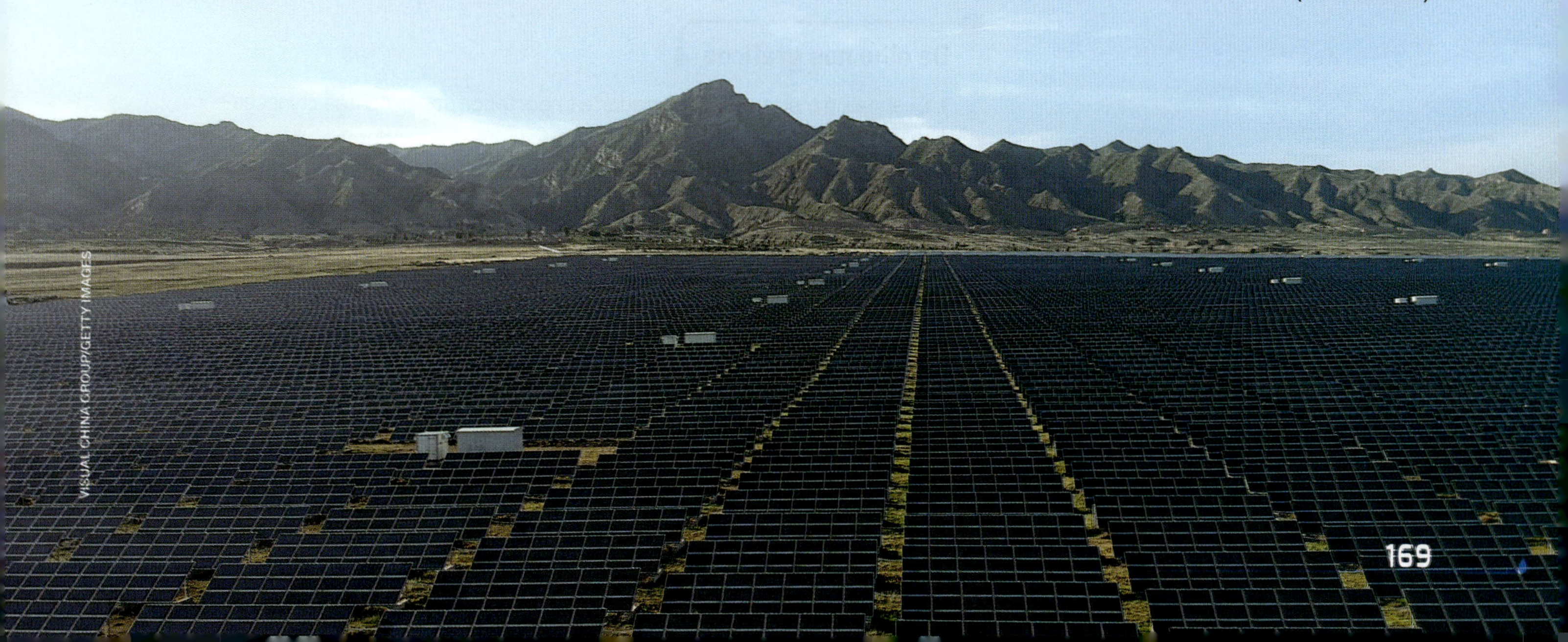

Figura 18. Painéis fotovoltaicos na estação de energia solar de Datong (China, 2018).

VISUAL CHINA GROUP/GETTY IMAGES

TEMA 4

CHINA NO COMÉRCIO MUNDIAL

Como a China se insere no comércio mundial?

COMÉRCIO INTERNACIONAL

A China é o país com maior volume de exportação do mundo. Sua entrada na Organização Mundial do Comércio (OMC), em 2001, foi fundamental para a expansão de seu comércio internacional. Na atualidade, os países para os quais a China mais exporta seus produtos são Estados Unidos, Hong Kong (Região Administrativa Especial da China), Japão, Alemanha e Coreia do Sul (figura 19). As principais origens de suas importações são Estados Unidos, Coreia do Sul, Japão e Alemanha (figura 20).

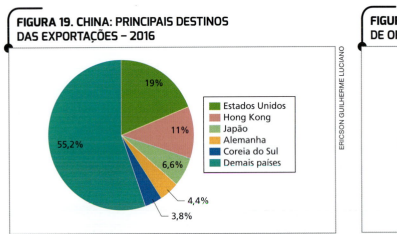

FIGURA 19. CHINA: PRINCIPAIS DESTINOS DAS EXPORTAÇÕES – 2016

- Estados Unidos: 19%
- Hong Kong: 11%
- Japão: 6,6%
- Alemanha: 4,4%
- Coreia do Sul: 3,8%
- Demais países: 55,2%

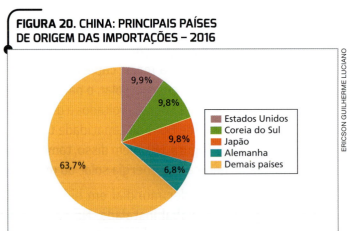

FIGURA 20. CHINA: PRINCIPAIS PAÍSES DE ORIGEM DAS IMPORTAÇÕES – 2016

- Estados Unidos: 9,9%
- Coreia do Sul: 9,8%
- Japão: 9,8%
- Alemanha: 6,8%
- Demais países: 63,7%

Fonte: THE OBSERVATORY OF ECONOMIC COMPLEXITY. Disponível em: <https://atlas.media.mit.edu/pt/profile/country/chn/>. Acesso em: 23 jun. 2018.

De olho nos gráficos

1. Qual país é o principal exportador e importador dos produtos chineses?

2. O Brasil é responsável pela importação de 1% dos produtos chineses e 3% dos produtos que a China importa provêm do Brasil. Comparando essas porcentagens com as dos outros países, como é possível classificar a participação brasileira no comércio exterior chinês?

Os maiores volumes de exportação da China são de produtos eletrônicos (unidades de disco de computadores, equipamentos de transmissão, telefones, circuitos integrados) e peças de escritório. A China importa sobretudo recursos minerais (petróleo, ouro e minério de ferro) e automóveis.

Figura 21. Taiwan é um Estado independente e possui estreitas relações comerciais com a China. Seu território compreende uma ilha principal, chamada Formosa, e outras pequenas ilhas ao redor. Durante o século XX e XXI, o governo da China manifestou em diversos momentos interesse em anexar Taiwan ao seu território. Na foto, a capital Taipé (Taiwan, 2018).

INFLUÊNCIA GLOBAL

Por ser uma das mais potentes economias do mundo atual, a China exerce papel fundamental nas relações internacionais, despontando como uma importante liderança, principalmente nos continentes asiático e africano.

Sem se alinhar com os Estados Unidos ou com a Rússia, a China mantém uma posição de independência, muitas vezes apoiando países em desenvolvimento. Como membro permanente do Conselho de Segurança da ONU, com direito a veto, sua participação nos assuntos de interesse global é importante para manter o equilíbrio de forças entre as nações.

POTÊNCIA REGIONAL

Na atualidade, China e Japão são as potências regionais do continente asiático. A China vem se tornando uma forte liderança, posição antes ocupada exclusivamente pelo Japão na Ásia. Além de exercer liderança sobre os Tigres Asiáticos e territórios adjacentes, o país também tem forte influência na Oceania, principalmente na Austrália e na Nova Zelândia, e é o principal aliado da Coreia do Norte. A China fornece armas e dinheiro para o país comunista, governado desde 1945 por uma dinastia hostil aos Estados Unidos.

As relações comerciais entre a China e o Japão são intensas, mas há uma disputa entre os dois países pela hegemonia no leste e no sudeste do continente asiático, visto que o Japão se tornou uma grande potência com base na aliança com os Estados Unidos.

Com o objetivo de explorar economicamente o Mar da China Oriental e exercer controle do tráfego marítimo na região, China e Japão disputam um conjunto de ilhas desabitadas denominadas Senkaku para os japoneses e Diaoyutai para os chineses, cujo subsolo é rico em petróleo. Além disso, a China reivindica a incorporação de Taiwan ao seu território. Veja as figuras 21 e 22.

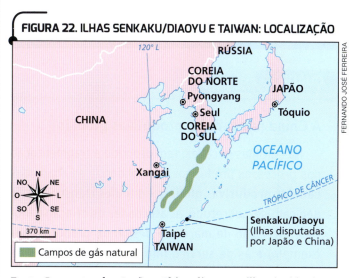

FIGURA 22. ILHAS SENKAKU/DIAOYU E TAIWAN: LOCALIZAÇÃO

Fonte: Para entender: Japão e China disputam ilhas inabitadas. *O Estado de S. Paulo*, 16 jul. 2015. Disponível em: <https://internacional.estadao.com.br/blogs/radar-global/para-entender-japao-e-china-disputam-ilhas-inabitadas/>. Acesso em: 27 jun. 2018.

COMÉRCIO ENTRE CHINA E BRASIL

Desde o início dos anos 2000, as relações comerciais entre o Brasil e a China têm se intensificado e, em 2009, a China tornou-se o principal parceiro comercial do Brasil (figura 23). Na atualidade, o país absorve quase 20% das exportações brasileiras e mais de 75% dos produtos brasileiros vendidos para os chineses são primários, utilizados na China em cadeias industriais de energia, alimentação e construção civil (figura 24).

Do lado das importações brasileiras da China, há uma grande diversidade: aparelhos de celular e seus componentes, computadores, produtos químicos, vegetais secos, entre outros. O traço em comum dos produtos chineses importados pelo Brasil é serem, em sua grande maioria, fruto de um processo de transformação industrial, laboratorial ou tecnológico.

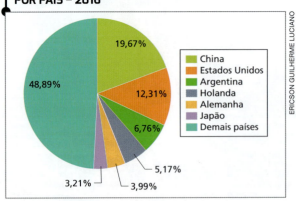

FIGURA 23. BRASIL: EXPORTAÇÕES POR PAÍS – 2016

Fonte: CENTER OF INTERNATIONAL DEVELOPMENT OF HARVARD UNIVERSITY. *Atlas of economic complexity*. Estados Unidos: Universidade de Harvard. Disponível em: <http://atlas.cid.harvard.edu/explore/?country=32&partner=undefined&product=undefined&productClass=HS&startYear=undefined&target=Partner&year=2016>. Acesso em: 28 jun. 2018.

Figura 24. A venda da soja em grão representa aproximadamente 35% da exportação brasileira para a China, enquanto o minério de ferro contabiliza cerca de 24%, o petróleo cru 12% e os derivados de celulose 5%. Na foto, transporte de soja brasileira para exportação no porto de Santos (SP, 2015).

QUADRO

A China nas cadeias produtivas globais

Nas últimas décadas, tem ocorrido a fragmentação dos processos produtivos, consolidando as chamadas **cadeias produtivas globais** – grandes transnacionais dedicam-se, sobretudo, às atividades de criação e inovação (criação de marcas e *design* de produtos, por exemplo) e às de serviço (*marketing*, estratégias de distribuição e de prestação de serviços adicionais), contratando empresas e indústrias localizadas em países em desenvolvimento para desenvolverem a fabricação e a montagem de suas mercadorias. Os processos de fabricação acabam sendo, assim, terceirizados (passados a outra empresa).

Nesse contexto internacional, as indústrias chinesas desenvolvem sobretudo a atividade de produção de acordo com as demandas externas. O país, no entanto, diversificou suas atividades produtivas e tem avançado na criação de tecnologias. O poderio econômico da China, porém, deve-se mais ao volume de sua produção industrial e de suas exportações do que ao desenvolvimento de tecnologias próprias.

MUDANÇAS NO TRABALHO

Enquanto a maior parte das exportações brasileiras para a China é de produtos primários, a China vende para o Brasil equipamentos, insumos e mercadorias que necessitam de processos e tecnologias de trabalho mais complexos, fazendo com que os produtos tenham maior valor (figura 25).

Durante muitos anos, a China foi conhecida como um país no qual os trabalhadores eram submetidos a más condições de trabalho, longas jornadas e baixos salários. No entanto, com o início da abertura comercial, ocorrida a partir do final dos anos 1970, os chineses começaram a modificar essa estrutura e, nas duas últimas décadas, investiram grandes somas de dinheiro em educação, pesquisa, desenvolvimento e inovação. O governo do país também empreendeu políticas de construção de infraestrutura, como estradas, ferrovias, distribuição de energia e sistemas de telefonia e internet. Em pouco tempo, a produtividade do trabalhador chinês superou a do trabalhador brasileiro.

Os investimentos em educação e formação profissional permitiram que a China se tornasse rapidamente uma grande exportadora de produtos industrializados e produtora de novas tecnologias. Como o Brasil optou por aplicar menos recursos nos setores estratégicos de qualificação, não conseguiu acompanhar o ritmo de competitividade dos trabalhadores chineses.

Além disso, com as cadeias globais de produção, as empresas transnacionais têm contratado trabalhadores em diferentes regiões do mundo, enfraquecendo os sindicatos na maior parte dos países (incluindo a China e o Brasil). Como consequência, tem crescido a reivindicação para que os contratos de trabalho sejam regidos por uma legislação internacional que assegure os mesmos direitos a todos os trabalhadores.

Produtividade: contribuição dos trabalhadores para o crescimento do PIB — trabalhadores mais qualificados tendem a contribuir mais para o crescimento da economia e, por isso, são considerados mais produtivos.

Figura 25. Mulheres chinesas trabalhando em empresa de tecnologia em Zhuhai (China, 2018).

A PRESENÇA CHINESA NA ÁFRICA

O acelerado crescimento econômico chinês implicou uma demanda crescente de matérias-primas e fontes de energia. Como o continente africano é rico em recursos minerais e algumas fontes energéticas, especialmente petróleo, a China passou a ter interesse político e econômico no continente.

Como consequência, nas últimas décadas a China tem financiado a instalação de empresas, obras de infraestrutura e empreendimentos locais em diversos países africanos, sobretudo no Zimbábue, Gana, Zâmbia, Sudão, Etiópia e Quênia (figura 26). Em contrapartida, esses países fornecem à China matérias-primas e fontes de energia, além da garantia de ampliação do mercado externo chinês.

A grande crítica apontada pela comunidade internacional é a de que a China não transfere tecnologia nem treina mão de obra nos locais onde investe. As equipes gerenciais e técnicas dos empreendimentos financiados pela China são formadas por chineses e aos africanos são destinados sobretudo os cargos que requerem menor nível de especialização e mão de obra menos qualificada.

Para alguns, no entanto, essa realidade começa a mudar. Há casos de chineses que fixam residência em países africanos após o término de seus contratos de trabalho e passam a prestar serviços comunitários ou dar assessoria aos habitantes locais na abertura e manutenção de empresas. Em muitas localidades, as obras de infraestrutura financiadas pelo governo chinês representam uma melhora significativa das condições locais.

Trilha de estudo
Vai estudar? Nosso assistente virtual no *app* pode ajudar!
<http://mod.lk/trilhas>

Figura 26. Trem do tipo Veículo Leve sobre Trilhos (VLT) na capital da Etiópia, Adis Abeba (2015). O projeto chinês é voltado para a locomoção rápida da população local para municípios vizinhos.

SAIBA MAIS

A nova rota da seda

"A China já começou a refazer a globalização à sua imagem. O presidente Xi Jinping anunciou que o seu governo irá investir US$ 124 bilhões (o equivalente a R$ 418 bilhões) em uma nova iniciativa para interligar a China e o resto da Ásia a partes da Europa e da África através de infraestrutura física e digital. A iniciativa Cinturão e Rota (em inglês, *One Belt One Road*, ou Obor) teria como inspiração a histórica Rota da Seda, que interligava Oriente e Ocidente e contribuiu para o desenvolvimento de civilizações complexas em diversas partes da Eurásia. Apesar da alusão histórica, o Obor é um projeto moderno, idealizado em um mundo já interconectado, e é impulsionado por uma economia emergente que não esconde mais sua ambição de tornar-se uma potência global. Longe de ser uma simples plataforma de cooperação econômica transregional, é um ambicioso projeto geopolítico; caso venha a ser colocado em prática, terá efeito cascata em todo o mundo.

Em termos de escopo, o Obor é a iniciativa econômica internacional mais ambiciosa da China desde a fundação da República Popular. A plataforma giraria em torno de dois eixos: uma via terrestre (o "cinturão"), que se estenderia da China até o norte da Escandinávia; e um corredor marítimo (a "rota"), composto de rotas comerciais. No total, a iniciativa atravessaria cerca de setenta países na Ásia, na África e na Europa, englobando nada menos que um terço do PIB mundial e 65% da população do planeta. Estima-se que um quarto de todos os bens e serviços do mundo passariam pelo Obor, que promoveria investimentos maciços em transporte e energia, tais como pontes, portos, gasodutos e ferrovias."

ABDENUR, Adriana Erthal; MUGGAH, Robert. Expansão comercial chinesa: a nova rota da seda e o Brasil. *Le monde diplomatique Brasil*, 12 jun. 2017. Disponível em: <http://diplomatique.org.br/a-nova-rota-da-seda-e-o-brasil/>. Acesso em: 26 jun. 2018.

CHINA: PROJETO OBOR – 2015

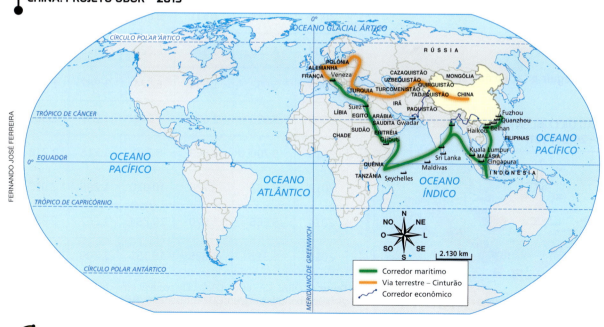

Fonte: WORLD ECONOMIC FORUM. *China's $900 billion New Silk Road. What you need to know.* Disponível em:<https://www.weforum.org/agenda/2017/06/china-new-silk-road-explainer/>. Acesso em: 26 jun. 2018.

 **ATIVIDADE**

- A que o autor da reportagem se referia ao escrever "A China já começou a refazer a globalização à sua imagem"? Explique o significado dessa frase considerando o projeto Obor.

175

ATIVIDADES

ORGANIZAR O CONHECIMENTO

1. Responda às questões relacionadas à matriz energética chinesa.
   a) Qual é a principal fonte de energia da China e a que atividades ela se destina, principalmente?
   b) Que problemas ambientais estão associados ao uso dessa fonte energética?

2. A China convive atualmente com sérios problemas relacionados à contaminação da água e à poluição do ar. Explique os principais fatores relacionados à ocorrência desses problemas.

3. Assinale as afirmações verdadeiras a respeito das relações comerciais entre China e Brasil.
   ( ) A China é o principal parceiro comercial do Brasil, tendo superado os Estados Unidos.
   ( ) A maior parte dos produtos brasileiros exportados para a China são primários.
   ( ) As exportações brasileiras para a China são muito importantes para a balança comercial brasileira e pouco relevantes para a balança comercial chinesa.

APLICAR SEUS CONHECIMENTOS

4. Observe o mapa a seguir e faça o que se pede.

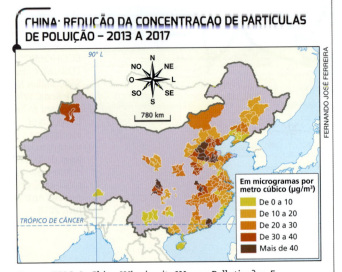

Fonte: EPIC. Is China Winning its War on Pollution? p. 5. Disponível em: <https://epic.uchicago.edu/sites/default/files/UCH-EPIC-AQLI_Update_8pager_v04_Singles_Hi%20%282%29.pdf>. Acesso em: 26 jun. 2018.

   a) Estabeleça uma relação entre esse mapa e o da atividade 10, na página 165.
   b) Como a atividade industrial se relaciona com a poluição atmosférica na China?
   c) Embora tenha havido reduções significativas das concentrações de partículas de poluição em algumas cidades da China, a poluição do ar ainda é um grave problema ambiental no país. Que medidas são previstas para que essas reduções continuem no futuro?

5. Utilize as informações da tabela e organize um gráfico de linhas para representar a evolução dos cinco maiores emissores de CO_2 do mundo. Após a elaboração do gráfico, responda às questões abaixo.

MUNDO: MAIORES EMISSORES DE CO_2 (EM MT) – 2000 A 2016					
Anos	Estados Unidos	Rússia	China	Japão	Índia
2000	6.001	1.504	3.402	1.276	1.031
2002	5.944	1.531	3.847	1.296	1.053
2004	6.105	1.575	5.229	1.300	1.153
2006	6.052	1.654	6.524	1.287	1.303
2008	5.933	1.658	7.547	1.237	1.567
2010	5.700	1.663	8.769	1.215	1.718
2012	5.362	1.728	10.020	1.298	2.017
2014	5.566	1.670	10.284	1.267	2.237
2016	5.312	1.635	10.151	1.209	2.431

Fonte: GLOBAL CARBON ATLAS. Disponível em: <http://www.globalcarbonatlas.org/en/CO2-emissions>. Acesso em: 26 jun. 2018.

   a) Que mudanças podem ser constatadas no decorrer do período representado?
   b) Qual é a relação entre o desenvolvimento econômico vivenciado pela China nos últimos anos e o aumento das emissões de CO_2?

6. O gráfico abaixo representa informações sobre o nível de produtividade dos trabalhadores dos países-membros do Brics, do qual o Brasil faz parte. Com base nesses dados, faça o que se pede.

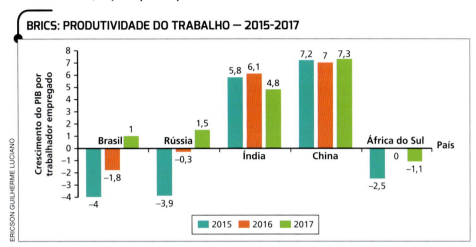

Fonte: THE CONFERENCE BOARD. Total Economy database – march 2018. Disponível em: <https://www.conference-board.org/retrievefile.cfm?filename=TED_SummaryTables_Charts_march20181.pdf&type=subsite>. Acesso em: 27 jun. 2018.

a) Dos países do Brics, entre 2015 e 2017, qual apresentou os índices de produtividade mais baixos?

b) Explique e justifique as diferenças de produtividade entre os trabalhadores brasileiros e os chineses entre 2015 e 2017.

7. Observe a foto, leia a legenda e caracterize as importações brasileiras de produtos chineses.

Navio carregado de contêineres com mercadorias chinesas chegando ao porto de Santos (Brasil, 2012).

8. Pesquise em livros ou na internet informações sobre a cadeia global de produção de um *smartphone*. Na pesquisa, procure dados sobre os seguintes aspectos:
- nacionalidade da empresa que detém a marca do produto;
- etapas da cadeia produtiva e os países onde são desenvolvidas;
- matérias-primas utilizadas e onde são obtidas;
- impactos ambientais envolvidos na obtenção das matérias-primas e na fabricação do *smartphone*.

Após a coleta e o registro dos dados, produza um texto com o seguinte tema: A cadeia de produção de um *smartphone* e os impactos ambientais que provoca.

 Mais questões no livro digital

177

REPRESENTAÇÕES GRÁFICAS

Mapa de síntese: indicadores

Um mapa de síntese integra diversas informações correlatas para explicar um fenômeno e embasar uma conclusão, apresentada por meio de um produto cartográfico.

Para construir um mapa de síntese, os técnicos fazem o levantamento e o cruzamento de vários dados, dos mais diversos tipos e origens. No exemplo a seguir, o objetivo do estudo foi elaborar um *ranking* de 80 países, classificando-os como bons ou ruins para o nascimento de crianças.

No levantamento, cada país foi marcado com base em onze indicadores, como igualdade de gênero, expectativa de vida, taxas de divórcio, inflação, alfabetização, escolaridade, PIB *per capita*, respeito aos direitos humanos e até alterações climáticas classificadas por temperaturas e chuvas mensais. Foram dadas notas de 0 a 10 a cada um dos critérios e, com o apoio de ferramentas de análises estatísticas, deram uma nota final a cada país. Os países foram então classificados em um *ranking*.

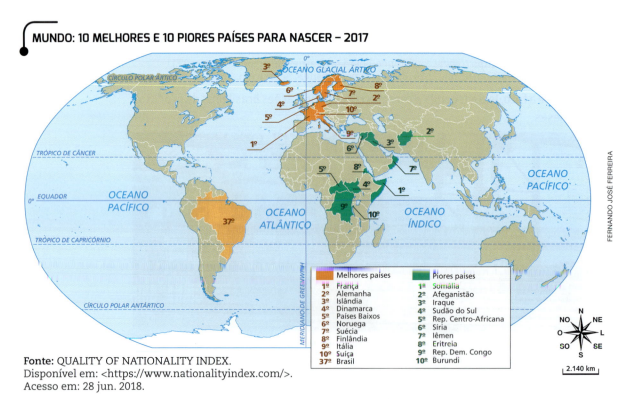

MUNDO: 10 MELHORES E 10 PIORES PAÍSES PARA NASCER – 2017

Melhores países: 1º França; 2º Alemanha; 3º Islândia; 4º Dinamarca; 5º Países Baixos; 6º Noruega; 7º Suécia; 8º Finlândia; 9º Itália; 10º Suíça; 37º Brasil.

Piores países: 1º Somália; 2º Afeganistão; 3º Iraque; 4º Sudão do Sul; 5º Rep. Centro-Africana; 6º Síria; 7º Iêmen; 8º Eritreia; 9º Rep. Dem. Congo; 10º Burundi.

Fonte: QUALITY OF NATIONALITY INDEX. Disponível em: <https://www.nationalityindex.com/>. Acesso em: 28 jun. 2018.

ATIVIDADES

1. Que dados embasaram a conclusão dos estudiosos em relação a cada um dos países? Seria possível fazer mapas analíticos utilizando cada dado separadamente?

2. Dos itens utilizados para classificar os países como bons ou ruins para uma pessoa nascer, quais podem ser considerados dados econômicos e quais podem ser considerados dados sociais?

3. Comente a posição do Brasil nesse *ranking*.

ATITUDES PARA A VIDA

Futebol nas escolas chinesas

O ensino do futebol nas escolas da China faz parte das metas educacionais do país. De acordo com o governo, o objetivo é levar o treinamento intensivo do esporte a 50 mil colégios até o ano de 2025. Leia o texto para entender o que está por trás dessa política adotada pelos chineses.

> "[...] A política de promoção do futebol nas escolas visa ao desenvolvimento sustentado do esporte no país, conhecido pela excelência em modalidades como tênis de mesa, natação e ginástica olímpica. 'Queremos melhorar a saúde dos alunos e fundar uma base sólida para o desenvolvimento do futebol na China' [...].
>
> A diretora da escola [...] conta que a equipe de futebol do colégio alcança os primeiros lugares nos pódios dos campeonatos escolares regionais por causa do treinamento intenso, do investimento na capacitação dos professores de educação física e em bons equipamentos esportivos, como campo e iluminação de quadra [...].
>
> A ideia, segundo a diretora, é descobrir talentos para o futebol desde o ensino fundamental e apoiá-los para que se profissionalizem na carreira. Entre os planos da escola para a promoção do esporte, figuram a contratação de treinadores estrangeiros, a intensificação do intercâmbio com os clubes profissionais do país e a montagem de uma equipe de futebol feminino".

CAMPOS, Ana Cristina. Promoção do futebol nas escolas é política de Estado na China. *Portal EBC*: Agência Brasil, 16 jul. 2017. Disponível em: <http://agenciabrasil.ebc.com.br/geral/noticia/2017-07/promocao-do-futebol-nas-escolas-e-politica-de-estado-na-china>. Acesso em: 27 jun. 2018.

Alunos chineses praticam futebol em uma escola em Shandong (China, 2015).

ATIVIDADES

1. De acordo com o texto, a China é conhecida pelo primor em modalidades esportivas como tênis de mesa, natação e ginástica olímpica. Ao incentivar nas escolas a prática de um esporte diferente e pouco difundido no país, o governo aplica uma das atitudes trabalhadas no livro. Assinale a alternativa que indique essa atitude e justifique a sua escolha.

    (   ) **Assumir riscos com responsabilidade.**

    (   ) **Pensar e comunicar-se com clareza.**

    (   ) **Pensar com flexibilidade.**

2. As estratégias adotadas pela escola são **pensadas de maneira interdependente**, pois há um intercâmbio entre clubes profissionais, treinadores estrangeiros e a direção do colégio. Qual é a importância dessa atitude nesse contexto?

3. De que forma é possível observar a atitude **esforçar-se por exatidão e precisão** sendo aplicada pelos alunos da escola? Essa atitude já foi aplicada por você e seus colegas na sala de aula? Relate uma situação em que isso ocorreu.

COMPREENDER UM TEXTO

Além da crescente participação no cenário econômico global, a China também vem ampliando seu grau de influência em outras esferas. Nas últimas décadas, o país tem aumentado os gastos no setor militar e investido significativamente no desenvolvimento de tecnologias de ponta, especialmente no setor da exploração do espaço. O país tem estabelecido metas ambiciosas em seu projeto espacial, desenvolvendo pesquisas em inúmeras universidades e centros especializados. Atualmente, a China constitui-se em uma referência na produção mundial de ciência.

A presença chinesa no espaço

"A China colocou seu primeiro satélite próprio em órbita em 1970. O modelo, chamado de *Dong Fang Hong I*, foi resultado direto da corrida espacial travada entre Estados Unidos e URSS durante o período que ficou conhecido como Guerra Fria. Ao longo das décadas de 1950 e 1960, os dois Estados cederam tecnologias para que o governo chinês refinasse seu processo de construção de foguetes e mísseis, expandindo seu programa espacial.

As iniciativas chinesas no espaço começam a ganhar destaque nos anos 2000. Após uma série de falhas de lançamento de protótipos na década de 1990, o país asiático enviou seu primeiro humano no espaço em 2003. A bordo da nave Shenzhou 5, o astronauta Yang Liwei orbitou a Terra por 21 horas. Com a viagem, a China tornou-se o terceiro país a realizar a façanha de maneira independente. [...]

Apesar do histórico de cooperação entre a China e órgãos espaciais estrangeiros – há, por exemplo, um projeto em desenvolvimento com a ESA (Agência Espacial Europeia) para 2021 – o país asiático foi barrado recentemente do principal esforço conjunto de exploração espacial, a ISS (sigla em inglês para Estação Espacial Internacional).

A China não participa das atividades desenvolvidas na ISS desde 2011. O projeto é administrado por vários órgãos espaciais (dentre eles a Nasa, a ESA e a Roskosmos, agência espacial russa) e funciona como uma espécie de laboratório, recriando estudos da vida espacial com condições mais próximas à realidade. À época, o argumento utilizado pelos Estados Unidos era de que o programa espacial chinês tinha bases excessivamente militares, o que poderia representar um risco para os países associados.

A tendência é que a China comece a centralizar um número cada vez maior das etapas de produção. O objetivo do governo é produzir por conta própria 70% dos materiais utilizados em projetos espaciais (desde condutores até *softwares*) até 2025. De forma independente, o país mantém uma série de metas e projetos de exploração espacial em desenvolvimento, ou que serão postos em prática já nos próximos anos".

ELER, Guilherme. Em que estágio se encontra o programa espacial chinês. *Nexo Jornal*, 4 abr. 2018. Disponível em: <www.nexojornal.com.br/expresso/2018/04/04/Em-que-est%C3%A1gio-se-encontra-o-programa-espacial-chin%C3%AAs>. Acesso em: 27 jun. 2018.

ATIVIDADES

OBTER INFORMAÇÕES

1. Em qual momento e de que forma a China enviou o primeiro ser humano ao espaço?

2. Quais foram as razões apresentadas pelos Estados Unidos para barrar a China nas pesquisas espaciais que vêm sendo desenvolvidas na ISS?

INTERPRETAR

3. Quais países estão envolvidos nas atividades de exploração espacial da ISS? Quais são os interesses desses países em liderar as pesquisas espaciais?

4. Quais são os interesses das superpotências da Guerra Fria no programa espacial chinês?

REFLETIR

5. Explique de que forma o desenvolvimento do programa espacial chinês reflete a recente posição do país no cenário geopolítico global.

PESQUISAR

6. Além do radiotelescópio FAST inaugurado em 2016, a China mantém uma série de projetos previstos para as próximas décadas com o objetivo de continuar desenvolvendo o programa espacial do país. Pesquise dois desses projetos e traga o material para ser compartilhado e discutido com o professor e os demais colegas de turma, em sala de aula.

UNIDADE 7
JAPÃO E TIGRES ASIÁTICOS

Após o final da Segunda Guerra Mundial, o Japão desenvolveu-se economicamente e se tornou uma potência capitalista, baseada sobretudo no crescimento da atividade industrial nos moldes ocidentais. Posteriormente, outros países asiáticos desenvolveram seus setores industriais, ficando conhecidos como Tigres Asiáticos. Em algumas décadas, a evolução dos índices sociais do Japão e dos Tigres Asiáticos mostrou que as condições de vida da população tinham apresentado uma melhora muito significativa. Entre os Tigres, atualmente merece destaque a Coreia do Sul pelos seus altos níveis educacionais.

Após o estudo desta Unidade, você será capaz de:
- identificar as principais características da ocupação do território japonês;
- analisar as atividades econômicas realizadas no Japão e os fatores históricos relacionados ao desenvolvimento econômico do país;
- descrever as características dos países que integram os Tigres Asiáticos;
- relacionar o desenvolvimento socioeconômico da Coreia do Sul aos investimentos em educação realizados no país.

ATITUDES PARA A VIDA
- Assumir riscos com responsabilidade.
- Escutar os outros com atenção e empatia.
- Pensar e comunicar-se com clareza.

COMEÇANDO A UNIDADE

1. Quais são as razões da elevada concentração populacional que ocorre em cidades japonesas como Tóquio, Osaka ou Kawasaki?

2. A produção industrial com alto grau de tecnologia é uma característica da economia japonesa. Que tecnologias são especialmente desenvolvidas no Japão?

3. O porto de Cingapura é um dos portos com maior movimento de contêineres do mundo. Você sabe por quê?

Pessoas caminhando em um dos cruzamentos de ruas mais movimentados do mundo, no distrito de Shibuya, em Tóquio, capital do Japão (2018).

Na cidade japonesa de Tsukuba, estão localizados diversos institutos de pesquisa tecnológica do país. Na foto, satélite construído em Tsukuba para tornar mais precisas as informações de GPS no Japão (2017).

Vista do porto de Cingapura em 2017. No primeiro plano, observa-se grande quantidade de contêineres e os guindastes utilizados para o embarque e desembarque nos navios.

TEMA 1 — JAPÃO: ESPAÇO E POPULAÇÃO

> Por que a pequena extensão territorial do Japão representa um desafio para o país?

O ARQUIPÉLAGO JAPONÊS

O arquipélago japonês é formado por quatro grandes ilhas: **Honshu**, **Hokkaido**, **Kyushu** e **Shikoku**, além de milhares de outras pequenas ilhas, em sua maioria desabitadas. Localizado na porção leste da Ásia, o país tem uma extensão territorial de 377.962 km².

A maior parte do relevo do Japão é constituída de montanhas, algumas com mais de 3 mil metros de altitude, o que dificulta a ocupação humana. Apenas 15% do território japonês é formado por planícies (figura 1).

FIGURA 1. JAPÃO: FÍSICO

Fonte: FERREIRA, Graça M. L. Atlas geográfico: espaço mundial. 4. ed. São Paulo: Moderna, 2013. p. 106.

CÍRCULO DE FOGO DO PACÍFICO

O Japão está localizado no **Círculo de Fogo do Pacífico**, na região de encontro das placas tectônicas Euro-asiática, do Pacífico, Norte-americana e das Filipinas. Trata-se de uma área de 40 mil quilômetros de extensão, de grande instabilidade tectônica, que circunda o norte do Oceano Pacífico, onde ocorrem inúmeros terremotos e há intensa atividade vulcânica.

Muitos abalos sísmicos que acontecem no Japão e nas áreas próximas são imperceptíveis aos seres humanos, porém alguns apresentam grande magnitude, gerando intensos terremotos (figura 2); além disso, a área é sujeita à formação de *tsunamis*. Esses fenômenos naturais trazem como principais consequências mortes, bloqueio de estradas, queda de energia e desabamento de construções.

Figura 2. Em junho de 2018, um terremoto de grande magnitude, com epicentro na ilha de Honshu, atingiu principalmente Osaka, a segunda maior cidade do Japão. Na foto, parte de templo budista destruído pelo terremoto em Osaka (Japão, 2018).

PREVENÇÃO CONTRA CATÁSTROFES NATURAIS

Como medida de segurança, no Japão, as construções são erguidas com alicerces especiais e materiais reforçados para evitar que desmoronem quando atingidas por fortes abalos sísmicos. Existe ainda um sofisticado sistema que alerta a população da chegada de um *tsunami*, e toda a população recebe instruções de como agir para se proteger em casos de tremor de terra.

No Japão, as pessoas têm um *kit* de sobrevivência para terremotos, contendo remédios, alimentos e documentos, entre outros itens. Quando ocorre um terremoto, elas são orientadas a abandonar o local onde se encontram e se dirigir para espaços abertos ou se proteger debaixo de um móvel, longe de lugares com vidros.

EXTENSÃO TERRITORIAL

A pequena extensão do território japonês é uma questão que vem sendo resolvida por meio da tecnologia. O aterramento de baías é um recurso utilizado para a criação de novos espaços. O aeroporto internacional de Narita, em Tóquio, por exemplo, foi construído sobre uma área aterrada. Essa solução é adotada por muitas empresas, que implantam novas unidades em aterros feitos no mar e em ilhas artificiais (figura 3).

Hoje se propõe o uso de balsas flutuantes, uma tecnologia mais moderna e barata que permite o avanço da ocupação humana sobre o mar. No país também tem crescido o número de construções subterrâneas, como estacionamentos, para desafogar o trânsito.

> **PARA PESQUISAR**
>
> • **Meteorological Agency**
> <www.jma.go.jp/jma/en/menu.html> (em inglês e japonês)
>
> O *site* reúne um conjunto de informações sobre terremotos, além de disponibilizar dados da rede de monitoramento dos abalos sísmicos no Japão.

Alicerce: base de alvenaria sobre a qual se assentam as estruturas externas de uma construção; fundação.

Figura 3. Construída entre 1973 e 1992, a Ilha Rokko, em Kobe, é uma ilha artificial que abrange uma área de 5,8 km². Nela existem instalações portuárias, além de diversos empreendimentos comerciais e de serviços, destacando-se a presença da Universidade Internacional de Kobe. Na foto, vista panorâmica da Ilha Rokko (Kobe, 2016).

POPULAÇÃO

De acordo com estatísticas oficiais do governo japonês, em 2016, no território do Japão viviam 126,9 milhões de pessoas, concentradas em sua maioria nas estreitas áreas de planície. A densidade demográfica nessas áreas é alta: cerca de 340,8 hab./km², e em algumas regiões a densidade supera os 1.000 hab./km², como é o caso da Região Metropolitana de Tóquio (figura 4).

Em 2015, o Japão era o país que apresentava a mais elevada **expectativa de vida** do mundo: 80,8 anos para os homens e 87,1 anos para as mulheres.

Nesse país, a **taxa de fecundidade** tem decrescido ao longo das últimas décadas e atualmente se encontra em 1,4 filho por mulher – a previsão é de que essa taxa se mantenha nas próximas décadas (figura 5). Consequentemente, o **crescimento populacional** é negativo (–0,1%) e deverá ser de –0,5% em 2030, uma vez que o total de nascimentos não é capaz de repor a população atual. Estima-se que em 2030 a população japonesa terá passado de 126,9 milhões de habitantes (em 2016), para 119,1 milhões. Ou seja, em números absolutos, a população do Japão voltará a ser o que era na década de 1980 (tabela 1).

FIGURA 5. JAPÃO: TAXA DE FECUNDIDADE – 1950-2016

Fonte: JAPAN. *Statistical Handbook of Japan 2017*. Statistics Bureau – Ministry of Internal Affairs and Communications, p. 16. Disponível em: <http://www.stat.go.jp/english/data/handbook/pdf/2017all.pdf#page=1>. Acesso em: 30 jun. 2018.

> **De olho no gráfico**
> A taxa de fecundidade da população japonesa teve uma grande queda em qual década? O que pode explicar esse fato?

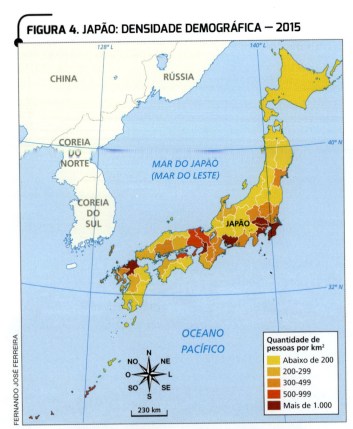

FIGURA 4. JAPÃO: DENSIDADE DEMOGRÁFICA – 2015

Fonte: JAPAN. *Statistical Handbook of Japan 2017*. Statistics Bureau – Ministry of Internal Affairs and Communications, p. 20. Disponível em: <http://www.stat.go.jp/english/data/handbook/pdf/2017all.pdf#page=1>. Acesso em: 30 jun. 2018.

TABELA 1. JAPÃO: INDICADORES DEMOGRÁFICOS – 1980-2030

Ano	População (em milhões de habitantes)	Crescimento demográfico (em %)
1980	117,1	0,90
1985	121,0	0,67
1990	123,6	0,42
1995	125,6	0,31
2000	126,9	0,21
2005	127,8	0,13
2010	128,1	0,05
2016	126,9	–0,13
2020*	125,3	–0,32
2030*	119,9	–0,51

* Estimativa

Fonte: JAPAN. *Statistical Handbook of Japan 2017*. Statistics Bureau – Ministry of Internal Affairs and Communications, p. 10. Disponível em: <http://www.stat.go.jp/english/data/handbook/pdf/2017all.pdf#page=1>. Acesso em: 30 jun. 2018.

POPULAÇÃO ENVELHECIDA

O **envelhecimento da população** e as **taxas negativas de crescimento populacional** são desafios para o Japão. Ao mesmo tempo que aumentam as despesas com a saúde e os custos sociais dos idosos, a população economicamente ativa (PEA) diminui. Observe na figura 6 a pirâmide etária do Japão em 2018 e a projeção para 2050.

EDUCAÇÃO, CULTURA E TRABALHO

A cultura e as tradições milenares são extremamente arraigadas na sociedade japonesa. Valores como respeito, obediência e disciplina são muito presentes e a qualidade da educação é muito valorizada.

A cultura corporativa japonesa, ou seja, as relações entre funcionários e empresa, é diferente da ocidental. Existe um forte vínculo de lealdade entre o trabalhador e a empresa, que, frequentemente, o mantém empregado por toda a vida. Os valores da sociedade se reproduzem no contexto do trabalho, fazendo com que os trabalhadores tenham uma postura obediente e pouco reivindicativa.

A MULHER NA SOCIEDADE JAPONESA

Por muito tempo, na sociedade japonesa, a mulher teve um papel tradicional. Historicamente, cabia a ela cuidar da casa e dos filhos. Diante das dificuldades de acesso e integração da mulher no mercado de trabalho e das mudanças de seu papel na sociedade, em 1999, o governo japonês promulgou leis com o objetivo de reduzir essas diferenças. Entretanto, apesar disso, as mulheres, em geral, ainda ganham menos do que os homens em cargos similares, e muitas abandonam a vida profissional para cuidar dos filhos.

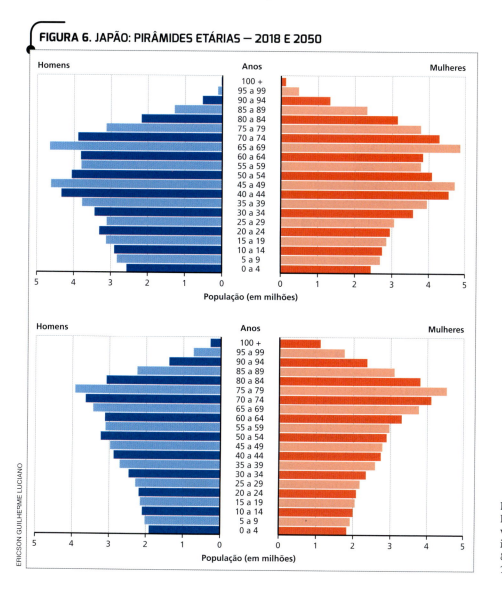

FIGURA 6. JAPÃO: PIRÂMIDES ETÁRIAS — 2018 E 2050

Fonte: UNITED STATES CENSUS BUREAU. Disponível em: <https://www.census.gov/data-tools/demo/idb/region.php?N=%20Results%20&T=12&A=separate&RT=0&Y=2018&R=-1&C=JA>. Acesso em: 30 jun. 2018.

TEMA 2

JAPÃO: POTÊNCIA DO ORIENTE

O que faz o Japão ser considerado uma potência?

GEOPOLÍTICA DO LESTE DA ÁSIA

Nesse início do século XXI, Japão e China são as duas potências do Oriente. Hoje em dia, essas nações disputam um grupo de ilhas no Mar da China Oriental – atualmente administradas pelo Japão –, denominadas **Senkaku** pelos japoneses e **Diaoyutai** pelos chineses. Essas ilhas são disputadas pelo fato de estarem situadas próximas de importantes rotas marítimas e potenciais reservas de petróleo e gás, além de serem áreas ricas para a pesca. Em meio à crescente competição entre Estados Unidos e China no Pacífico, a região ganha cada vez mais importância geopolítica em razão de sua localização estratégica (figura 7).

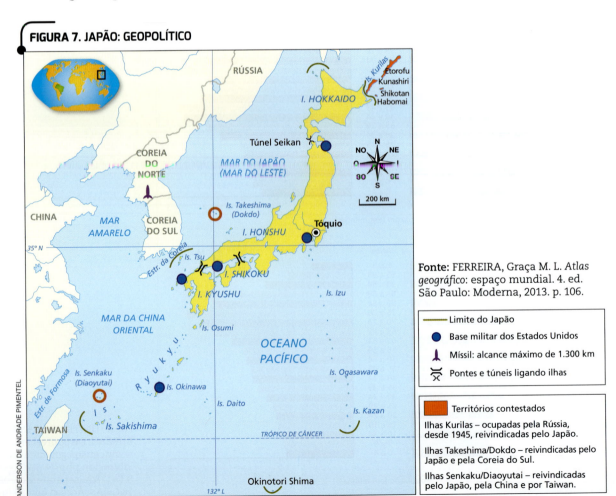

FIGURA 7. JAPÃO: GEOPOLÍTICO

Fonte: FERREIRA, Graça M. L. *Atlas geográfico*: espaço mundial. 4. ed. São Paulo: Moderna, 2013. p. 106.

— Limite do Japão
● Base militar dos Estados Unidos
✈ Míssil: alcance máximo de 1.300 km
⌇ Pontes e túneis ligando ilhas

▯ Territórios contestados

Ilhas Kurilas – ocupadas pela Rússia, desde 1945, reivindicadas pelo Japão.

Ilhas Takeshima/Dokdo – reivindicadas pelo Japão e pela Coreia do Sul.

Ilhas Senkaku/Diaoyutai – reivindicadas pelo Japão, pela China e por Taiwan.

IMPERIALISMO JAPONÊS

No final do século XIX, o Japão já despontava como potência econômica e militar. No entanto, a crescente industrialização japonesa logo enfrentou um sério problema: a falta de matérias-primas. Era preciso importar a maior parte dos recursos minerais e energéticos para abastecer as indústrias.

Diante da carência de recursos, teve início o **expansionismo japonês** na Ásia. China, Coreia, áreas do Sudeste Asiático e ilhas do Pacífico foram invadidas a fim de assegurar o domínio sobre extensas reservas desses recursos.

No contexto da política imperialista do Japão, o controle sobre essas regiões também era essencial para garantir a livre navegação das embarcações japonesas que traziam matérias-primas e distribuíam produtos industrializados para toda a Ásia.

FIM DA SUPREMACIA JAPONESA

O imperialismo japonês no Pacífico se chocava com os interesses econômicos e políticos dos Estados Unidos, que também haviam despontado como potência industrial no início do século XX.

Em dezembro de 1941, durante a Segunda Guerra Mundial (1939-1945), o Japão bombardeou o porto de Pearl Harbor, base militar estadunidense, localizado no estado do Havaí. Imediatamente, os Estados Unidos declararam guerra ao Japão. Após anos de intensos conflitos no Pacífico, a partir de 1943 as forças aliadas começaram a reconquistar os territórios que haviam sido invadidos pelo Japão durante sua expansão imperialista (figura 8).

PARA ASSISTIR

- **Pearl Harbor**
  Direção: Michel Bay. Estados Unidos, 2001.

  O filme aborda o ataque japonês a Pearl Harbor, no Havaí, em dezembro de 1941. A ofensiva da Força Aérea japonesa foi uma surpresa para os estadunidenses, totalmente despreparados para o contra-ataque, provocando o caos. Esse acontecimento levou os Estados Unidos a entrar na Segunda Guerra Mundial.

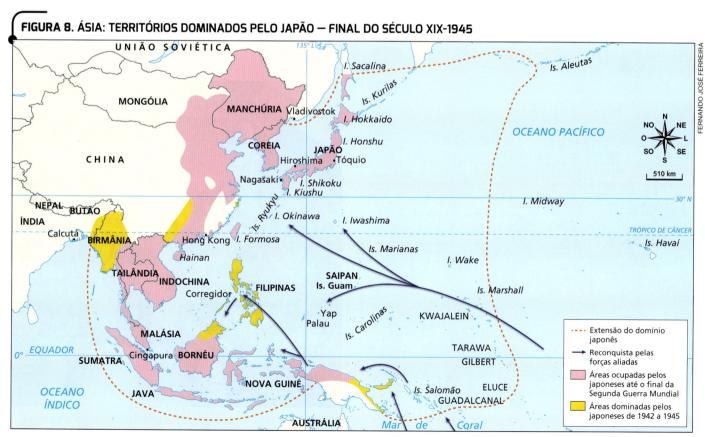

FIGURA 8. ÁSIA: TERRITÓRIOS DOMINADOS PELO JAPÃO – FINAL DO SÉCULO XIX-1945

Fonte: *Atlas histórico escolar*. 7. ed. Rio de Janeiro: Fename, 1979. p. 140.

A BOMBA NUCLEAR E O FIM DA GUERRA NO PACÍFICO

Mesmo com o fim da guerra na Europa, em 8 de maio de 1945, Japão e Estados Unidos não entraram em acordo para selar o fim do conflito no Pacífico. Em 6 de agosto de 1945, os Estados Unidos lançaram uma **bomba nuclear** sobre a cidade de Hiroshima, causando a morte de mais de 100 mil pessoas. Três dias depois, um segundo ataque nuclear atingiu a cidade de Nagasaki, deixando ao menos 70 mil mortos e cerca de 25 mil feridos (figura 9).

Os bombardeios atômicos levaram à rendição do Japão, e os Estados Unidos impuseram aos vencidos várias reformas políticas, sociais e econômicas, além de promulgar uma nova Constituição, em que proibiam o arquipélago de possuir forças armadas. A partir daí, o Japão se tornou o principal aliado estadunidense na Ásia.

O "MILAGRE ECONÔMICO"

Com a vitória da Revolução Comunista na China, em 1949, os Estados Unidos investiram bilhões de dólares para evitar o avanço do comunismo na Ásia; além disso, buscaram garantir sua presença militar na região. Em 1954, Japão e Estados Unidos firmaram um pacto que garantia proteção militar estadunidense ao território japonês. Os Estados Unidos, por sua vez, investiram na recuperação econômica do Japão, de tal modo que, na década de 1960, o país já se destacava como um grande produtor mundial de bens de consumo. Em 1970, o arquipélago já era uma potência industrial.

Fatores internos também contribuíram para a reconstrução do Japão, como a disponibilidade de mão de obra qualificada e barata, que crescia com o êxodo rural, e a cultura japonesa da obediência, da lealdade à família e da disciplina, levada para as fábricas e os escritórios.

Com a modernização da infraestrutura de transportes, o Japão deixou de importar tecnologia e se tornou um dos principais polos tecnológicos do mundo (figura 10).

PARA LER

- **Hiroshima**
  John Hersey. São Paulo: Cia. das Letras, 2002.

  Registro com base nos depoimentos de seis sobreviventes do ataque nuclear sofrido pelo Japão em agosto de 1945, cerca de um ano após a ocorrência da tragédia. Passados 40 anos, o repórter voltou a entrevistá-los, concluindo o livro com esses relatos.

Figura 9. Paisagem da cidade de Hiroshima após o lançamento da bomba atômica pelos Estados Unidos em 1945. A maioria dos edifícios foi completamente destruída.

Figura 10. A robotização das fábricas foi decisiva para o ganho de competitividade das indústrias japonesas. Na foto, indústria automobilística na cidade de Toyota (Japão, 2017).

INDÚSTRIA E TECNOLOGIA

É na atividade industrial que se concentra a força econômica do Japão. O país é um dos mais importantes produtores mundiais em quase todos os ramos industriais, destacando-se nos seguintes:

- **siderúrgico:** para o qual depende de importações de matéria-prima, principalmente da Ásia, da América do Sul e da Austrália (figura 11);
- **automobilístico:** com um sistema de produção que emprega robótica e oferece alta qualidade, é um dos líderes de venda no mundo;
- **eletroeletrônico:** com destaque para equipamentos de imagem e som, transmissão de dados digitais e microcircuitos;
- **naval:** o país é um dos maiores construtores de navios do mundo;
- **têxtil:** especialista em novas fibras artificiais.

INVESTIMENTO EM PESQUISA E DESENVOLVIMENTO

No Japão, as indústrias de alta tecnologia, voltadas para as áreas de microeletrônica, informática, biotecnologia e telecomunicações, entre outras, se concentram próximas às cidades de Tóquio e de Osaka. O Japão é um dos países que mais investem em pesquisa e desenvolvimento (P&D) como parcela do PIB (tabela 2). É a terceira maior economia do mundo, e um grande volume de recursos financeiros é destinado à P&D, o que contribui para que o país seja um dos líderes mundiais na produção de tecnologia. Atualmente, o Japão ocupa a segunda posição no *ranking* dos países que mais detêm patentes em vigor no mundo (figura 12).

Figura 11. Segundo a *World Steel Association*, o Japão ocupava a segunda posição no *ranking* dos maiores produtores de aço do mundo em 2016, com uma produção de 104,8 milhões de toneladas, atrás apenas da China, que produziu 807,6 milhões de toneladas no mesmo ano. Na foto, siderúrgica na cidade de Ibaraki (Japão, 2018).

Patente: direito de propriedade que garante ao autor ou à empresa a propriedade e a exclusividade de uso do que foi inventado, desenvolvido e/ou produzido.

De olho no gráfico

Considerando a realidade do Japão, explique a relação entre investimento em pesquisa e desenvolvimento (tabela 2) e o número de patentes do país.

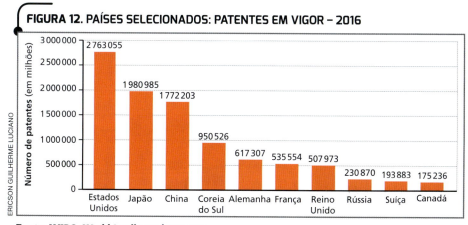

FIGURA 12. PAÍSES SELECIONADOS: PATENTES EM VIGOR – 2016

- Estados Unidos: 2 763 055
- Japão: 1 980 985
- China: 1 772 203
- Coreia do Sul: 950 526
- Alemanha: 617 307
- França: 535 554
- Reino Unido: 507 973
- Rússia: 230 870
- Suíça: 193 883
- Canadá: 175 236

Fonte: WIPO. *World Intellectual Property Indicators 2017*. Disponível em: <https://data.worldbank.org/indicator/GB.XPD.RSDV.GD.ZS>. Acesso em: 2 jul. 2018.

TABELA 2. PAÍSES QUE MAIS INVESTEM EM PESQUISA E DESENVOLVIMENTO (EM % DO PIB) – 2015

Posição	País	% do PIB
1º	Israel	4,27
2º	Coreia do Sul	4,23
3º	Japão	3,28
4º	Suécia	3,26
5º	Dinamarca	3,01
6º	Áustria	3,07
7º	Finlândia	2,90
8º	Alemanha	2,88
9º	Estados Unidos	2,79
10º	Bélgica	2,46

Fonte: BANCO MUNDIAL. Disponível em: <https://data.worldbank.org/indicator/GB.XPD.RSDV.GD.ZS>. Acesso em: 2 jul. 2018.

A MEGALÓPOLE JAPONESA

Centros de pesquisa e de produção de alta tecnologia ligados à educação universitária, às instituições de ensino e às empresas especializadas em tecnologia de ponta estão, geralmente, instalados em metrópoles e megalópoles.

A capital japonesa (Tóquio) é o centro da megalópole conhecida como **Tokaido**, que se estende por mil quilômetros, de Sendai, na ilha de Honshu, até Fukuoka, na ilha de Kyushu (figura 13). Nela se concentram aproximadamente 60% da população do país. As grandes cidades da megalópole de Tokaido são Osaka, Kyoto, Nagoya, Kobe e Hiroshima.

TÓQUIO

Tóquio concentra atividades industriais e financeiras, apresenta grande movimentação nos portos e aeroportos e mantém uma intensa troca comercial com países de todo o mundo, além de ser uma cidade densamente povoada (figura 14).

A Bolsa de Valores de Tóquio é uma das mais importantes do mundo. Na capital do Japão, os serviços são altamente especializados, proliferam empresas de alta tecnologia – principalmente ligadas às telecomunicações e à informática – e estão instaladas as sedes de grandes corporações japonesas e empresas transnacionais. Graças à sua importância econômica, muitas decisões tomadas em Tóquio exercem influência global.

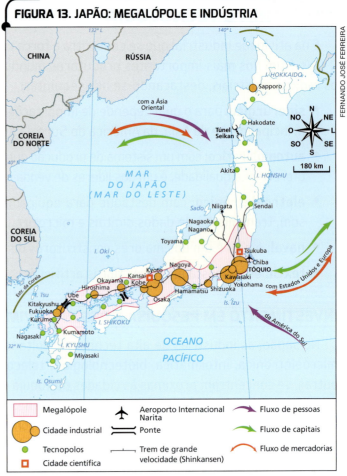

FIGURA 13. JAPÃO: MEGALÓPOLE E INDÚSTRIA

Fonte: FERREIRA, Graça M. L. *Moderno atlas geográfico*. 6. ed. São Paulo: Moderna, 2016. p. 50.

Figura 14. O preço do metro quadrado na cidade de Tóquio é um dos mais caros do mundo. Na foto, vista de Tóquio em 2016. Ao fundo, vê-se o Monte Fuji.

AGRICULTURA

O Japão importa a maior parte dos alimentos que consome, exceção feita ao **arroz**, principal produto cultivado no país, seguido pela **fruticultura**. Apenas 12% do território japonês é apropriado para a agricultura e, para aumentar a produtividade, a tecnologia tem sido cada vez mais empregada nesse setor (figura 15).

ENERGIA

Embora os desníveis de relevo no território japonês favoreçam a instalação de usinas hidrelétricas, a produção de energia hídrica está longe de atender à demanda da economia no país. A maior parte da energia produzida no Japão é proveniente de termelétricas, e cerca de 30% é gerada nas usinas atômicas. O Japão importa todo o petróleo que consome, principalmente da Arábia Saudita e dos Emirados Árabes Unidos. Grande parte do carvão usado nas termelétricas japonesas é importada da Austrália e o gás natural vem da Malásia.

PROBLEMAS AMBIENTAIS

O Japão enfrenta sérios problemas ambientais, principalmente em relação à poluição do ar e do mar. A baía de Tóquio é uma das áreas que apresentam os maiores índices de poluição do mundo. Esse fato já acarretou grandes prejuízos econômicos ao país. Durante anos, o arquipélago manteve a liderança na pesca

Figura 15. Colheita em cultura intensiva de mostarda chinesa (Japão, 2016). As condições controladas de luz, temperatura e umidade garantem alta produtividade nas estufas.

mundial, porém a contaminação da baía de Tóquio e de áreas próximas reduziu drasticamente a piscosidade de suas águas. No que diz respeito à poluição do ar, o Japão é o quinto maior emissor de CO_2 proveniente de atividades humanas do mundo.

A radiação das usinas nucleares também preocupa os japoneses. Em 2011, um *tsunami* devastou a costa nordeste do Japão e danificou os reatores da usina nuclear de Fukushima, provocando o vazamento de água radioativa (figura 16).

Piscosidade: qualidade de piscoso, isto é, que apresenta grande quantidade de peixes.

Japão: indústria, tecnologia e lixo eletrônico

Apresenta as principais características da indústria de alta tecnologia no Japão e aborda as consequências ambientais do descarte e do acúmulo de lixo eletrônico.

Figura 16. Mesmo após o acidente em Fukushima, o Japão não descartou de imediato a utilização da energia atômica, mas sua meta é aumentar a participação de energias alternativas na matriz energética até 2030. Na foto, técnicos visitam Fukushima após o vazamento de radioatividade (Japão, 2011).

ATIVIDADES

ORGANIZAR O CONHECIMENTO

1. Explique a relação entre a localização do arquipélago japonês e a ocorrência de fenômenos como terremotos e *tsunamis*.

2. De que maneira as características do relevo do Japão influenciam na distribuição da população pelo território?

3. Qual é a importância do Japão no contexto internacional do leste asiático?

4. Que fator relacionado à indústria levou ao expansionismo japonês na Ásia?

5. Cite duas consequências da Segunda Guerra Mundial para o Japão.

6. Explique o que foi o "milagre econômico japonês".

APLICAR SEUS CONHECIMENTOS

7. Leia o texto a seguir e faça o que se pede.

Engenharia antissísmica

"O adjetivo 'antissísmico' significa: que está preparado para resistir a sismos. Logo, engenharia antissísmica é aquela que prepara suas obras para resistirem às mais diversas solicitações. Como exemplo [...] neste tipo de engenharia, temos o Japão.

Após o grande terremoto de Kobe, que ocorreu em 1995 e gerou a morte de 6,5 mil pessoas, o Japão passou a investir em tecnologias na construção civil, desenvolvendo e inovando as já existentes a um outro nível. Hoje, é considerado o país mais bem preparado para terremotos, em todos os sentidos, ajudando seus cidadãos na infraestrutura necessária para combater esse mal inerente à região. [...]

Na construção de um novo prédio, a fundação é preparada com alicerces que possuem suspensão para absorver o impacto gerado pelo terremoto. Amortecedores eletrônicos, controlados a distância, são instalados em prédios de maior importância, como os governamentais, enquanto nas edificações mais simples são usados amortecedores de molas com funcionamento similar à suspensão de um automóvel."

Engenharia antissísmica. *Engenharia civil da Universidade Estadual do Maranhão*. Disponível em: <https://petciviluem.com/2014/09/04/engenharia-antissismica/>. Acesso em: 3 jul. 2018.

a) Apresente uma característica das construções erguidas com base nas tecnologias desenvolvidas pela engenharia antissísmica.

b) Em sua opinião, a tecnologia da engenharia antissísmica se encontra disponível a todos os países que estão sujeitos à ocorrência de terremotos? Justifique sua resposta.

8. Observe a foto, leia a legenda e responda: que característica do território japonês justifica a realização de obras como a construção do Aeroporto Internacional de Kansai?

O Aeroporto Internacional de Kansai, em Osaka, no Japão, foi construído entre 1988 e 1994 e está localizado em uma das diversas ilhas artificiais do Japão. Foto do aeroporto em 2017.

9. Observe os mapas e faça o que se pede.
   a) De que assunto tratam os dois mapas? Verifique as informações que eles contêm e dê um título para cada um deles.
   b) Redija um parágrafo explicando a relação existente entre os dois mapas.

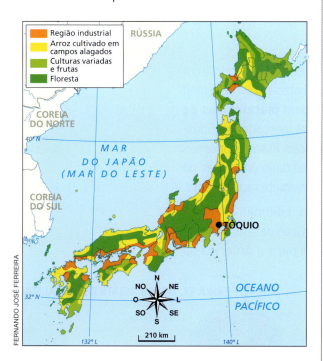

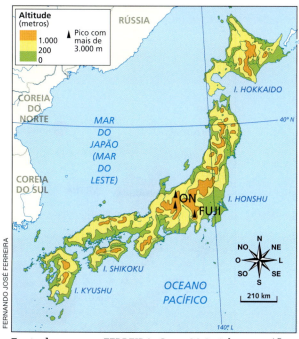

Fonte dos mapas: FERREIRA, Graça M. L. Atlas geográfico: espaço mundial. 4. ed. São Paulo: Moderna, 2013. p. 106.

10. Observe o gráfico a seguir e faça o que se pede.

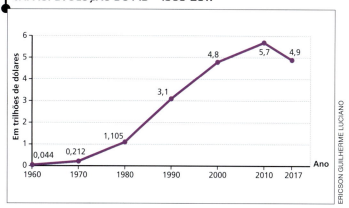

Fonte: BANCO MUNDIAL. Disponível em: <https://data.worldbank.org/indicator/NY.GDP.MKTP.CD?locations=JP>. Acesso em: 3 jul. 2018.

   a) Identifique o período em que o PIB do Japão apresentou ritmo de crescimento mais intenso.
   b) Que fatores contribuíram para o crescimento do PIB japonês?

11. Reveja a tabela 1, na página 186, com dados sobre a evolução da população do Japão. Em seguida, responda às questões.
   a) Em que período a população do Japão começou a decrescer?
   b) Que motivos contribuem para esse processo de diminuição da população japonesa?

DESAFIO DIGITAL

12. Acesse o objeto digital *Acidente nuclear de Fukushima*, disponível em <http://mod.lk/desv9u7>, e faça o que se pede.
   a) Qual fenômeno natural originou o acidente na usina nuclear de Fukushima?
   b) Cite as consequências sociais e econômicas que o acidente nuclear de Fukushima acarretou ao Japão.
   c) Quais desafios o Japão deve enfrentar em relação à produção de energia em seu território?

TEMA 3 — OS TIGRES ASIÁTICOS

O que os Tigres Asiáticos têm em comum?

ECONOMIAS DE DESTAQUE

Há um grupo de economias asiáticas que, a partir da década de 1970, vivenciaram acelerado processo de industrialização resultante de investimentos externos. Hong Kong, Coreia do Sul, Cingapura e Taiwan se desenvolveram como **plataformas de exportação**: empresas estrangeiras produzem nesses territórios mercadorias industrializadas, a preços muito mais baixos, voltadas para a exportação. Essas economias passaram a ser chamadas de **Tigres Asiáticos** (figura 17), nome dado em alusão ao tigre, animal ágil e veloz, visto que essas nações se desenvolveram muito rapidamente.

Mais tarde, juntaram-se Tailândia, Indonésia e Malásia. Filipinas e Vietnã foram os últimos a participar desse processo. Os Tigres Asiáticos destacaram-se por produzir e exportar em larga escala bens de consumo para a América do Norte, a Europa e o restante da Ásia.

PRIMEIROS TIGRES ASIÁTICOS

Os primeiros a integrar o grupo dos Tigres Asiáticos foram **Hong Kong**, **Coreia do Sul**, **Cingapura** e **Taiwan**, como resultado do investimento de capital japonês no setor industrial. O Japão, assim, estendia a sua influência regional, e a expansão capitalista continha uma possível expansão comunista. Nesse processo, os Estados Unidos eram aliados do Japão.

O interesse do Japão nesses países era o de expandir sua produção industrial e reduzir seus custos de produção com o emprego de mão de obra barata. Desse modo, empresas japonesas transferiram seus estabelecimentos para esses locais ou lá investiram na implementação de unidades fabris. Esses novos centros industriais recebiam tecnologia japonesa para a fabricação de componentes ou de produtos eletrônicos mais baratos. Os bens produzidos eram voltados basicamente para a **exportação**.

FIGURA 17. TIGRES ASIÁTICOS: LOCALIZAÇÃO

Fonte: IBGE. *Atlas geográfico escolar*. 6. ed. Rio de Janeiro: IBGE, 2016. p. 47 e 51.

SUBSTITUIÇÃO DE IMPORTAÇÕES E PRODUÇÃO DE TECNOLOGIA

O desenvolvimento dos primeiros Tigres Asiáticos foi baseado na industrialização voltada primeiramente para a exportação e, depois, para a **substituição das importações**: os Tigres passaram a produzir bens de consumo tanto para o mercado externo quanto para o mercado interno.

O crescimento da produção industrial, por sua vez, foi acompanhado pela importação de maquinários e pela **criação de tecnologia**. Entre outros itens, as indústrias fabricavam automóveis, navios, aço, produtos de informática, petroquímicos e eletrônicos sofisticados (figura 18).

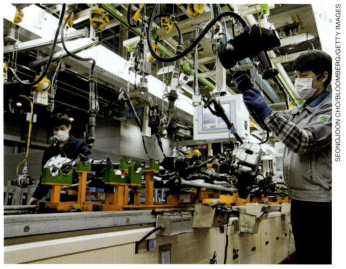

Figura 18. Linha de produção de uma indústria automobilística em Chungcheong, na Coreia do Sul, em 2017.

NOVOS TIGRES ASIÁTICOS

Na década de 1980, com os elevados investimentos provenientes de Japão, Estados Unidos, China, Taiwan, Coreia do Sul, Cingapura e Hong Kong (os Tigres originários), outros países integraram o grupo: primeiramente, **Indonésia**, **Malásia** e **Tailândia** e, em seguida, **Filipinas** e **Vietnã**. Os países investidores visaram com isso integrar as economias asiáticas do leste e do sudeste do continente.

Atualmente, a indústria dos **Novos Tigres Asiáticos** se destaca pela produção têxtil (figura 19), de componentes de telecomunicações e informática e eletroeletrônicos pouco sofisticados e com uso de tecnologia importada. O aumento das exportações e o crescimento econômico desses países têm sido considerável (figura 20).

Figura 19. Grandes empresas europeias e estadunidenses do setor de vestuário instalam suas unidades fabris nos países dos Novos Tigres Asiáticos, onde a mão de obra e outros custos de produção são muito mais baixos. Empresa têxtil alemã instalada em Hanói (Vietnã, 2014).

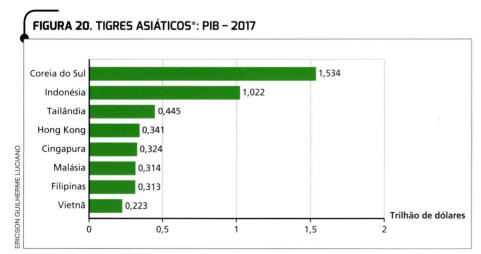

FIGURA 20. TIGRES ASIÁTICOS*: PIB – 2017

País	PIB (Trilhão de dólares)
Coreia do Sul	1,534
Indonésia	1,022
Tailândia	0,445
Hong Kong	0,341
Cingapura	0,324
Malásia	0,314
Filipinas	0,313
Vietnã	0,223

* Exceto Taiwan.

Fonte: BANCO MUNDIAL. Disponível em: <https://data.worldbank.org/indicator/NY.GDP.MKTP.CD?year_high_desc=true>. Acesso em: 2 jul. 2018.

> **De olho no gráfico**
> Que Tigres Asiáticos apresentam PIB mais elevado?

OS TIGRES ASIÁTICOS HOJE

A implantação de indústrias transnacionais nos países dos Tigres Asiáticos ocasionou um intenso crescimento econômico. Os países dos "Novos Tigres", porém, mantiveram sua condição de plataforma de exportação, não produzindo tecnologia própria. Mesmo assim, nas últimas décadas, os índices de desenvolvimento social indicam ter ocorrido uma melhora das condições de vida da população de todos os Tigres (figura 21).

Na atualidade, o comércio dos Tigres Asiáticos se dá principalmente entre os próprios Tigres, China e Japão, seguidos pelos Estados Unidos e pela União Europeia.

A China, assim como o Japão, despontou como importante potência industrial e agregadora das economias dos Tigres, aumentando sua área de influência no leste e no sudeste da Ásia.

Conheça a seguir algumas características de cada Tigre Asiático. Em razão de suas peculiaridades, a Coreia do Sul será tratada no próximo Tema.

- **Hong Kong** voltou a ser incorporado à China em 1997. A forte economia capitalista dessa Região Autônoma Especial permaneceu intacta, conforme acordo assinado com os chineses. Hong Kong tem um dos portos mais movimentados do mundo.
- **Taiwan** apresenta economia dinâmica, mas seu *status* político é limitado em virtude de a comunidade internacional não reconhecer esse país oficialmente. As baixas taxas de natalidade e fecundidade, somadas à alta expectativa de vida, dificultam a reposição de mão de obra no país.
- **Tailândia** conta com boa infraestrutura e políticas que favorecem a instalação de empresas transnacionais. O país obteve um crescimento econômico robusto com as exportações de eletrônicos, produtos agrícolas, automóveis e autopeças. O turismo é um importante setor da economia tailandesa.
- **Indonésia** é um território insular com mais de 17.500 ilhas habitado por mais de 300 grupos étnicos que falam diversos idiomas. A Indonésia é o maior produtor de óleo de palma do mundo: 48,5% da produção global. O país destaca-se também na produção de borracha e tem um subsolo rico em petróleo, gás, minério e carvão, o que o torna menos dependente da exportação de manufatura. A Indonésia é um dos países que mais desmatam floresta tropical no mundo.
- **Malásia** é um país que ainda depende muito das exportações de petróleo e de gás, que correspondem a 35% de seu PIB. Outros itens importantes de sua pauta de exportações são produtos eletrônicos, óleo de palma (a segunda maior produtora, com 35,6% da produção mundial) e borracha. A China é seu principal parceiro comercial.

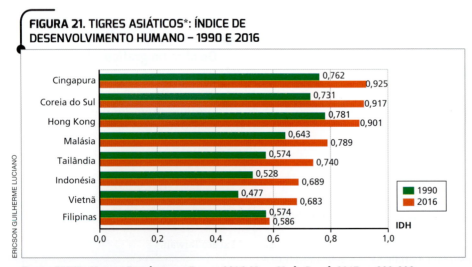

FIGURA 21. TIGRES ASIÁTICOS*: ÍNDICE DE DESENVOLVIMENTO HUMANO – 1990 E 2016

Cingapura: 0,762 / 0,925
Coreia do Sul: 0,731 / 0,917
Hong Kong: 0,781 / 0,901
Malásia: 0,643 / 0,789
Tailândia: 0,574 / 0,740
Indonésia: 0,528 / 0,689
Vietnã: 0,477 / 0,683
Filipinas: 0,574 / 0,586

Fonte: PNUD. *Human Development Report 2016*. Nova York: Pnud, 2017. p. 200-203.

* Exceto Taiwan.

De olho no gráfico

1. Em 2016, que Tigres Asiáticos apresentavam os melhores Índices de Desenvolvimento Humano?
2. Que países apresentavam os piores IDHs?

Figura 22. O porto de Cingapura recebe mais de 150 mil navios por ano, com conexão com mais de 600 portos no mundo. Cingapura destaca-se na exportação de produtos de alta tecnologia. Seus principais parceiros comerciais são Malásia, Estados Unidos, Japão, Coreia do Sul, Canadá, Indonésia, Hong Kong e Emirados Árabes Unidos. Vista do porto em 2017.

- **Cingapura** beneficiou-se do apoio dos Estados Unidos e o governo do país investiu maciçamente em educação e pesquisa, levando à formação local de mão de obra altamente qualificada. Por essa razão, a média salarial em Cingapura é uma das mais altas da Ásia e, hoje em dia, a renda *per capita* do país se iguala à dos países desenvolvidos. Cingapura situa-se na rota marítima mais movimentada do planeta, por onde circula 40% do tráfego marítimo mundial (figura 22).

- As **Filipinas** têm uma economia que vem resistindo melhor do que seus pares regionais às crises econômicas e financeiras globais por apresentar um parque industrial desenvolvido e menor dependência das exportações, em virtude do consumo interno (figura 23). O país, porém, enfrenta graves problemas sociais, como a precariedade habitacional. As Filipinas também possuem problemas ambientais: o desmatamento ilegal é responsável pela derrubada de grandes áreas de mata e hoje restam apenas 20% de sua cobertura vegetal nativa.

- **Vietnã** é um país que oferece aos trabalhadores salários inferiores aos que recebem os chineses, o que leva muitas empresas estrangeiras a utilizar sua mão de obra para continuar competitivas no mercado mundial. É um país de população jovem e qualificada, tendo em vista os altos investimentos do país em educação. O Vietnã é um dos países da região com maior crescimento econômico – acima dos 6% nos últimos anos. O país reduziu a pobreza significativamente e criou postos de trabalho para mais de 1 milhão de pessoas que chegam anualmente às cidades.

Figura 23. Interior de uma indústria de produtos microeletrônicos em Manila, capital das Filipinas, em 2016. Os setores têxtil, alimentício, químico e eletrônico são os mais importantes do país.

TEMA 4

COREIA DO SUL

Como a Coreia do Sul conquistou grande crescimento econômico e desenvolvimento social?

ORIGEM DA COREIA DO SUL

No leste da Ásia, a Coreia do Sul se destaca pelo intenso crescimento econômico e pela grande melhora de seus índices sociais durante a segunda metade do século XXI.

A Coreia do Sul é fruto da Guerra Fria. Com o fim da Segunda Guerra Mundial, em 1945, a União Soviética e os Estados Unidos dividiram a Coreia pelo paralelo 38º N. A parte norte dessa linha imaginária ficou sob intervenção dos soviéticos, e a parte sul, sob influência estadunidense. Em 1950, o exército da Coreia do Norte invadiu a Coreia do Sul, e um novo conflito militar irrompeu: os Estados Unidos e o Reino Unido deram apoio à Coreia do Sul; a China e a então União Soviética apoiaram a Coreia do Norte. A guerra durou três anos e nunca houve a assinatura de um tratado de paz. O paralelo 38º N, que divide a península, permaneceu como limite entre a Coreia do Norte, comunista, e a Coreia do Sul, capitalista.

A INDUSTRIALIZAÇÃO SUL-COREANA

Na década de 1960, o PIB *per capita* da Coreia do Sul era comparável ao dos países menos desenvolvidos do mundo. A partir dessa década, o governo estabeleceu planos de desenvolvimento econômico orientados para o país expandir suas exportações. Com isso, nas décadas de 1980 e 1990, o país passou de exportador de tecidos e sapatos a exportador de produtos industrializados, muitos dos quais envolvendo o uso de tecnologias avançadas. Essa mudança nas atividades produtivas do país causou um elevado crescimento de seu PIB (figuras 24 e 25).

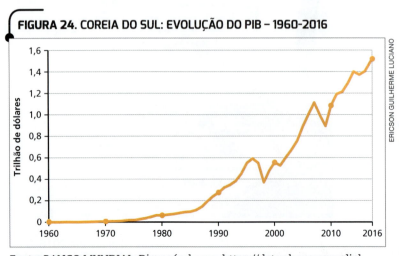

FIGURA 24. COREIA DO SUL: EVOLUÇÃO DO PIB – 1960-2016

Fonte: BANCO MUNDIAL. Disponível em: <https://datos.bancomundial.org/?locations=KR-KP> Acesso em: 28 jun. 2018.

Figura 25. Trabalhadoras em fábrica de eletrônicos na cidade de Changwon (Coreia do Sul, 2016).

AS EXPORTAÇÕES HOJE

A Coreia do Sul se destaca pela variedade de produtos que exporta, predominando os das indústrias eletrônica e automobilística (figura 26). Os países para os quais a Coreia do Sul mais exporta são China e Estados Unidos (figura 27).

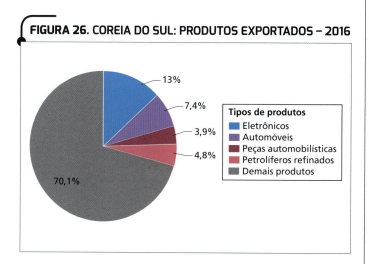

FIGURA 26. COREIA DO SUL: PRODUTOS EXPORTADOS – 2016

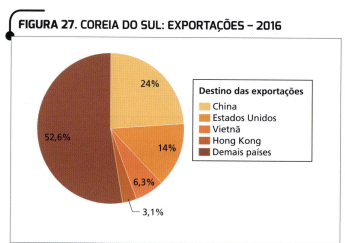

FIGURA 27. COREIA DO SUL: EXPORTAÇÕES – 2016

Fonte dos gráficos: OEC. *Coreia do Sul*. Disponível em: <https://atlas.media.mit.edu/pt/profile/country/kor/>. Acesso em: 28 jun. 2018.

INVESTIMENTO EM EDUCAÇÃO

Uma das principais causas do desenvolvimento socioeconômico ocorrido na Coreia do Sul foi a melhora da educação pública do país. Nos anos 1950, grande número de crianças em idade escolar não recebia educação formal. Esse quadro foi revertido pelo governo, que passou a investir anualmente cerca de 5% do PIB do país em educação. Devido a isso, em 2015, 98% das crianças sul-coreanas terminavam o Ensino Fundamental.

POPULAÇÃO

Em 2016, a Coreia do Sul tinha 51,2 milhões de habitantes. De 1960 até esse ano, a expectativa da população do país cresceu muito: de menos de 55 a mais de 80 anos (figura 28).

O país tem uma das taxas de fecundidade mais baixas do mundo: cerca de 1,2 filho por mulher. Por esse motivo, o governo vem desenvolvendo políticas de incentivo à natalidade, como vantagens econômicas aos pais que tiverem o segundo e o terceiro filhos.

A CONDIÇÃO DA MULHER

A condição das mulheres sul-coreanas passou por grandes transformações. Há algumas décadas, o papel das mulheres restringia-se aos cuidados da casa e dos filhos. Hoje elas participam ativamente do mercado de trabalho, ocupando cargos até pouco tempo atrás reservados aos homens.

Em 2013, Park Geun-Hye tomou posse como presidente e se tornou a primeira mulher a assumir esse posto no país. Na atualidade, as jovens sul-coreanas estão entre as mulheres com melhor nível de instrução no mundo. A mão de obra feminina contribuiu significativamente para o recente desempenho da economia do país.

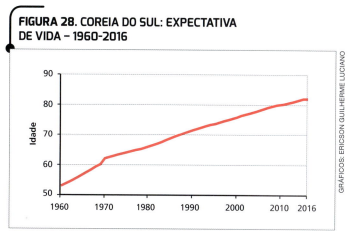

FIGURA 28. COREIA DO SUL: EXPECTATIVA DE VIDA – 1960-2016

Fonte: BANCO MUNDIAL. Disponível em: <https://data.worldbank.org/indicator/SP.DYN.LE00.IN?locations=KR>. Acesso em: 2 jul. 2018.

Trilha de estudo

Vai estudar? Nosso assistente virtual no *app* pode ajudar! <http://mod.lk/trilhas>

ATIVIDADES

ORGANIZAR O CONHECIMENTO

1. Qual é a principal característica dos Tigres Asiáticos? Assinale a frase correta.

   ( ) São economias do Sudeste Asiático que, a partir da década de 1970, passaram por intenso processo de industrialização voltada para exportação e realizada, em grande parte, devido ao investimento de capital estrangeiro.

   ( ) São economias do Sudeste Asiático que, a partir da década de 1970, passaram por processo de industrialização voltada para exportação e, em uma segunda etapa, para a substituição das importações. Os países dos Tigres Asiáticos alcançaram grande desenvolvimento social.

2. A industrialização em algumas economias do leste e do sudeste da Ásia ocorreu em duas etapas. Na primeira, despontaram os chamados Tigres de Primeira Geração, que receberam investimentos sobretudo do Japão; na segunda, os Novos Tigres Asiáticos. Assinale a alternativa que agrupa corretamente parte deles.

	Primeira geração	Segunda geração
a)	Coreia do Sul, Taiwan e Cingapura.	Indonésia, Malásia e Tailândia.
b)	Coreia do Sul, Malásia e Taiwan.	Cingapura, Indonésia e Tailândia.
c)	Taiwan, Tailândia e Malásia.	Coreia do Sul, Cingapura e Indonésia.
d)	Coreia do Sul, Cingapura e Indonésia.	Malásia, Tailândia e Taiwan.
e)	Cingapura, Indonésia e Tailândia.	Coreia do Sul, Malásia e Taiwan.

3. Hoje em dia, dois países dos Tigres Asiáticos alcançaram grande desenvolvimento econômico e social e são exportadores de alta tecnologia. Esses países são:

   a) Coreia do Sul e Indonésia;
   b) Vietnã e Cingapura;
   c) Malásia e Vietnã;
   d) Coreia do Sul e Indonésia;
   e) Cingapura e Coreia do Sul.

4. Caracterize o desenvolvimento da Coreia do Sul durante a segunda metade do século XX e início do XXI.

APLICAR SEUS CONHECIMENTOS

5. Analise os gráficos a seguir e explique a curva ascendente de ambos.

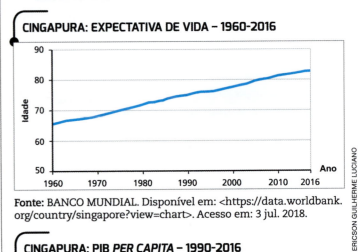

Fonte: BANCO MUNDIAL. Disponível em: <https://data.worldbank.org/country/singapore?view=chart>. Acesso em: 3 jul. 2018.

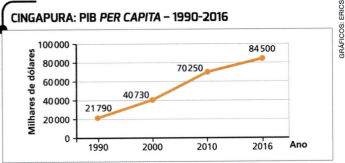

Fonte: BANCO MUNDIAL. Disponível em: <https://data.worldbank.org/country/singapore?view=chart>. Acesso em: 3 jul. 2018.

6. Analise os dados a seguir e responda às questões.

   Principais parceiros comerciais:

   Cingapura: China, Hong Kong, Malásia, Indonésia, Estados Unidos, Japão, Coreia do Sul.

   Coreia do Sul: China, Estados Unidos, Vietnã, Hong Kong, Japão.

   Filipinas: Japão, Estados Unidos, Hong Kong, China, Cingapura, Tailândia, Alemanha, Coreia do Sul.

   Indonésia: China, Cingapura, Japão, Tailândia, Estados Unidos, Malásia, Coreia do Sul.

   Malásia: Cingapura, China, Estados Unidos, Japão, Tailândia, Hong Kong, Índia.

   Tailândia: Estados Unidos, China, Japão, Hong Kong, Austrália, Vietnã.

   Vietnã: Estados Unidos, China, Japão, Coreia do Sul.

   Fonte: CIA. *The World Fact Book*. Disponível em: <https://www.cia.gov/library/publications/the-world-factbook/geos/rp.html>. Acesso em: 3 jul. 2018.

a) Na atualidade, qual país é o principal parceiro comercial dos Tigres Asiáticos?

b) Como você caracterizaria o comércio entre os Tigres Asiáticos? Explique.

c) Além da China e dos demais Tigres, quais países são importantes parceiros comerciais dos Tigres Asiáticos?

7. A imagem abaixo foi publicada por um jornal britânico em uma reportagem sobre o desmatamento realizado por empresas de produção de óleo de palma na Indonésia. Observe a imagem, leia a legenda e faça o que se pede.

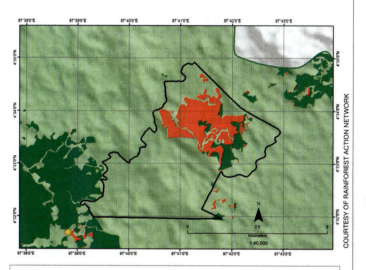

Representação de vista de uma propriedade pertencente a uma empresa transnacional, localizada em Sumatra, e utilizada para o cultivo de palma. A mancha vermelha representa a área desmatada pela empresa para a plantação entre junho de 2016 e março de 2017 (Indonésia, 2017).

a) Considerando a área de vegetação nativa existente na propriedade em junho de 2016, como você classificaria o desmatamento empreendido pela empresa?

b) Relacione o desmatamento das florestas tropicais na Indonésia e o consumo de óleo de palma.

8. Leia o trecho da reportagem e responda às questões a seguir.

"[...] A nova estratégia sul-coreana tem um caráter notável por visar assimilar as últimas novidades tecnológicas ao sistema educacional.

Mas os investimentos em educação já duram várias décadas, e os resultados ultimamente vêm aparecendo a passos de gigante.

Após ter sido devastado por sucessivas guerras até a década de 1950, o país atingiu a universalização do ensino primário ainda nos anos 1970.

Em 1980, tinha 16% dos jovens em idade de frequentar o terceiro grau matriculados em cursos universitários. Dez anos depois, essa proporção era de 39%, e em 1996 chegaria a notáveis 68%.

Mas nem só de quantidade vive o ensino sul-coreano: segundo o Programa das Nações Unidas para o Desenvolvimento (PNUD), a qualidade dos professores é outra preocupação importante no país.

O resultado é que os salários dos professores sul-coreanos atingem o patamar mais alto, em relação à renda *per capita*, de todos os países da OCDE (grupo que reúne 30 dos países mais ricos do mundo)."

AMARAL, Rodrigo. Ensino de qualidade é segredo de sucesso da Coreia do Sul. *BBC Brasil*, 19 ago. 2002. Disponível em: <https://www.bbc.com/portuguese/noticias/2002/020819_educaro3.shtml>. Acesso em: 2 jul. 2018.

a) De acordo com a reportagem, quais foram os avanços educacionais ocorridos na Coreia do Sul?

b) Em sua opinião, qual é a importância de os professores receberem um bom salário?

9. (Fatec, 2016) Nas décadas de 1960 e 1970, Coreia do Sul, Taiwan, Hong Kong e Cingapura passaram por um intenso processo de industrialização e, posteriormente, ficaram conhecidos como Tigres Asiáticos. Além de mão de obra abundante e barata, esses lugares se caracterizavam por possuir:

a) pequenas quantidades de matérias-primas e ter a produção industrial voltada para o mercado externo.

b) reduzida participação estrangeira na produção industrial, assumida por empresas nacionais de capital privado.

c) grandes reservas de matérias-primas para abastecer as indústrias produtoras de bens de consumo duráveis.

d) enorme mercado consumidor, que era abastecido por mercadorias produzidas por indústrias estatais latino-americanas.

e) diversos centros de distribuição de produtos industrializados, que eram fabricados por empresas estatais de capital soviético.

 Mais questões no livro digital

REPRESENTAÇÕES GRÁFICAS

Mapa analítico e mapa de síntese

O **mapa analítico** permite a análise do espaço geográfico por meio da representação de fenômenos, mas não estabelece relações entre diferentes fenômenos.

Os mapas 1 e 2 reproduzidos abaixo representam, cada um deles, um fenômeno determinado, sem relacioná-lo com outras informações. No mapa 3, os fenômenos que tinham sido representados separadamente são integrados, dando origem a um **mapa de síntese**. Observe.

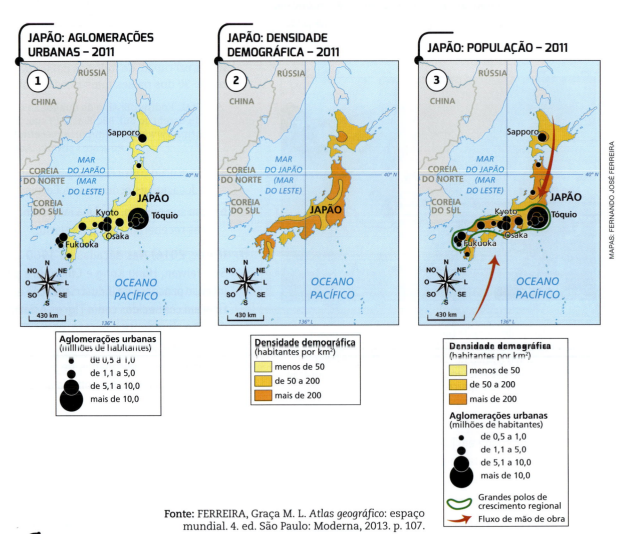

Fonte: FERREIRA, Graça M. L. Atlas geográfico: espaço mundial. 4. ed. São Paulo: Moderna, 2013. p. 107.

ATIVIDADES

1. Por que os mapas 1 e 2 são considerados mapas analíticos?

2. O mapa 3 é um mapa de síntese. Interprete-o, indicando como ele relaciona as informações dos mapas anteriores. Explicite em sua resposta todos os elementos da legenda.

ATITUDES PARA A VIDA

Jogos Olímpicos e a unificação coreana

Em 2018, a cidade de PyeongChang, situada na Coreia do Sul, recebeu a 23ª edição do Jogos Olímpicos de Inverno. Apesar de inúmeros protestos da população, a abertura do evento foi marcada pelo desfile da delegação formada por atletas e técnicos das Coreias do Sul e do Norte e pelo aperto de mão entre as lideranças políticas dos dois países, tradicionais inimigos durante a Guerra Fria.

"Os Jogos Olímpicos de Inverno de Pyeongchang, na Coreia do Sul, foram abertos oficialmente [...], sob o lema `Paz em Movimento´. A celebração começou com momento de forte simbolismo político: um aperto de mão entre o presidente sul-coreano, Moon Jae-in, e Kim Yo Jong, a irmã caçula do líder norte-coreano, Kim Jong Un.

[...] Foi a primeira vez, depois da divisão da Coreia, há 70 anos, que um membro da família reinante ao Norte se dirigiu ao Sul. Uma hora mais tarde depois da abertura oficial dos Jogos da Coreia do Sul, atletas dos dois países, vestidos de branco, desfilaram juntos atrás da bandeira da unificação coreana, uma silhueta azul sob fundo branco. Nos uniformes, apenas uma palavra: Coreia.

Os atletas foram ovacionados por uma multidão de 35 mil pessoas que lotaram as arquibancadas do estádio olímpico. Em seu discurso de abertura dos Jogos, o presidente do Comitê Olímpico Internacional, Thomas Bach, disse: 'vocês vão nos inspirar para viver em paz e em harmonia, apesar das nossas diferenças [...]'."

Aperto de mão histórico rompe silêncio de 70 anos entre Coreias na abertura dos Jogos, RFI. *As Vozes do Mundo*, 12 fev. 2018. Disponível em: <http://br.rfi.fr/esportes/20180209-aperto-de-mao-historico-rompe-silencio-de-70-anos-entre-coreias-na-abertura-dos-jo>. Acesso em: 2 jul. 2018.

 **ATIVIDADES**

1. Entre as atitudes para a vida trabalhadas nessa coleção, identifique a que você considera ter sido aplicada pelas duas Coreias na cerimônia de abertura dos Jogos Olímpicos de Inverno de 2018.

2. Para o discurso de abertura dos jogos, o presidente do Comitê Olímpico Internacional precisou **pensar e comunicar-se com clareza** para transmitir sua mensagem. Agora é a vez de a classe aplicar essa atitude. Com a ajuda do professor, reúnam-se em trios e elaborem um discurso de apresentação das atitudes positivas adotadas pela turma durante o ano letivo. Façam o discurso em sala.

Durante a cerimônia de abertura dos Jogos Olímpicos de Inverno de PyeongChang, no dia 9 de fevereiro de 2018, uma bandeira da Coreia unificada foi exibida.

205

COMPREENDER UM TEXTO

Mangás e animês são elementos da atual cultura *pop* japonesa, e atraem o público infantojuvenil de diversos lugares do mundo.

Os mangás são histórias em quadrinhos tradicionais do Japão. O nome tem origem na junção de dois vocábulos: *man* (que significa involuntário) e *gá* (que designa desenho, imagem). Embora as primeiras manifestações de mangás tenham sido registradas ainda no século XI, a primeira grande coleção de histórias com desenhos sequenciais e irreverentes foi lançada em 1814 pelo pintor japonês Katsushika Hokusai (1760-1848).

Já no período pós-guerra, o mangaká Osamu Tezuka (1928-1989) transformou os quadrinhos em animações que contam histórias de aventura, comédia, romance e ficção científica.

Mangá, animê, games e internet

"Foram os animês que deram grande difusão ao conhecimento dos mangá, cujas séries penetraram primeiramente pela TV e mais tarde pelo cinema. Foi também a época que as editoras japonesas e os estúdios de cinema e animação começam a fazer contratos em grande escala com vários países ocidentais. [...]

A partir de 1994, quando a indústria cinematográfica japonesa destinou uma verba considerável (cerca de cinco bilhões de dólares) aos desenhos animados – como Heisei Tanuki Gassen Ponpoko – os animês se multiplicam em quantidade e qualidade. [...]

Mas o que há de tão especial nestes ícones da cultura *pop* japonesa para que a juventude do mundo todo sinta este fascínio?

Sem dúvida há muitos fatores como os personagens, o enredo e o próprio estilo de desenho, mas a Internet foi um fator decisivo e crucial que definiu a geração de jovens destes últimos anos e os faz sentirem conectados com esta poderosa mídia.

A expansão da informação tecnológica deu aos jovens um conhecimento multimídia mais amplo particularmente com o uso dos computadores e a capacidade para comunicação visual via gráficos e animação. Isto coincidiu com a popularização dos mangás e animês no Ocidente facilitando o entendimento das histórias mesmo sem saber a língua japonesa.

Mangaká: autor de um mangá.

Mapear as grandes tendências da cultura *pop* em termos globais nos últimos tempos é um grande desafio, pois parece que a cada ano fica mais difícil identificar quais foram as mudanças. Há algumas décadas atrás era mais fácil identificar o sentimento de uma nação através do gosto pelas músicas, escolha de filmes e a tecnologia usada tendo-se uma imagem mais acurada daquela geração.

Por outro lado, do ponto de vista de sociabilidade, estas comunidades unidas pelo gosto da cultura *pop*, utilizam-se de várias práticas para sentirem-se como iguais. Um deles é o *cosplay* onde estar vestido como o personagem, faz parte de um ritual de identificação [...].

A difusão da cultura *pop* japonesa, em nossos dias, não está limitada somente aos fãs. Tão extensa como uma coleção de livros de uma biblioteca, os itens desta cultura extrapolaram os mangás, animês e *games*, observando-se cada vez mais as nuances da estética japonesa infiltradas na sensibilidade global. Nos últimos anos, Japão tornou-se uma força em ascensão em uma ampla gama de indústrias centradas em moda, brinquedos para crianças, telefones celulares e entretenimento."

LUYTEN, Sonia M. Bibe. *Mangá e animê*: ícones da Cultura *Pop* Japonesa. São Paulo: Fundação Japão, 18 mar. 2014. Disponível em: <http://fjsp.org.br/site/wp-content/uploads/2014/04/Manga_e_Anime.pdf> Acesso em: 2 jul. 2018.

ATIVIDADES

OBTER INFORMAÇÕES

1. O que são mangás e animês?

2. De acordo com a autora do texto, que fator foi decisivo para a propagação de mangás e animês no mundo?

INTERPRETAR

3. Por que a cultura *pop* japonesa atrai principalmente o público jovem?

4. Qual é o papel da difusão da cultura *pop* japonesa no cenário global?

REFLETIR

5. Como podemos relacionar a difusão da cultura *pop* japonesa com a globalização?

USAR SUA CRIATIVIDADE

6. Pesquise em livros ou na internet um mangá ou animê e elabore uma breve resenha da história e dos aspectos culturais presentes na publicação.

UNIDADE 8
ORIENTE MÉDIO, ÍNDIA E OCEANIA

O Oriente Médio é uma região marcada por ricas tradições culturais e se destaca economicamente por uma grande produção petrolífera. A região é marcada pela existência de grandes conflitos internos entre povos e Estados.

A Índia, por sua vez, é um país caracterizado pela diversidade religiosa e étnica associada a grandes desigualdades sociais.

A Oceania, região formada por uma grande massa continental e grupos de ilhas no Oceano Pacífico, caracteriza-se pelo recente desenvolvimento socioeconômico, sobretudo da Austrália, e pelo recente reconhecimento dos direitos de suas populações nativas.

Após o estudo desta Unidade, você será capaz de:

- avaliar o papel estratégico do Oriente Médio para a economia mundial;
- interpretar as causas das tensões e dos conflitos que ocorrem no Oriente Médio;
- identificar aspectos populacionais, econômicos e geopolíticos da Índia;
- distinguir características naturais, sociais e econômicas dos territórios da Oceania.

A base aérea de Al Udeid, no Catar, é a maior base militar dos Estados Unidos no Oriente Médio. Foto de 2017.

Templo hindu de Tera Manzil, às margens do Rio Ganges, em Rishikesh (Índia, 2018).

As ilhas Wallis e Futuna são uma possessão ultramarina francesa no Pacífico Sul. (Praia na Ilha de Wallis, 2011).

COMEÇANDO A UNIDADE

1. Em sua opinião, a que se deve a presença militar de potências ocidentais no Oriente Médio?

2. Considerando o que você sabe sobre a Índia, comente algum aspecto que lhe chama a atenção.

3. Por que existem diversos territórios da Oceania que são controlados por outros países?

ATITUDES PARA A VIDA

- Questionar e levantar problemas.
- Pensar de maneira interdependente.
- Esforçar-se por exatidão e precisão.
- Persistir.
- Controlar a impulsividade.

TEMA 1
ORIENTE MÉDIO: REGIÃO ESTRATÉGICA

Por que o Oriente Médio é uma região essencial para a economia mundial?

UMA REGIÃO ESTRATÉGICA

O Oriente Médio é uma região estratégica em termos econômicos e geopolíticos, visto que conecta a Ásia, a Europa e a África (figura 1). Além disso, nesse território estão localizadas as maiores **jazidas de petróleo** do mundo.

A região ocupa uma área de 6,8 milhões de quilômetros quadrados, na qual se concentra uma população de aproximadamente 350 milhões de habitantes, a maioria árabes de religião muçulmana. Israel, cuja população é predominantemente judaica, é uma exceção.

FIGURA 1. ORIENTE MÉDIO: POLÍTICO

Fonte: IBGE. Atlas geográfico escolar. 7. ed. Rio de Janeiro: IBGE, 2016. p. 49.

ASPECTOS NATURAIS

Grande parte do relevo do Oriente Médio é constituída de planaltos circundados por montanhas. As planícies estão situadas, em geral, entre o litoral e os conjuntos montanhosos. No interior da região, entre os rios Tigre e Eufrates, destaca-se a **Planície da Mesopotâmia**, de grande valor histórico-cultural.

Os climas predominantes nessa região são o **árido** e o **semiárido**, motivo pelo qual os **desertos** marcam presença na maioria das paisagens. As temperaturas variam de mais de 40 °C durante o dia a menos de 10 °C à noite. Essas características climáticas influenciam na forma como a população se distribui no território, uma vez que a disponibilidade de água é bastante restrita. Cidades que comportam grandes populações, como Damasco, na Síria, e Riad, na Arábia Saudita (figura 2), estão localizadas em raros pontos do Oriente Médio onde as águas subterrâneas afloram à superfície.

Reveja nos mapas do Tema 1 da Unidade 5 a distribuição das formas de relevo, tipos de vegetação nativa e climas no Oriente Médio.

Figura 2. Em 2015, Riad, capital da Arábia Saudita, tinha uma população de 6,2 milhões de pessoas. Foto de 2016.

ESCASSEZ HÍDRICA

O Oriente Médio é uma das regiões que têm o maior número de países em situação de **estresse hídrico** e **penúria em água** do planeta (figura 3). Na região, grande parte da água é retirada de aquíferos mais profundos e usada na irrigação, o que compromete o abastecimento doméstico. Com o aumento do consumo e a expansão das áreas irrigadas, a ONU prevê para os próximos anos problemas como o agravamento da contaminação dos aquíferos e o surgimento de disputas pelo uso de águas em zonas fronteiriças.

De olho no mapa

1. Descreva a situação do Oriente Médio em relação à disponibilidade de água para a população.
2. Qual é o tipo climático predominante nessa região?

FIGURA 3. MUNDO: RECURSOS EM ÁGUA POR HABITANTE – 2015

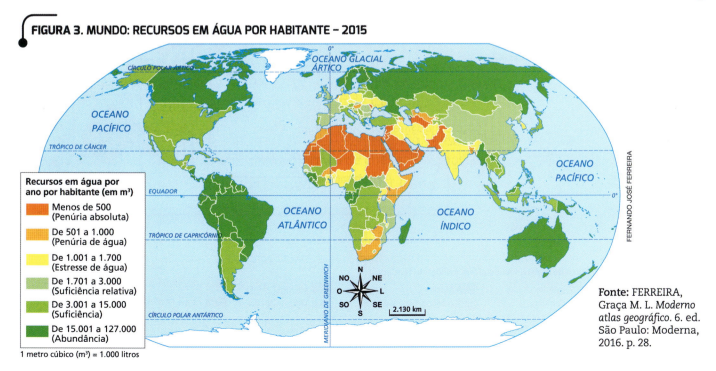

Fonte: FERREIRA, Graça M. L. *Moderno atlas geográfico*. 6. ed. São Paulo: Moderna, 2016. p. 28.

ABUNDÂNCIA DE PETRÓLEO

Os países do **Golfo Pérsico** fornecem um terço de todo o petróleo consumido no planeta. A região concentra cerca de 48% das reservas petrolíferas do mundo. Arábia Saudita, Emirados Árabes Unidos, Irã, Iraque, Kuait e Catar, juntamente com Angola, Argélia, Líbia, Nigéria, Venezuela e Equador, compõem a **Organização dos Países Exportadores de Petróleo (Opep)**. O grupo reúne Estados responsáveis pela extração e refino do produto, exercendo grande influência sobre a quantidade de petróleo disponível no mercado internacional e o preço do barril. Juntos, os membros da Opep produzem 42,7% do petróleo mundial.

As alianças e as mudanças envolvendo os países do Oriente Médio são acompanhadas de perto pelas potências mundiais, uma vez que alterações políticas nessa região podem ter reflexos globais. Além disso, é necessário manter o acesso ao petróleo, recurso que se tornou essencial após a aceleração do processo de industrialização e circulação de produtos durante o século XX.

Atualmente, o Oriente Médio se firma como principal exportador de petróleo do planeta, distribuindo o produto a todos os continentes por meio de oleodutos e navios petroleiros. O petróleo produzido nos países da região adquire grande importância no mercado internacional, movimentando um intenso fluxo de comércio que corresponde a milhões de toneladas (figura 4).

> **Petróleo**
> O vídeo apresenta os processos de formação e exploração do petróleo e do gás natural, bem como as consequências socioambientais relacionadas ao uso dos combustíveis fósseis.

> **De olho no mapa**
> 1. Quais foram os principais exportadores de petróleo para os Estados Unidos em 2016?
> 2. Qual foi a quantidade de petróleo exportada pelo Oriente Médio para os Estados Unidos nesse ano?

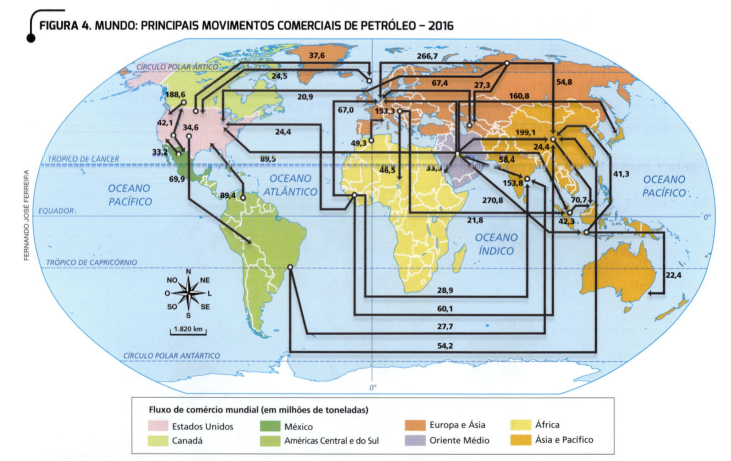

FIGURA 4. MUNDO: PRINCIPAIS MOVIMENTOS COMERCIAIS DE PETRÓLEO – 2016

Fonte: BP. *Statistical Review of World Energy 2017*. p. 25. Disponível em: <https://www.bp.com/content/dam/bp/en/corporate/pdf/energy-economics/statistical-review-2017/bp-statistical-review-of-world-energy-2017-full-report.pdf>. Acesso em: 4 jul. 2018.

DIVERSIFICAÇÃO DA ECONOMIA

Desde o final do século XX, alguns dos maiores produtores de petróleo do Oriente Médio passaram a diversificar a economia de seus territórios investindo no desenvolvimento do setor de serviços, em especial do turismo de luxo.

Dubai e Abu Dabi, nos Emirados Árabes Unidos, foram as primeiras cidades a chamar a atenção pelos seus modernos conjuntos de edifícios. Posteriormente, Omã, Catar, Kuait, Barein e Arábia Saudita buscaram seguir o modelo dos Emirados Árabes modernizando seus centros urbanos.

Projetadas principalmente por arquitetos europeus e estadunidenses e financiadas com o capital obtido da exploração e exportação de petróleo, as novas construções foram concebidas para abrigar hotéis e condomínios luxuosos, incluindo o único hotel sete estrelas do mundo, situado na cidade de Dubai; *shopping centers*; e escritórios de empresas transnacionais; além de museus e parques temáticos (figura 5).

Todos esses "templos do consumo globalizado" se desenvolvem dentro do modelo das zonas francas, para garantir a atração de consumidores das classes médias e altas de países europeus, americanos e asiáticos.

As mudanças trazidas pelo recente processo de modernização acarretaram certa ocidentalização das populações locais. A língua inglesa, por exemplo, passou a ser utilizada por grande parte dos habitantes na comunicação com turistas estrangeiros e no consumo de marcas estadunidenses, francesas e inglesas que se disseminaram no mercado. Além disso, o crescimento da indústria da construção civil transformou a região em polo de atração de empregos, motivando a vinda de trabalhadores não só da Ásia, mas também do continente africano.

No entanto, existem denúncias de que a maior parte dessas grandes construções tem sido erguida com base na exploração irregular da mão de obra imigrante, composta majoritariamente de operários provenientes da Índia, do Paquistão, de Bangladesh, do Nepal, do Irã, das Filipinas e, também, em menor quantidade, da China e da Etiópia. Há quem aponte que, além da má remuneração, existe escravidão moderna em cidades como Dubai e Abu Dabi, onde mais de 70% da população é composta de imigrantes.

Zonas francas: áreas especiais criadas para atrair capitais externos, já que nelas não é necessário o pagamento de impostos ao governo.

Escravidão moderna: situação que se caracteriza quando indivíduos são forçados a trabalhar em condições precárias (excessiva jornada de trabalho, insalubridade e baixa remuneração) e contra a própria vontade, sob ameaça de indigência (quando o empregador se apropria dos documentos dos trabalhadores, o que é muito comum no caso de imigrantes), detenção, violência ou morte.

Figura 5. Hotel de luxo Burj Al Arab (Torre das Arábias), na cidade de Dubai (Emirados Árabes Unidos, 2018).

TEMA 2 — CONFLITOS NO ORIENTE MÉDIO

Por que o Oriente Médio é uma região com tensões constantes?

TENSÕES E CONFLITOS

O Oriente Médio é uma região marcada por uma série de tensões e conflitos que perduram há décadas. Entre os principais estão o conflito entre Israel e a Palestina, a atuação do Estado Islâmico, a reivindicação de território pelos curdos e o conflito na Síria.

ISRAEL E PALESTINA

O conflito entre israelenses e palestinos pelo território da **Palestina** teve origem com a criação do Estado de Israel, em 1948, e a não criação de um Estado Palestino, como previa o plano de partilha da ONU de 1947. A decisão de instalar Israel na região, que na época era ocupada majoritariamente por árabes, foi motivada por razões históricas, relacionadas ao local onde viveram os ancestrais dos judeus. Com a criação do Estado de Israel, grande parte dos palestinos que ali viviam se refugiou na Faixa de Gaza, na Jordânia, na Síria, no Líbano, no Iraque e no Egito.

A proposta de criação do Estado de Israel foi aceita pela Assembleia Geral da ONU, mas rejeitada pelos árabes palestinos e por países próximos, como Egito, Síria, Iraque, Líbano e Jordânia, países de maioria árabe. A partir de 1948, três guerras (a **Guerra da Partilha**, a **Guerra dos Seis Dias** e a **Guerra do Yom Kippur**) acabaram por consolidar territorialmente o Estado de Israel, já que os árabes foram derrotados nos três conflitos (figura 6).

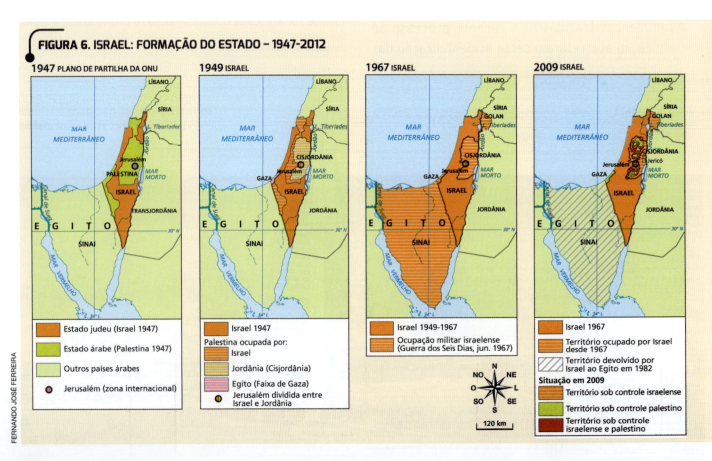

FIGURA 6. ISRAEL: FORMAÇÃO DO ESTADO – 1947-2012

CONFLITOS RECENTES ENTRE ISRAEL E PALESTINA

Ao longo dos últimos anos, a tensão entre palestinos e israelenses permaneceu e a radicalização de setores de ambos os lados dificultou ainda mais qualquer possibilidade de paz. A permanência de assentamentos israelenses em áreas da Cisjordânia, território ocupado por Israel em 1967, dificulta as negociações. Por outro lado, grupos palestinos não reconhecem a existência do Estado de Israel e defendem sua destruição.

Em 2012, a Assembleia Geral das Nações Unidas reconheceu a Palestina como Estado observador da ONU e, com isso, a Palestina (Cisjordânia e Faixa de Gaza) passou a ter permissão de solicitar ingresso em agências e órgãos ligados à ONU, incluindo o Tribunal Penal Internacional.

Desde o início de 2018, Israel e Palestina vivem uma nova onda de violência, sobretudo na Faixa de Gaza.

As tensões se iniciaram em razão das comemorações referentes aos 70 anos da criação do Estado de Israel, quando os palestinos instalaram um acampamento na fronteira com Israel para protestar contra a criação desse Estado – para os palestinos, a data significou a expulsão dos árabes de sua terra. As manifestações reivindicavam a obtenção das terras que teriam sido tomadas por Israel no ano de sua fundação, em 1948.

Outro acontecimento gerou a revolta dos palestinos: o anúncio, pelo então presidente dos Estados Unidos (Donald Trump), de que o país transferiu a embaixada estadunidense de Tel Aviv para Jerusalém, cidade sagrada para cristãos, muçulmanos e judeus, e dividida entre israelenses e palestinos. Visto com cautela pela comunidade internacional, especialmente pela União Europeia e pelos demais países do Oriente Médio, as lideranças estadunidenses incentivaram outras nações a transferirem suas embaixadas para Jerusalém, o que pode agravar o conflito na região.

> **PARA ASSISTIR**
>
> • **Promessas de um novo mundo**
> Direção: Carlos Bolado, Justine Shapiro e B. Z. Goldberg. Estados Unidos: Abril Vídeo, 2001.
>
> Documentário que aborda os conflitos na Palestina com base no depoimento de jovens palestinos e israelenses com idades entre 9 e 13 anos, residentes na cidade de Jerusalém. As entrevistas foram realizadas ao longo de três anos.

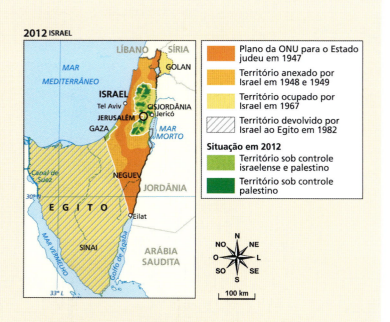

Fontes dos mapas: FERREIRA, Graça M. L. *Atlas geográfico*: espaço mundial. 4. ed. São Paulo: Moderna, 2013. p. 103; FERREIRA, Graça M. L. *Moderno Atlas Geográfico*. 6. ed. São Paulo: Moderna, 2016. p. 51.

Figura 7. Protesto de palestinos, próximo à fronteira israelense, contra a ocupação de terras palestinas por Israel (Gaza, 2018).

O ESTADO ISLÂMICO

O Estado Islâmico foi criado em meados de 2000, quando a maior liderança do grupo terrorista Al-Qaeda no Iraque foi capturada e morta pelas tropas estadunidenses. Sem seu líder, membros da então Al-Qaeda iraquiana mudaram o nome do grupo para Estado Islâmico do Iraque. Desde então, o grupo tem conseguido mais adeptos. Em 2014, o Estado Islâmico chegou a autoproclamar a criação de um **califado**, ou seja, um estado territorial próprio, governado e regido pela lei islâmica (*sharia*). Esse califado foi criado em territórios do Iraque e da Síria, mas não foi reconhecido internacionalmente.

ESTADO ISLÂMICO E TERRORISMO

As células do Estado Islâmico foram identificadas praticando atos de terrorismo em todo o Oriente Médio, na Europa, na África e no leste asiático (figura 8). Embora o Ocidente seja o principal alvo dos ataques, como forma de propaganda e para dar visibilidade mundial ao Estado Islâmico, a maior parte de suas vítimas é de muçulmanos acusados de serem infiéis ou de não praticarem a religião de maneira ortodoxa.

Desde 2015, no entanto, as ações do Estado Islâmico têm sido combatidas por coalizões internacionais, como a formada entre Rússia, Irã e Síria e as lideradas pela França e pelos Estados Unidos.

Os curdos, armados militarmente com o apoio dos Estados Unidos, exerceram papel importante para a expulsão do Estado Islâmico do norte da Síria. Esse grupo extremista foi praticamente expulso da Síria e perdeu o controle de regiões e cidades importantes do Iraque, como Mosul. O Estado Islâmico ainda realiza ações terroristas no mundo, especialmente no Oriente Médio.

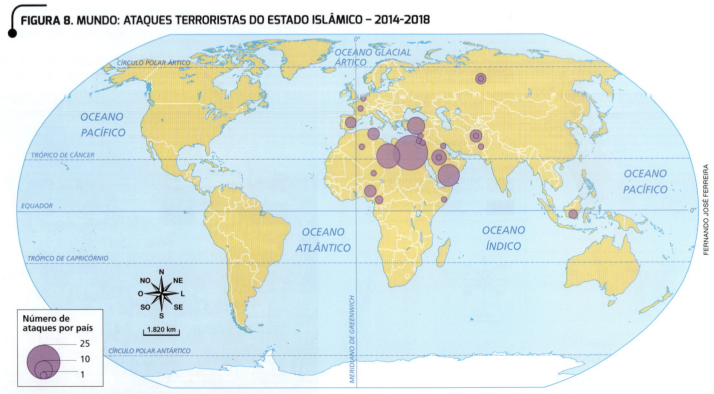

FIGURA 8. MUNDO: ATAQUES TERRORISTAS DO ESTADO ISLÂMICO – 2014-2018

Fonte: LISTER, Tim; SANCHEZ, Ray; BIXLER, Mark; O'KEY, Sean; HOGENMILLER, Michael; TAWFEEQ, Mohammed. CNN. Disponível em: <https://edition.cnn.com/2015/12/17/world/mapping-isis-attacks-around-the-world/index.html>. Acesso em: 4 jul. 2018.

OS CURDOS E A LUTA POR UM TERRITÓRIO PRÓPRIO

Estimados entre 25 e 30 milhões, os curdos são um povo que vive em territórios da Turquia, Síria, Iraque e Irã. Com características culturais e língua próprias, eles reivindicam a criação de um Estado (figura 9). Em outubro de 2017, por exemplo, os curdos que vivem em uma área no norte do Iraque realizaram um referendo e declararam a independência (figura 10). O governo iraquiano, porém, não reconheceu o referendo e exigiu a anulação do pleito.

Esse fato contribuiu para aumentar as tensões na região, pois Turquia, Síria e Irã temem que a vitória no referendo iraquiano estimule os curdos a organizarem novos movimentos separatistas.

Figura 9. Curdos em ato de celebração e protesto durante o festival de Nowruz, em Diyarbakir (sul da Turquia), que comemora a passagem do ano. Além de ser um momento de celebração, o festival também marca a reivindicação dos curdos pela criação e o reconhecimento de seu próprio território e Estado. Foto de 2018.

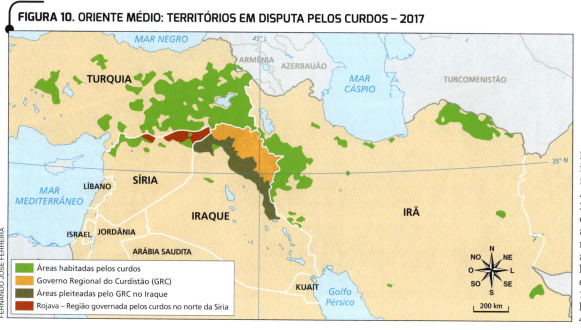

FIGURA 10. ORIENTE MÉDIO: TERRITÓRIOS EM DISPUTA PELOS CURDOS – 2017

Áreas habitadas pelos curdos
Governo Regional do Curdistão (GRC)
Áreas pleiteadas pelo GRC no Iraque
Rojava – Região governada pelos curdos no norte da Síria

Fonte: Iraq army "to intervene" if Kurds' referendum escalates. *Aljazeera*, 17 set. 2017. Disponível em: <https://www.aljazeera.com/news/2017/09/iraq-army-intervene-kurds-referendum-escalates-170917042312324.html>. Acesso em: 4 jul. 2018.

A GUERRA CIVIL NA SÍRIA

A instabilidade na Síria iniciou-se durante a **Primavera Árabe**, um período marcado por uma série de manifestações públicas contra regimes autoritários nos países árabes do norte da África e do Oriente Médio, a partir de dezembro de 2010. Inicialmente, as manifestações eclodiram na Tunísia, Egito, Líbia, Iêmen e Barein; posteriormente, aconteceram na Síria (figura 11). Na raiz das manifestações estavam a luta por democracia, o direito ao voto direto e a melhoria das condições sociais, uma vez que muitos países árabes estavam em crise econômica. As revoltas fizeram com que os líderes de Egito, Tunísia, Líbia e Iêmen fossem derrubados do poder pouco tempo após o início da onda de manifestações.

Foi nesse contexto que se iniciou, em janeiro de 2011, a guerra civil na Síria. Nesse país, permanece no governo Bashar al-Assad sucedendo ao seu pai, que governou a Síria de 1971 a 2000 – que assumiu o poder em 2000. Em 2007 e 2014 foram realizadas novas eleições na Síria, nas quais Bashar al-Assad foi reeleito.

Na Primavera Árabe, a população síria saiu às ruas para pedir a realização de eleições livres e diretas, além da saída de Bashar al-Assad do poder. As manifestações foram duramente reprimidas pelo exército, gerando revolta nos grupos oposicionistas e em outras minorias presentes no território sírio – iniciava-se então um conflito que duraria muitos anos.

O território sírio é ocupado por diferentes grupos religiosos e culturais, que disputam o protagonismo e o controle de regiões do país. Além das tropas oficiais do governo e das forças de oposição, outros grupos estão envolvidos no conflito. Ao norte do país, os curdos protegem os territórios ocupados e seguem buscando constituir um Estado territorial próprio, que abrangeria também partes do Iraque e da Turquia. O Estado Islâmico, por sua vez, disputa o controle de alguns territórios na Síria. Até 2014, vinha ganhando espaço e controle de parte significativa das regiões norte e leste da Síria. A partir daí, no entanto, começou a ser combatido também pelas coalizões militares internacionais, envolvendo potências como Rússia, Estados Unidos e França, além do próprio exército sírio e das forças de oposição.

Figura 11. Sírios protestam contra o governo do presidente Bashar al-Assad, em Homs (Síria, 2011).

Figura 12. Bombardeio aéreo comandado pela coligação liderada pelos Estados Unidos na fronteira Turquia-Síria, área então controlada pelo Estado Islâmico. Cidade de Kobani (Síria, 2014).

INTERVENÇÕES EXTERNAS NA GUERRA DA SÍRIA

Em 2014, o conflito ganhou proporções mundiais. Tropas militares francesas e estadunidenses bombardearam supostos alvos do Estado Islâmico em territórios da Síria com a justificativa de que se tratava de combate ao terrorismo internacional (figura 12). A ação militar foi duramente condenada pelo governo sírio e por seus aliados – Rússia e Irã –, agravando as relações diplomáticas entre Estados Unidos e Rússia. A Síria, por estar numa região com muitas reservas minerais, além de estratégica para distribuição do petróleo, é disputada pela influência geopolítica tanto dos Estados Unidos quanto da Rússia.

Em novembro de 2017, o regime de Bashar al-Assad expulsou o Estado Islâmico da maior parte de seu território e conseguiu controlar a guerra contra as forças da oposição. A situação, no entanto, está longe de ser resolvida, já que as tensões permanecem (figura 13).

A guerra se alastrou por todo o território sírio, destruiu parte expressiva de seu patrimônio cultural e deixou um grande rastro de destruição. Para fugir do conflito, uma quantidade enorme de sírios procura refúgio em localidades menos atingidas ou migra para outros países, especialmente Turquia e Jordânia, no Oriente Médio, e para o continente europeu. De acordo com a ONU, até abril de 2018, aproximadamente 53% da população da Síria tinha sido removida de suas localidades originais ou tinha emigrado.

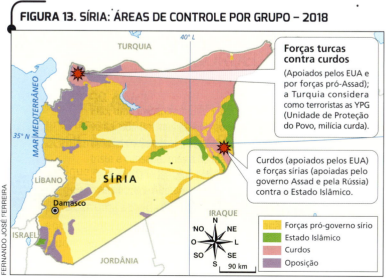

FIGURA 13. SÍRIA: ÁREAS DE CONTROLE POR GRUPO – 2018

Fonte: Guerra civil na Síria completa sete anos: entenda causas e consequências. *Folha de S.Paulo*, 15 mar. 2018. Disponível em: <https://www1.folha.uol.com.br/mundo/2018/03/guerra-civil-na-siria-completa-sete-anos-entenda-causas-e-consequencias.shtml>. Acesso em: 4 jul. 2018.

ATIVIDADES

ORGANIZAR O CONHECIMENTO

1. Por que o Oriente Médio é conhecido como uma região estratégica no mundo atual?

2. Considerando os aspectos naturais do Oriente Médio, assinale verdadeiro (V) ou falso (F) nas afirmações a seguir.

    ( ) Os climas árido e semiárido estão restritos ao Deserto da Arábia.

    ( ) Devido ao predomínio de clima desértico, não há prática de atividades agrícolas na região.

    ( ) Nos raros pontos em que as águas subterrâneas afloram à superfície há formação de oásis.

    ( ) A disponibilidade de água bastante restrita influencia na distribuição da população no território.

    ( ) Na maioria dos países da região verifica-se uma situação de penúria absoluta em água.

3. A respeito da atividade petrolífera no Oriente Médio, faça o que se pede.

    a) O que justifica afirmar que o Oriente Médio é essencial para a economia mundial?

    b) Identifique os três principais mercados consumidores do petróleo explorado na região.

4. Qual é a principal causa do conflito entre israelenses e palestinos?

5. Cite e explique uma consequência da Guerra da Síria para a população.

APLICAR SEUS CONHECIMENTOS

6. Leia a manchete a seguir e faça o que se pede.

    > "*Preço internacional do petróleo:*
    > *Opep estuda medida que conteria alta*
    >
    > Países avaliam relaxar o limite de barris que produzem por dia. No Brasil, alta dos preços causa maior greve dos caminhoneiros"
    >
    > El País. 26 mai. 2018. Disponível em: <https://brasil.elpais.com/brasil/2018/05/25/economia/1527248965_845029.html>.
    > Acesso em: 5 jul. 2018.

    a) Qual é o significado da sigla Opep?

    b) Conforme anunciado na manchete, a Opep poderia adotar medidas que influenciariam no preço do petróleo. Explique a que se deve esse poder de influência.

7. Observe a foto e leia a legenda para responder às questões.

Na Arábia Saudita, os campos de cultivo irrigado necessitam de um grande volume de água, que é bombeada de aquíferos profundos. Atualmente, mais da metade das antigas reservas de água subterrânea do país já se esgotaram. Na foto, campos de cultivo irrigado de trigo, em 2014.

a) Considerando as características climáticas da região e as informações apresentadas na legenda, por que é possível afirmar que a atividade representada na foto é insustentável?

b) Que consequências essa prática agrícola pode gerar para a população da região?

8. Em 2010, foi inaugurado, em Dubai, o Burj Khalifa. Essa torre é o prédio mais alto do mundo, com 828 metros e 160 andares, e custou 4,1 bilhões de dólares. De onde vieram os recursos para esse e muitos outros projetos que transformaram a paisagem de Dubai nos últimos anos? Comente as recentes mudanças econômicas nos Emirados Árabes Unidos.

Edifício Burj Khalifa, em Dubai (Emirados Árabes Unidos, 2018).

9. Leia atentamente o texto e responda às seguintes questões.

"Após ter realizado neste sábado (20) bombardeios aéreos contra alvos curdos na fronteira com a Síria, o governo da Turquia deu início, no domingo (21), a uma incursão terrestre, usando fileiras de tanques de guerra, além da infantaria e de peças de artilharia, na região síria de Afrin. O objetivo da ofensiva militar turca é fazer com que as forças curdas existentes na faixa de fronteira recuem pelo menos 30 quilômetros na direção do interior da Síria. [...]

A questão central neste conflito é a reivindicação dos curdos de criar um Estado próprio numa vasta extensão territorial que inclui partes da Síria, do Iraque, do Irã, da Turquia e da Armênia. Os curdos constituem a maior população sem Estado do mundo. As estimativas demográficas variam entre 25 milhões e 40 milhões de curdos espalhados por uma área de 500 mil quilômetros quadrados. Na Turquia eles são 15 milhões e correspondem a um quarto da população local. Durante a guerra na Síria, forças curdas foram fundamentais no combate ao Estado Islâmico – grupo terrorista que se originou no Iraque e passou a agir de forma estruturada na Síria, de onde comandou ataques terroristas contra alvos em diversas partes do mundo, incluindo os EUA e a Europa."

CHARLEAUX, João Paulo. Por que a Turquia bombardeia os curdos na Síria. NEXO, 22 jan. 2018. Disponível em: <https://www.nexojornal.com.br/expresso/2018/01/22/Por-que-a-Turquia-bombardeia-os-curdos-na-S%C3%ADria>. Acesso em: 4 jul. 2018.

a) Qual é a principal reivindicação do povo curdo e por quais razões ela não é atendida pelos países onde esse povo vive?

b) Qual foi o papel exercido pelos curdos na guerra da Síria e por que receberam apoio dos Estados Unidos no conflito?

10. Jerusalém é uma cidade emblemática, sagrada para judeus, cristãos e muçulmanos. Por que o fato de os Estados Unidos mudarem sua embaixada para Jerusalém foi muito bem recebido por israelenses e desagradou os palestinos?

11. Analise o mapa e faça o que se pede.

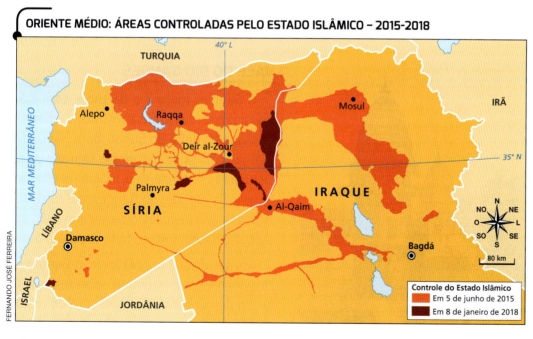

Fonte: Islamic State and the crisis in Iraq and Syria in maps. BBC, 28 mar. 2018. Disponível em: <https://www.bbc.com/news/world-middle-east-27838034>. Acesso em: 4 jul. 2018.

a) De acordo com o mapa, quais países já foram ou ainda são parcialmente ocupados pelo Estado Islâmico?

b) Considerando o período ao qual o mapa se refere, explique quais foram as razões que levaram o Estado Islâmico a perder o controle territorial nos últimos três anos.

TEMA 3 — ÍNDIA

> O que explica o atual crescimento econômico da Índia?

ASPECTOS GERAIS

Localizada ao sul da Ásia e banhada pelo Oceano Índico, a Índia tem a sétima maior extensão territorial do mundo e faz fronteira com seis países: Paquistão, China, Nepal, Butão, Bangladesh e Mianmar.

A Índia é uma república federativa constituída por 28 estados e 7 uniões territoriais. Cerca de um terço da população indiana, que é de 1,3 bilhão de habitantes, vive em cidades. Há grandes aglomerações urbanas, como Mumbai, Calcutá, Bangalore, além da capital, Nova Délhi.

Reveja nos mapas do Tema 1 da Unidade 5 a distribuição das formas de relevo, tipos de vegetação nativa e climas predominantes na Índia.

POPULAÇÃO

A Índia tem a segunda maior população do mundo, superada apenas pela da China.

Segundo o Banco Mundial, a taxa de fecundidade da Índia em 1960 era de 5,9 filhos por mulher. Em 2016, essa taxa caiu para 2,3 filhos por mulher. Apesar do declínio do crescimento demográfico das últimas décadas, a ONU prevê que, em 2030, a população da Índia será a maior do planeta, com 1,5 bilhão de pessoas.

A urbanização na Índia ocorre de maneira acelerada e cada vez mais pessoas se deslocam para grandes e médias cidades. Contudo, a população do país ainda é predominantemente rural: em 2017, 66% dos indianos moravam no campo.

VALE DO RIO GANGES

O Ganges, maior rio da Índia, com 2,5 mil quilômetros de extensão, nasce no Himalaia e deságua no delta do Sundarbans, no Golfo de Bengala. Trata-se de um rio sagrado para os seguidores do hinduísmo, religião predominante no país. No vale do Ganges, estão situadas algumas das maiores cidades indianas, como Calcutá, Patna e Nova Délhi (figura 14).

Apesar da sua importância, o Ganges está seriamente comprometido, sobretudo pela poluição decorrente do lançamento de resíduos residenciais e industriais. O quadro se agrava pela falta de tratamento de esgoto das cidades localizadas às suas margens.

Figura 14. Templo da deusa Ganga às margens do Rio Ganges, em Uttrakhand (Índia, 2018).

AS GRANDES CIDADES E O CRESCIMENTO URBANO

Mumbai, Nova Délhi, Bangalore, Calcutá e Chennai são algumas das cidades indianas que cresceram sem planejamento, formando alguns dos principais **aglomerados urbanos** do mundo. Mumbai, por exemplo, é a maior cidade da Índia e uma das maiores metrópoles do mundo. Assim como outras grandes cidades de países em desenvolvimento, os centros urbanos indianos apresentam forte contraste social, com infraestrutura precária, intensa favelização, sistema de saúde defasado e acesso restrito a água tratada.

DESIGUALDADES SOCIAIS

A grande diversidade cultural e socioeconômica é uma importante característica da Índia: além da multiplicidade de religiões praticadas (hinduísmo, islamismo, cristianismo, sikhismo, entre outras) e de línguas faladas (hindi, bengali, inglês etc.), há no país uma forte **estratificação social**. A desigualdade social na Índia é resultado da associação entre o processo histórico colonial concentrador de renda e a existência de um sistema que impede a ascensão socioeconômica de grande parte da população, por meio de fundamentação religiosa.

Esse cenário ajuda a explicar a elevada pobreza e os baixos índices sociais na Índia: em 2016, a expectativa de vida no país era de 68,5 anos e o analfabetismo atingia 37% (chegando a 50% entre as mulheres). Além disso, cerca de um terço dos indianos tem menos de 14 anos, o que faz com que os escassos serviços de saúde e educação se apresentem como um problema ainda mais grave.

No espaço rural ou nas cidades, há extensa precariedade de saneamento básico – acessível a 35% da população –, eletricidade, transporte e habitação (figura 15).

AS CASTAS

O **sistema de castas** é uma forma de organização social que se fundamenta na religião hindu e está associada às desigualdades sociais. Nesse tipo de organização social, a posição do indivíduo é definida no nascimento, e ele não pode mudar sua condição ao longo da vida. Esse sistema é dividido em quatro castas. Segundo o Rig Veda, escritura sagrada do hinduísmo, cada uma delas se originou de uma parte do corpo de Brahma, o deus supremo.

Os indivíduos considerados impuros por não terem origem no corpo de Brahma formam um grupo à parte, extremamente segregado e discriminado: são chamados de "*dalits*" ("intocáveis"). Existem, ainda, milhares de subcastas, o que torna esse sistema muito complexo.

Embora formalmente banido pelo Estado, e com sua importância em declínio, o sistema de castas está arraigado na sociedade indiana e os grupos excluídos continuam vítimas do preconceito. Como forma de se libertar dessa realidade, muitos *dalits* se converteram ao islamismo e ao budismo.

Figura 15. Dharavi, uma das maiores favelas do mundo, em Mumbai (Índia, 2017).

> **PARA ASSISTIR**
>
> **Lion – uma jornada para a casa**
> Direção: Garth Davis. Austrália/Estados Unidos/Reino Unido: Diamond Filmes, 2016.
>
> O filme narra a história de Saroo, um jovem indiano que é adotado por uma família australiana. Chegando à idade adulta, Saroo decide procurar sua família na Índia e retorna depois de muito tempo à sua cidade natal.

ECONOMIA E PRESENÇA ESTATAL

Após a independência do país, em 1947, houve elevados investimentos do Estado em ramos industriais como o siderúrgico, o bélico, o automotivo e o de máquinas e equipamentos, visando substituir as importações e tornar o país mais autossuficiente.

Graças à oferta e à extração de recursos naturais (sobretudo combustíveis fósseis), intensificaram-se as obras de infraestrutura, como rodovias, ferrovias, usinas para a produção de energia elétrica etc.

A fim de superar uma crise econômica, a partir de 1991, o governo tomou uma série de medidas que redimensionaram a presença estatal e desencadearam o crescimento econômico. A Índia passou a receber grandes investimentos estrangeiros associados à indústria nacional, mantendo o Estado como acionista majoritário em empresas de áreas estratégicas, ligadas à indústria de base e à geração de energia.

Atualmente, a economia indiana é diversificada (figura 16). Além de contar com um parque industrial espalhado pelos núcleos urbanos (Calcutá, Mumbai, Chennai e Nova Délhi), o país dispõe de reservas de petróleo, carvão e ferro — recursos fundamentais para os setores siderúrgico e petroquímico.

A agricultura, praticada em vastas áreas do território, é o setor que mais emprega na Índia. Ainda hoje, grande parte da agricultura indiana é voltada para a exportação de produtos tropicais, herança das *plantations* coloniais que ocuparam as melhores terras com cultivos de algodão, chá, juta e cana-de-açúcar.

O setor de serviços é o mais dinâmico da economia da Índia e tem promovido a integração do país no mercado global por meio do desenvolvimento de empresas de alta tecnologia (figura 17).

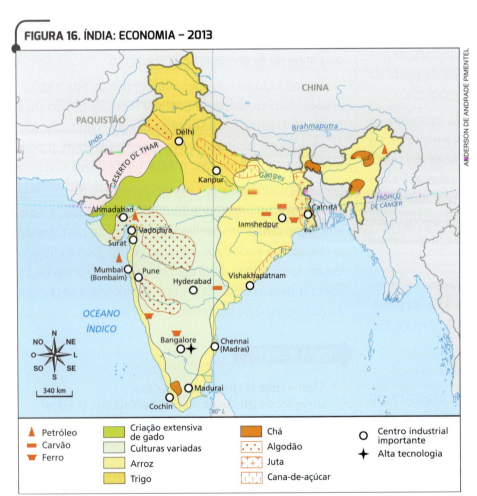

FIGURA 16. ÍNDIA: ECONOMIA – 2013

Fonte: FERREIRA, Graça, M. L. *Atlas geográfico*: espaço mundial. 4. ed. São Paulo: Moderna, 2013. p. 101.

FIGURA 17. ÍNDIA: PIB POR SETOR – 2016

- Comércio e serviços: 53,8%
- Indústria: 28,85%
- Agricultura: 17,35%

Fonte: STATISTA. Disponível em: <https://www.statista.com/statistics/271329/distribution-of-gross-domestic-product-gdp-across-economic-sectors-in-india/>. Acesso em: 5 jul. 2018.

Figura 18. A cidade de Bangalore, localizada no sul da Índia, concentra universidades, empresas indianas de ponta e transnacionais dos setores de alta tecnologia e telecomunicação. Na foto, sede de uma grande empresa de *software* indiana em Bangalore (Índia, 2014).

EMPRESAS DE ALTA TECNOLOGIA

Nas últimas décadas, a Índia ganhou destaque nas atividades ligadas à Tecnologia da Informação (TI), desenvolvidas em escritórios situados, em sua maioria, na cidade de Bangalore, no sul do país. Empresas indianas prestam serviços a grandes corporações transnacionais, criando aplicativos, programas e outros produtos.

Um dos fatores que contribuem para essa expansão é o forte movimento de retorno ao país de jovens indianos que se especializaram em áreas voltadas à informática e à engenharia em universidades dos Estados Unidos e do Reino Unido. Essa mão de obra altamente qualificada (figura 18) tem sido fundamental para o desenvolvimento da indústria ligada à informática e para a criação de escolas de engenharia na Índia.

Tecnologia da Informação (TI): conjunto de atividades que utilizam a computação como meio para produção, transmissão, armazenamento e utilização de informações, como, por exemplo, a criação de *softwares* (programas de computador).

MÃO DE OBRA E MERCADO INTERNO

A Índia tem atraído para seu território empresas de vários países (principalmente dos Estados Unidos e do Japão) por diversos motivos:

- mão de obra qualificada, composta de técnicos e engenheiros formados em universidades e escolas técnicas do país;

- excedente de mão de obra com baixa qualificação, que ocupa os postos de trabalho que exigem pouca especialização;

- mercado consumidor com elevado potencial (com o aumento da renda *per capita* ocorrido nos últimos anos, houve ampliação da demanda por bens de consumo). A expansão do consumo interno contribui, assim, para o crescimento econômico do país.

POTÊNCIA EMERGENTE

Com um PIB de 2,6 trilhões de dólares (2017), a Índia é a décima economia do planeta e, desde a década de 1990, apresenta taxas elevadas de crescimento econômico, resultado de investimentos e do estabelecimento de acordos bilaterais em escala regional e global. O comércio regional é intenso e os principais parceiros são a China, o Japão e a Coreia do Sul. Nos últimos anos, o país também tem intensificado as relações comerciais com a África e a América do Sul.

Caracterizada como **potência emergente**, a Índia forma, juntamente com Brasil, Rússia, China e África do Sul, o grupo do **Brics**. Em 2016, a Índia teve o maior crescimento econômico entre os cinco países do grupo: 7,1%.

Outro fator que coloca a Índia em destaque no cenário internacional é seu arsenal nuclear, desenvolvido no contexto das disputas territoriais com o Paquistão. Os dois países não são signatários do Tratado de Não Proliferação de Armas Nucleares.

CONFLITOS ÉTNICOS E SEPARATISTAS

Alguns conflitos étnicos e separatistas ameaçam a unidade territorial da Índia. Entre eles estão a disputa com o Paquistão pela **Caxemira**, território localizado ao norte do país; os confrontos entre hinduístas e *sikhs*, grupo étnico-religioso do estado do **Punjab** (situado a noroeste do território indiano) que reivindica a independência política; e a luta entre indianos e chineses pelas regiões de **Aksai Chin** (dominada pela China e reclamada pela Índia) e de **Arunachal Pradesh** (dominada pelos indianos e reivindicada pelos chineses).

Com relação à disputa pelo território da Caxemira, desde sua independência, o país travou três guerras com o vizinho Paquistão – de maioria muçulmana – ao longo do século XX. O conflito ocorre por motivações étnicas e estratégicas, já que a Caxemira concentra importantes recursos hídricos que interessam aos dois países.

Atualmente, a Índia tem um território amplamente militarizado, mantendo acordos de comércio de armas e proteção militar com Rússia, França e Israel (figura 19).

FIGURA 19. ÍNDIA: FRONTEIRAS CONTESTADAS E TENSÕES

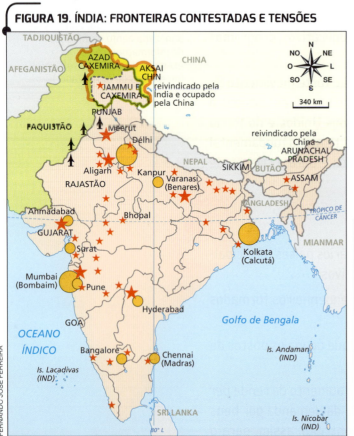

Fonte: FERREIRA, Graça M. L. *Moderno Atlas Geográfico*. 6. ed. São Paulo: Moderna, 2016. p. 51.

Tratado de Não Proliferação Nuclear: acordo internacional de 1968 que visa impedir o uso de materiais atômicos para fins bélicos, promover a erradicação das armas nucleares e garantir o uso da energia nuclear somente para fins pacíficos.

De olho no mapa

1. Onde estão concentrados os mísseis balísticos na Índia? O que justifica a presença desse arsenal nessa porção do território?

2. As regiões com aglomerados urbanos coincidem com áreas de tensões entre hindus e muçulmanos?

TECNOLOGIA E GEOGRAFIA

Tecnologia e planejamento urbano

"Em Bangalore, gigantes da tecnologia e *startups* normalmente passam os dias disputando entre si para conquistar clientes. No entanto, agora estão voltando a atenção para um inimigo comum: o congestionamento infernal da cidade indiana.

Atravessar a cidade para ir trabalhar pode levar horas, e isso inspirou o Gridlock Hackathon, um concurso iniciado pela Flipkart Online Services para que os trabalhadores do setor tecnológico encontrem soluções para o emaranhado urbano que custa bilhões de dólares para a economia. [...]

As ideias apresentadas no Hackathon vão desde o uso de inteligência artificial e *big data* nos fluxos de tráfego até ideias realmente revolucionárias, como carros voadores.

O engarrafamento continua sendo um problema para uma cidade que depende de seu setor de tecnologia e busca atrair novos investimentos. Bangalore é o lar das gigantes asiáticas de terceirização Infosys e Wipro e de 800.000 trabalhadores de tecnologia, que representam 38 por cento do setor de terceirização de *software* do país, de US$ 116 bilhões, de acordo com Priyank Kharge, ministro de estado de Tecnologia da Informação.

• Paródia no Twitter

'O trânsito é o único aspecto negativo de Bangalore', disse Kharge. 'Quando as delegações trazem propostas de investimento para o governo, eu lhes digo: a cidade é fantástica em todos os sentidos, do clima a tudo o mais'.

No entanto, o trânsito é tão ruim que o mais infame congestionamento de Bangalore, no entroncamento Silk Board, tem uma conta própria no Twitter, uma paródia que se intitula 'o maior estacionamento da Índia'."

RAI, Saritha. Concurso tecnológico busca resolver engarrafamento de Bangalore. UOL, 10 jun. 2017. Disponível em: <https://economia.uol.com.br/noticias/bloomberg/2017/07/10/concurso-tecnologico-busca-resolver-engarrafamento-de-bangalore.htm>. Acesso em: 6 jul. 2018.

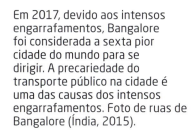

Em 2017, devido aos intensos engarrafamentos, Bangalore foi considerada a sexta pior cidade do mundo para se dirigir. A precariedade do transporte público na cidade é uma das causas dos intensos engarrafamentos. Foto de ruas de Bangalore (Índia, 2015).

Big data: em Tecnologia da Informação, é o nome dado a uma grande quantidade de dados coletados e armazenados em computadores.

ATIVIDADES

1. No concurso mencionado, os participantes contribuíram com projetos relacionados ao uso de quais tecnologias?

2. De que forma você acha que essas tecnologias poderiam contribuir para a redução dos congestionamentos em Bangalore?

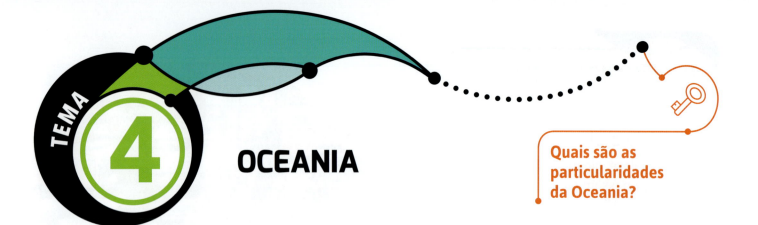

TEMA 4
OCEANIA

Quais são as particularidades da Oceania?

ASPECTOS GERAIS

A Oceania ocupa uma área de 8.923.000 km², dos quais 85% correspondem à Austrália — que, por isso, é chamada de ilha-continente. Além da Austrália, o continente possui duas outras massas territoriais, onde estão Papua Nova Guiné e Nova Zelândia. Existem também inúmeras pequenas ilhas e atóis dispersos pelo Oceano Pacífico, que se dividem em três grupos: Melanésia, Micronésia e Polinésia, que abrange o maior número de ilhas (figura 20).

A Oceania se destaca por suas paisagens diversificadas, que incluem desertos, praias, montanhas, fiordes e vulcões ativos, e climas que vão do equatorial ao desértico. Nos arquipélagos e pequenas ilhas, as populações vivem da agricultura, da pesca e do turismo. Muitas ilhotas são desabitadas.

A Austrália e a Nova Zelândia são os países desenvolvidos do continente. Os demais países estão em desenvolvimento, muitos ligados às economias australiana e neozelandesa.

FIGURA 20. OCEANIA: FÍSICO E POLÍTICO

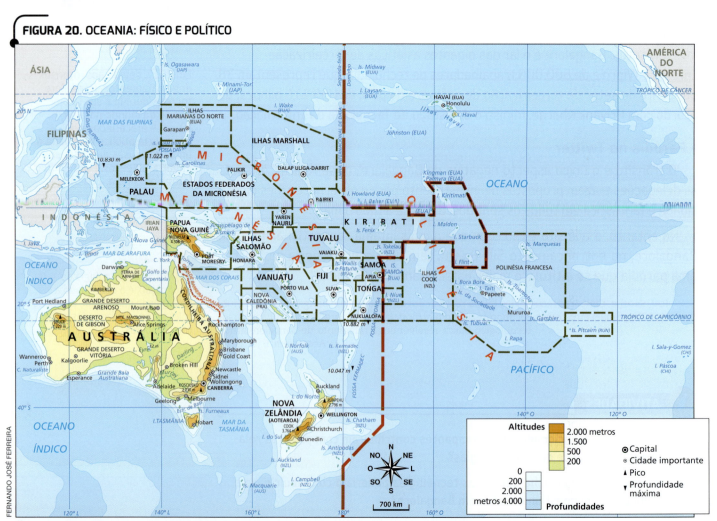

Fonte: FERREIRA, Graça M. L. Atlas geográfico: espaço mundial. 4. ed. São Paulo: Moderna, 2013. p. 110.

Figura 21. Os aborígines australianos descendem de uma das culturas mais antigas de que se tem conhecimento, de cerca de 50 mil anos. Hoje, organizam-se para ter maior representatividade política. Na foto, festival Bwgcolman, organizado por residentes aborígines (Austrália, 2018).

POPULAÇÃO

A Oceania é o segundo continente menos populoso do mundo e possui 40,7 milhões de habitantes. Suas milhares de ilhas, originalmente habitadas por povos com diferentes línguas e culturas, enfrentaram o domínio colonial europeu do fim do século XVIII ao século XIX.

POVOS NATIVOS E EUROPEUS

A maior parte da população da Oceania é descendente de europeus, vindos especialmente do Reino Unido a partir do final do século XVIII. A ocupação do continente por europeus iniciou-se em 1788, quando os britânicos estabeleceram na atual Austrália uma colônia penal que recebeu mais de 160 mil pessoas. Em meados do século XIX, seguiram-se grandes levas imigratórias provenientes do Reino Unido.

As populações descendentes dos povos nativos — sobretudo os **maoris**, na Nova Zelândia, e os **aborígines** na Austrália — lutam hoje em dia pela preservação de sua cultura.

No século XVIII, no início da colonização, os aborígines somavam mais de um milhão de pessoas. Hoje, são cerca de 700 mil pessoas e vivem, em sua maioria, em reservas, onde podem preservar sua cultura (figura 21). Recentemente, aborígines conquistaram importantes direitos civis, como o de votar.

Os maoris (povo originário da Polinésia) perfazem, atualmente, cerca de 14% do total da população da Nova Zelândia.

QUADRO

O aumento da temperatura global

O aumento da temperatura terrestre tem tido reflexos negativos na Oceania. Muitos países insulares, formados por atóis e recifes, como Tuvalu e Kiribati, estão ameaçados de desaparecer pelo aumento do nível do mar, causado pelo derretimento das geleiras dos polos.

Tuvalu está somente cinco metros acima do nível do mar. Cerca de 20 países, inclusive Tuvalu, se reuniram no bloco conhecido como V20, países vulneráveis à mudança climática. Na foto, vista de Tuvalu em 2007.

Colônia penal: assentamento humano criado para receber prisioneiros e separá-los da população; geralmente, as colônias penais são instaladas em lugares remotos, como ilhas.

AUSTRÁLIA

A Austrália, cuja população soma 25,1 milhões de pessoas, segundo dados de 2017, apresenta, além da massa continental, pequenos arquipélagos, entre os quais se destaca o da Tasmânia, ao sul.

Na costa nordeste do estado australiano de Queensland, encontra-se o maior recife de corais do mundo — a Grande Barreira de Corais australiana, com uma extensão de aproximadamente 2.300 quilômetros (figura 22). A barreira é considerada Patrimônio Mundial da Humanidade e, devido ao aquecimento global, está ameaçada. Cientistas afirmam que essa foi a causa da morte de um terço dos corais de superfície em 2016.

ECONOMIA

A Austrália apresentou significativo desenvolvimento econômico nas duas últimas décadas do século XX, fruto de sua maior integração na economia global — principalmente com China, Japão, países do Sudeste Asiático e Estados Unidos.

A agricultura é uma atividade altamente produtiva no país, sendo voltada para a exportação: a Austrália se destaca na produção e exportação de trigo (figura 23). Na costa oriental australiana, predomina a produção de cana-de-açúcar. Na pecuária, destacam-se os rebanhos de bovinos e ovinos, e o país é um importante exportador de carne.

EXPORTAÇÃO DE MINÉRIOS

A demanda asiática por recursos naturais e fontes de energia tem sido crescente, especialmente por parte da China. A Austrália, que possui um subsolo rico em minérios como urânio, zinco, ferro, chumbo, bauxita, cobre, ouro, manganês, níquel e carvão, tornou-se com isso um importante exportador desses recursos.

Hoje em dia, o país é o terceiro maior exportador mundial de carvão (sendo superado por Estados Unidos e Rússia), abrigando a quarta maior reserva carbonífera do planeta (cerca de 9% das reservas mundiais). O carvão é a principal fonte energética do país. Apesar de altamente poluente, as grandes empresas ligadas aos setores de energia e mineração não têm demonstrado interesse em reduzir a exploração, o uso e a exportação desse minério.

Figura 22. Os recifes de corais se desenvolvem em águas rasas com temperaturas entre 23 °C e 29 °C. Eles abrigam cerca de 25% da vida marinha do planeta. Na foto, barreiras de corais (Austrália, 2018).

Figura 23. A Austrália é o segundo país que mais exporta trigo no mundo; o primeiro é os Estados Unidos. Na foto, extensa lavoura de trigo em Barossa (Austrália, 2017).

NOVA ZELÂNDIA

A Nova Zelândia é um arquipélago formado por duas ilhas principais (Ilha do Norte e Ilha do Sul) e outras menores, contando uma população de 4,6 milhões de habitantes.

A Nova Zelândia apresenta, em grande parte, relevo montanhoso e elevado, consequência de estar situada em uma área de encontro de placas tectônicas, a Indo-Australiana e a do Pacífico. Em seu território, há vulcões ativos e constantes tremores de terra.

O país tem um subsolo rico em gás natural, petróleo, carvão, ferro e ouro. Em sua economia, destacam-se a exportação de trigo, a exploração de madeira e a mineração. A pecuária, focada na criação de bovinos e ovinos, também tem grande importância econômica e o país é o maior exportador mundial de leite nos dias de hoje. O turismo é uma importante fonte de receita para o país: mais de 3 milhões de turistas visitam a Nova Zelândia anualmente (figura 24).

Figura 24. Os vulcões neozelandeses são visitados por milhares de turistas todos os anos, que percorrem principalmente trilhas em suas encostas e crateras. A grande maioria está adormecida, não entrando em erupção há muitas décadas. Na foto, turistas fazem trilha no vulcão conhecido como Monte Ngauruhoe (Nova Zelândia, 2014).

PAPUA NOVA GUINÉ

Papua Nova Guiné, cuja população é de pouco mais de 8,1 milhões de habitantes, ocupa a metade oriental da Ilha de Nova Guiné, que se divide em duas partes. A metade ocidental da ilha faz parte da Indonésia e pertence à Ásia.

Papua Nova Guiné é rica em petróleo, gás natural e minérios. A exportação de ouro e cobre, principalmente para Austrália e Japão, é uma importante fonte de renda para o país, enquanto a agricultura garante a subsistência da maior parte da população (figura 25).

Trilha de estudo

Vai estudar? Nosso assistente virtual no *app* pode ajudar!
<http://mod.lk/trilhas>

Figura 25. Ilha de Kiriwina (Papua Nova Guiné, 2017).

ATIVIDADES

ORGANIZAR O CONHECIMENTO

1. A população da Índia é predominantemente urbana, o que agrava os problemas das cidades mais populosas do país. Essa afirmação é verdadeira ou falsa? Justifique.

2. Explique a importância do Estado indiano e dos investimentos estrangeiros para o crescimento econômico da Índia.

3. Sobre as características econômicas e geopolíticas da Índia, assinale as afirmativas verdadeiras e reescreva as falsas, corrigindo o erro, no caderno.

    a) A Índia é uma potência emergente que tem apresentado elevado crescimento econômico nas últimas décadas.

    b) Índia e China disputam o controle da Caxemira, localizada ao norte do território indiano.

    c) Apesar de contar com armas nucleares, a Índia não possui atualmente conflitos em suas fronteiras ou dentro de seu território.

    d) O setor de comércio e serviços é o setor mais relevante para o PIB da Índia, mas a agricultura é o setor que mais emprega mão de obra no país.

    e) Os confrontos entre hindus e *sikhs* no estado do Punjab têm gerado tensões no sul do território indiano.

4. Assinale a alternativa correta.

    a) Austrália, Nova Zelândia e Papua Nova Guiné são os países que formam a Oceania.

    b) A Nova Zelândia é formada pelas duas maiores ilhas do continente.

    c) Predomina na Austrália o clima temperado.

    d) Grande parte da Nova Zelândia é habitada por povos aborígines.

    e) A Nova Zelândia encontra-se em uma região de encontro de placas tectônicas, sujeita a vulcanismo e terremotos.

5. Quais são os nomes dos dois povos nativos mais presentes na Oceania e em que países atuais eles vivem?

APLICAR SEUS CONHECIMENTOS

6. De acordo com o texto a seguir e os seus conhecimentos, responda às questões.

    "A economia da Índia cresceu mais que a da China em 2015 pela primeira vez desde 1999, e a previsão do Fundo Monetário Internacional é que essa seja uma tendência pelos próximos anos.

    No segundo trimestre de 2016, o PIB da Índia cresceu 7,1% contra o mesmo período de 2015. Na mesma base de comparação, a economia da China teve expansão de 7%, e a do Brasil, recuo de 3,8%.

    [...]

    O professor Arnaldo Francisco Cardoso aponta que 'a distribuição de renda ainda é terrível' na Índia, mesmo com o crescimento econômico. 'É bastante sabido que crescimento do PIB não representa a melhora de distribuição de renda. E esse ainda é um grande desafio na Índia.'

    [...] a Índia 'tem uma população enorme, mas um terço dessas pessoas são absolutamente miseráveis. Têm muita dificuldade para encontrar um prato de comida por dia e não têm onde morar. É um problema muito sério, são cerca de 400 milhões de pessoas'. O país tem mais de 1,3 bilhão de habitantes, segundo dados de 2015 do FMI.

    [...] 'o crescimento das últimas décadas piorou a distribuição de renda no país, pela falta de pessoas com maiores níveis de escolaridade, o que elevou muito os salários das pessoas com maior escolaridade, sobretudo daquelas com ensino superior'."

    TREVIZAN, Karina. Índia é destaque entre Brics, com crise no Brasil e desaceleração da China. G1, 1º set. 2016. Economia. Disponível em: <http://g1.globo.com/economia/noticia/2016/09/india-e-destaque-entre-brics-com-crise-no-brasil-e-desaceleracao-da-china.html>. Acesso em: 5 jul. 2018.

    a) Com base em exemplos do texto, por que podemos dizer que a Índia apresenta muitos contrastes?

    b) Nos últimos anos, o que contribuiu para que a Índia alcançasse crescimento econômico?

7. Interprete o gráfico abaixo, recorra aos seus conhecimentos e faça o que se pede.

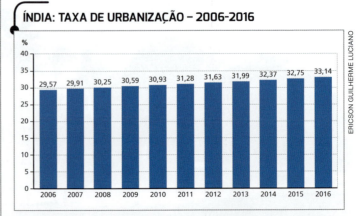

ÍNDIA: TAXA DE URBANIZAÇÃO – 2006-2016

Ano	%
2006	29,57
2007	29,91
2008	30,25
2009	30,59
2010	30,93
2011	31,28
2012	31,63
2013	31,99
2014	32,37
2015	32,75
2016	33,14

Fonte: STATISTA. *India: Degree of urbanization from 2006 to 2016*. Disponível em: <https://www.statista.com/statistics/271312/urbanization-in-india>. Acesso em: 5 jul. 2018.

a) Explique o que o gráfico está representando.

b) Considerando que a Índia apresenta a segunda maior população do mundo, que tipo de problemas as pessoas que vivem em aglomerados urbanos do país enfrentam?

c) Explique de que maneira o sistema de castas agrava os problemas sociais na Índia.

8. Analise o gráfico a seguir e relacione-o com o que você aprendeu sobre a economia da Austrália no período.

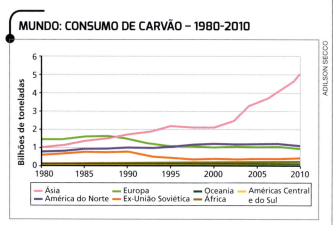

MUNDO: CONSUMO DE CARVÃO – 1980-2010

Fonte: EIA. Disponível em: <www.eia.gov/todayinenergy/detail.cfm?id=4390>. Acesso em: 6 jul. 2018.

9. (EBMSP, 2015) Gigante asiático, a Índia se destaca pela economia em ascensão, mas mantém uma parcela considerável da população em situação de miséria. O país está na vanguarda da globalização, mas, nas cidades, a população precisa comprar água ou cavar poços artesianos. O sistema de castas ainda é mantido. Se alguém nasce intocável, será difícil obter as mesmas chances de educação de outros indianos.

HILLER, Érico. O caminho de um país emergente. *Horizonte Geográfico*. São Paulo: Horizonte, a. 22, n. 122, p. 73-77, abr. 2009. Adaptado.

As informações contidas no texto revelam que, no momento, um dos componentes do BRICS (bloco econômico formado por Brasil, Rússia, Índia, China e África do Sul):

a) enfrenta profundas contradições que opõem o progresso tecnológico a históricos desequilíbrios sociais relacionados à estratificação social baseada no preconceito e na exploração.

b) tem seu desenvolvimento científico limitado pela manutenção do sistema de castas que separa drasticamente os habitantes das cidades dos nascidos no campo.

c) apresenta, entre seus problemas sociais, a manutenção da escravidão da mulher, considerada, de acordo com o budismo, impura e incapaz de viver livremente em sociedade.

d) impõe uma política imperialista aos seus vizinhos asiáticos em razão de possuir arsenal atômico em condições de uso imediato.

e) preserva seus laços de dependência frente à Inglaterra, de quem recebe apoio tecnológico e financeiro para assegurar seus programas nucleares.

10. Na atual Austrália, um dos mais violentos atos praticados contra os aborígines foi a retirada de mais de 100 mil crianças de seus pais, levadas para serem criadas por casais de origem europeia.

Essa medida, que vigorou de 1900 a 1970, criou "gerações perdidas" de indivíduos que não se identificaram com seus antepassados, mas também não eram aceitos pelos descendentes europeus. Embora atuantes em vários segmentos da sociedade australiana, muitas dessas pessoas ainda vivem isoladas, em áreas distantes das grandes cidades.

a) Como os colonizadores europeus encaravam os nativos da Oceania?

b) Buscando relacionar os casos estudados, seu conhecimento histórico e o momento presente, produzam em grupo um texto questionando a postura de intolerância étnica e a importância de se preservarem as diferentes culturas.

DESAFIO DIGITAL

11. Acesse o objeto digital *Castas indianas*, disponível em <http://mod.lk/desv9u8>, e faça o que se pede.

a) Segundo os hindus, como se estrutura o sistema de castas?

b) Nas últimas décadas, o que contribuiu para a ascensão cada vez maior de grupos excluídos pelo sistema de castas?

c) Apesar de abolido, por que o sistema de castas ainda está presente na sociedade indiana?

 Mais questões no livro digital

REPRESENTAÇÕES GRÁFICAS

Batimetria

O fundo dos oceanos apresenta topografia irregular. As diferentes formas interferem nas correntes marítimas, na pesca, no deslocamento de animais marinhos, de navios e submarinos etc. Para conhecer essa topografia e saber em que áreas o mar é mais ou menos profundo, os oceanógrafos aperfeiçoaram um levantamento realizado por sonares ou **ecobatímetros** ("bate", do prefixo grego *bathús*, exprime a noção de profundidade).

O ecobatímetro, instalado em um navio, funciona como um radar que emite ondas de som. Depois de emiti-las, o aparelho calcula a profundidade dos alvos atingidos pelas ondas sonoras tendo por base o tempo que essas ondas levam para voltar até ele (daí o prefixo *eco*).

As informações coletadas podem servir de base para a elaboração de um mapa com batimetria. Nesse tipo de mapa, tons de azul são utilizados para representar o nível de profundidade: azul-claro para as áreas mais rasas e tons cada vez mais escuros de azul para profundidades progressivamente maiores. As linhas entre as cores, chamadas **curvas batimétricas**, ligam os pontos de mesma profundidade.

Utilizando os batímetros ou sonares, os navios de pesquisa varrem o fundo do mar com ondas sonoras para mapear o leito marítimo.

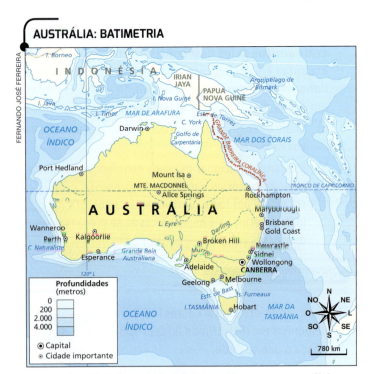

Fonte: FERREIRA, Graça M. L. *Atlas geográfico*: espaço mundial. 4. ed. São Paulo: Moderna, 2013. p. 110.

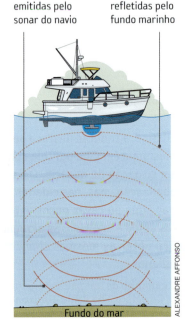

Utilizando os batímetros ou sonares, os navios de pesquisa varrem o fundo do mar com ondas sonoras para mapear o leito marítimo.

ATIVIDADES

1. Imaginando uma situação hipotética, quantos metros o nível do mar deveria baixar para que as terras emersas da Ilha Nova Guiné e da Austrália se unissem?

2. A profundidade aumenta de maneira mais abrupta na costa de Sidnei ou na costa de Port Hedland? Explique como você chegou a essa resposta.

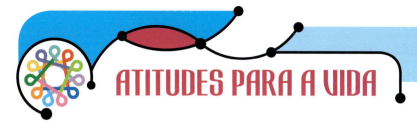

ATITUDES PARA A VIDA

Mudanças na sociedade

"Uma comunidade de mulheres em Kovalam, uma pequena cidade costeira no estado indiano do sul de Kerala, está mudando os limites que a sociedade indiana estabelece para mulheres e meninas. Dirigido pela primeira skatista do país, Atita Verghese, a Girl Skate Índia está em missão de se destacar, conectar e aumentar o número de skatistas femininas e, até agora, tem conseguido um grande reconhecimento internacional.

Em uma conferência [...] Atita Verghese explica como ela foi atraída por este esporte. Ela se apaixonou por andar de *skate* aos 19 anos, quando ainda não tinha o seu próprio. Ela se juntou a um coletivo em Bangalore chamado HolyStoked e decidiu que queria levar mais meninas para praticar o esporte. Na sua opinião, andar de *skate* não só leva as meninas a praticar uma atividade física, mas também ensina perseverança, trabalho em equipe, confiança, equilíbrio, coordenação e resistência, 'coisas que podem ajudar as mulheres a fortalecer a mente e o corpo'.

Em 2013, Atita e seus amigos construíram um parque de *skate* em Bengaluru com a ajuda do coletivo HolyStoked e começaram a ensinar crianças carentes a andarem de *skate*. Ela lançou, posteriormente, a Girl Skate Índia – uma iniciativa para ensinar meninas a patinar, promover a igualdade de gênero na patinação e destacar novas patinadoras na Índia. A Girl Skate Índia [...] visa construir parques de *skate* abertos para patinadores de todos os gêneros."

Essas skatistas estão arrasando na Índia. *Global Voices*, 13 jun. 2017. Disponível em: <https://pt.globalvoices.org/2017/06/13/essas-skatistas-estao-arrasando-na-india/>. Acesso em: 17 jun. 2018.

Atita Verghese, fundadora da Girl Skate Índia, praticando *skate* em Bangalore, 2015.

ATIVIDADES

1. De acordo com o texto, é possível observar a atitude **questionar e levantar problemas** sendo aplicada pela skatista Atita Verghese. Qual foi o principal problema levantado por ela e que a inspirou a desenvolver a Girl Skate Índia?

2. Indique as atitudes para a vida trabalhadas na coleção e que estão presentes no depoimento de Atita Verghese: "andar de *skate* não só leva as meninas a praticar uma atividade física, mas também ensina perseverança, trabalho em equipe, confiança, equilíbrio, coordenação e resistência, 'coisas que podem ajudar as mulheres a fortalecer a mente e o corpo'."

COMPREENDER UM TEXTO

As baleias encalhadas na tradição maori

"Hori Parata conversa com uma baleia morta nas areias de uma praia na Nova Zelândia, como se a recebesse de volta ao lar. 'Ela está retornando ao local onde nasceu', diz ele.

É que as primeiras baleias caminhavam em terra: os biólogos evolucionistas aprenderam isso com os fósseis que mostram um animal terrestre de quatro patas evoluindo gradualmente para um mamífero marinho há cerca de 50 milhões de anos. Parata, de 75 anos, aprendeu com os mais velhos entre os Ngātiwai, tribo maori do norte da Nova Zelândia. [...]

Parata é um gerente de recursos ambientais Ngātiwai e, para ele, uma baleia morta em uma praia não é apenas um trambolho perigoso de odor forte: é um presente do mar.

Nos últimos 21 anos, ele recolheu cerca de 500 baleias mortas e outros cetáceos nas praias da Nova Zelândia. Parata e uma equipe de ajudantes removem a carne, depois limpam os ossos e dentes dos bichos, que distribuem aos grupos maoris. Muitos dos ossos acabam como joias ou cajados esculpidos no estilo distinto e aberto da arte maori, que muitas vezes apresenta figuras humanas ferozes e bonitas, espirais e anzóis.

Esta ação, em inglês chamada de 'flensing', é considerada hoje uma declaração política – uma expressão muito visível da gestão maori do meio ambiente, após gerações de colonos europeus na Nova Zelândia agindo como bem entendessem. A colheita maori de baleias mortas só foi reconhecida como legal a partir de 1998. [...]

Os maoris são grupos descendentes dos povos nativos de territórios da Oceania e vivem atualmente tanto em áreas isoladas quanto nas grandes cidades da Nova Zelândia. Caracterizados pelo ímpeto guerreiro e por estabelecerem uma relação de equilíbrio com a natureza, os maoris resistem para preservar sua organização social, crenças e tradições culturais.

Os valores religiosos, as técnicas pesqueiras e os rituais, como, por exemplo, a **dança haka**, são transmitidos de geração em geração. Assim, os maoris conseguem preservar a memória de seu povo em um momento histórico, marcado pela tendência à homogeneização cultural, característica da globalização.

As razões para encalhar são muitas, desde a confusão causada pela poluição sonora no mar até a simples captura de uma maré veloz. Em muitos casos, ninguém sabe por que uma baleia encalhou. Mas Parata diz que os maoris têm uma explicação.

'Uma baleia doente continua afundando', diz ele. 'Se uma baleia está sozinha, ela vai para a costa, onde pode se deitar na areia com a cabeça para fora da água, para que possa respirar. Nossos anciãos nos dizem que uma das razões pelas quais elas encalham é que, quando estão feridas, têm medo de se afogar'.

Nos tempos pré-europeus, os maoris comiam baleias encalhadas e a proteína era muito bem-vinda. Mas ainda havia algo de importante em um grande encalhe de baleia. Festas eram associadas a funerais e se o deus Tangaroa estava dando uma festa ao povo, isso poderia pressagiar a morte de uma pessoa importante. Quando Parata era criança, ele diz, 'se uma baleia encalhasse na praia, os mais velhos começavam a chorar'."

MARRIS, Emma. Na Nova Zelândia, tradição maori dá às baleias encalhadas uma segunda vida em forma de arte. *Revista National Geographic*. Disponível em: <https://www.nationalgeographicbrasil.com/meio-ambiente/2018/04/na-nova-zelandia-tradicao-maori-da-baleias-encalhadas-uma-segunda-vida-em>. Acesso em: 19 jun. 2018.

Dança haka: dança realizada pelos maoris em cerimoniais com o objetivo de demonstrar a força e a unidade dos guerreiros. É frequentemente realizada pelos jogadores do time de rúgbi da Nova Zelândia durante uma partida.

Cetáceos: espécies de mamíferos aquáticos (em geral, de água salgada); englobam as baleias e os golfinhos.

ATIVIDADES

OBTER INFORMAÇÕES

1. Qual é a função do gerente de recursos ambientais *Ngātiwai*, Hori Parata?

2. De acordo com o texto, por que as baleias encalham nas praias? E de acordo com os maoris?

INTERPRETAR

3. Segundo a tradição maori, por que uma baleia encalhada na praia significa o retorno ao local onde nasceu?

4. Quais objetos são produzidos pelos maoris com os ossos das baleias? Como esses objetos revelam as características do modo de vida desses povos?

REFLETIR

5. Qual é a importância do reconhecimento legal do *flensing* para os povos maoris?

PESQUISAR

6. Assim como os maoris, os povos tradicionais brasileiros têm costumes, memórias, crenças e lendas que demonstram a relação que possuem com a natureza. Pesquise uma dessas marcas culturais e traga o material para um debate em sala de aula.

JOVEM EM FOCO

A adolescência e a família

A adolescência é uma fase da vida em que a maior parte das pessoas experimenta a vontade de ser livre e independente. A independência, porém, é um processo que exige fazer as escolhas adequadas para a própria saúde e bem-estar.

Nas últimas décadas, diversas pesquisas e estudos têm revelado que o fortalecimento dos vínculos familiares contribui para que os jovens e os adolescentes não tenham comportamentos de risco, podendo assim tornarem-se mais rapidamente responsáveis e independentes. Comportamentos de risco são, por exemplo, fumar, ingerir bebidas alcoólicas, usar drogas ou ter uma iniciação sexual precoce ou que coloque em risco a saúde física e mental. Para assegurar que os jovens adquiram autonomia de maneira saudável, é fundamental que os pais e outras pessoas responsáveis estejam atentos às atividades dos jovens e que estabeleçam com eles laços de confiança e diálogo.

Conheça dados de uma pesquisa realizada em 2015 sobre hábitos na família de estudantes do 9º ano de escolas públicas e particulares do Brasil.

BRASIL: HÁBITOS FAMILIARES DOS ESTUDANTES DE 9º ANO – 2015	
Hábito familiar	**Porcentagem de alunos**
Estudantes cujos pais ou responsáveis sabiam o que eles faziam durante o tempo livre.	80,4%
Estudantes que fizeram pelo menos uma refeição por dia na semana com um responsável.	74,0%
Estudantes cujos pais ou responsáveis verificaram se fizeram o dever de casa.	56,6%
Estudantes cujos responsáveis entenderam seus problemas e preocupações.	66,6%

Fonte: IBGE. *Pesquisa Nacional de Saúde do Escolar 2015*. Rio de Janeiro: IBGE (Diretoria de Pesquisas, Coordenação de População e Indicadores Sociais), 2016. Disponível em: <https://biblioteca.ibge.gov.br/visualizacao/livros/liv97870.pdf>. Acesso em: 7 jul. 2018.

Com ajuda do professor, elaborem na lousa uma tabela com os quatro hábitos preventivos de comportamento de risco da tabela. Deixem uma célula vazia ao lado de cada hábito. Depois, contem quantos alunos da sala têm em suas famílias os hábitos listados e completem o quadro da lousa.

Em seguida, organizem uma roda de conversa para discutir o assunto a partir das perguntas a seguir.

1. Que hábitos preventivos de comportamentos de risco entre os jovens estão mais presentes na família dos alunos?
2. Na opinião do grupo, de que forma cada um dos hábitos citados na pesquisa pode contribuir para a saúde e o desenvolvimento da autonomia de cada adolescente?
3. Pela experiência pessoal de cada um de vocês, algum desses hábitos contribui para que vocês se sintam menos propensos a ter um comportamento de risco? Se sim, por quê?
4. Os alunos entendem que possuem uma relação de diálogo e confiança com os pais e responsáveis? Se não, o que poderia ser feito para que a relação melhorasse?

Depois do debate, reflitam sobre os hábitos familiares que poderiam contribuir para que cada aluno estivesse menos sujeito a ter comportamentos de risco. Vocês podem partir dos hábitos abordados na pesquisa e acrescentar outros a partir da vivência pessoal e do grupo de alunos.

Ao final, construam uma resposta coletiva para a seguinte pergunta:

Que hábitos familiares, nós, adolescentes, podemos desenvolver com nossos pais ou responsáveis para criar uma relação de maior diálogo e confiança?

REFERÊNCIAS BIBLIOGRÁFICAS

BONIFACE, Pascal; VÉDRINE, Hubert. *Atlas do mundo global*. São Paulo: Estação Liberdade, 2009.

BOST, François (Org.). *Images économiques du monde 2013*: géoéconomie-géopolitique. Paris: Armand Colin, 2012.

BOURGEAT, S.; BRAS, C. (Org.). *Histoire et géographie*: travaux dirigés. Paris: Hatier, 2008.

CHARLIER, Jacques (Org.). *Atlas du 21ᵉ siècle*. Paris: Nathan, 2011.

China National Human Development Report 2013. Beijing: China Translation and Publishing Corporation, 2013.

DE AGOSTINI. *Calendario Atlante De Agostini 2015*. Novara: Istituto Geografico De Agostini, 2014.

DIAS, Reinaldo. *Relações internacionais*: introdução ao estudo da sociedade internacional global. São Paulo: Atlas, 2010.

El atlas geopolítico de China. Valência: Fondación Mondiplo, 2013.

EUROSTAT. *Agriculture, fishery and forestry statistics*: main results – 2010-11. Luxemburgo: Eurostat, 2012.

FAIRBANK, J. K.; GOLDMAN, M. *China*: uma nova história. Porto Alegre: L&PM, 2007.

FERREIRA, Graça M. L. *Atlas geográfico*: espaço mundial. 4. ed. São Paulo: Moderna, 2013.

_____. *Moderno atlas geográfico*. 6. ed. São Paulo: Moderna, 2016.

IBGE. *Atlas geográfico escolar*. 7. ed. Rio de Janeiro: IBGE, 2016.

IEA. *Key World Energy Statistics 2017*. OECD/IEA: Paris, 2017.

KAPLAN, Robert D. *A vingança da Geografia*: a construção do mundo geopolítico a partir da perspectiva geográfica. Rio de Janeiro: Campus, 2013.

LACOSTE, Yves. *A Geografia*: isso serve, em primeiro lugar, para fazer a guerra. 6. ed. Campinas: Papirus, 2002.

LE MONDE DIPLOMATIQUE. *Atlas du Monde Diplomatique*. Paris: Armand Colin, 2011.

_____. *Atlas histórico de Le Monde Diplomatique*. Valência: Cybermonde, 2011.

_____. *El atlas geopolítico 2010*. Le Monde Diplomatique en español. Valência: Cybermonde, 2009.

_____. *L'atlas du Monde Diplomatique 2012*. Paris: Armand Colin, 2011.

LUHR, James (Org.). *Earth*. Londres: Dorling and Kindersley, 2004.

MAGNOLI, Demétrio. *Relações internacionais*: teoria e história. 2. ed. São Paulo: Saraiva, 2013.

MEHTA, Suketu. *Bombaim*: cidade máxima. São Paulo: Companhia das Letras, 2011.

MITTER, Rana. *China moderna*. Porto Alegre: L&PM, 2011.

OLIC, Nelson Bacic; CANEPA, Beatriz. *Oriente Médio*: uma região de tensões e conflitos. São Paulo: Moderna, 2012.

OLIVIER, J. G. J.; JANSSENS-MAENHOUT, G.; PETERS, J. A. H. W. *Trends in global CO_2 emissions*: 2012 Report. Haia: PBL Publishers, 2012.

OMT. *Panorama OMT del turismo mundial*. Madri: OMT, 2017.

ONU. *World Urbanization Prospects*: The 2011 Revision – Highlights. Nova York: ONU, 2011.

_____. *International Migration Report 2017*. Nova York: ONU, 2017.

PNUD. *Relatório do desenvolvimento humano 2015*. Nova York: Pnud, 2015.

PORTO-GONÇALVES, Carlos Walter. *A globalização da natureza e a natureza da globalização*. Rio de Janeiro: Civilização Brasileira, 2006.

POWER, Samantha. *O homem que queria salvar o mundo*: uma biografia de Sergio Vieira de Mello. São Paulo: Companhia das Letras, 2008.

RIBEIRO, Wagner Costa. *Geografia política da água*. São Paulo: Annablume, 2008.

SANTOS, Milton; SILVEIRA, María Laura. *O Brasil*: território e sociedade no início do século XXI. 10. ed. Rio de Janeiro: Record, 2008.

SMITH, Dan. *Atlas dos conflitos mundiais*. São Paulo: Companhia Editora Nacional, 2007.

TEIXEIRA, W.; TOLEDO, M. C. M.; FAIRCHILD, T. R.; TAIOLI, F. (Org.). *Decifrando a Terra*. São Paulo: Oficina de Textos, 2001.

UNWTO. *Tourism Highlights*. Madri: World Tourism Organization, 2013.

VESENTINI, José Willian. *Novas geopolíticas*. São Paulo: Contexto, 2000.

VISENTINI, Paulo G. Fagundes. *O dragão chinês e os tigres asiáticos*. Porto Alegre: Leitura XXI, 2000.

_____. *O grande Oriente Médio*: da descolonização à Primavera Árabe. Rio de Janeiro: Campus, 2014.

_____. *Relações diplomáticas da Ásia*. Belo Horizonte: Fino Traço, 2012.

WORLD BANK. *Atlas of global development*. 4. ed. Glasgow: HarperCollins/World Bank, 2013.

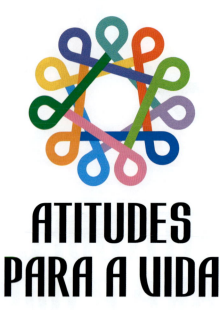

ATITUDES PARA A VIDA

As *Atitudes para a vida* são comportamentos que nos ajudam a resolver as tarefas que surgem todos os dias, desde as mais simples até as mais desafiadoras. São comportamentos de pessoas capazes de resolver problemas, de tomar decisões conscientes, de fazer as perguntas certas, de se relacionar bem com os outros e de pensar de forma criativa e inovadora.

As atividades que apresentamos a seguir vão ajudá-lo a estudar os conteúdos e a resolver as atividades deste livro, incluindo as que parecem difíceis demais em um primeiro momento.

Toda tarefa pode ser uma grande aventura!

PERSISTIR

Muitas pessoas confundem persistência com insistência, que significa ficar tentando e tentando e tentando, sem desistir. Mas persistência não é isso! Persistir significa buscar estratégias diferentes para conquistar um objetivo.

Antes de desistir por achar que não consegue completar uma tarefa, que tal tentar outra alternativa?

Algumas pessoas acham que atletas, estudantes e profissionais bem-sucedidos nasceram com um talento natural ou com a habilidade necessária para vencer. Ora, ninguém nasce um craque no futebol ou fazendo cálculos ou sabendo tomar todas as decisões certas. O sucesso muitas vezes só vem depois de muitos erros e muitas derrotas. A maioria dos casos de sucesso é resultado de foco e esforço.

Se uma forma não funcionar, busque outro caminho. Você vai perceber que desenvolver estratégias diferentes para resolver um desafio vai ajudá-lo a atingir os seus objetivos.

CONTROLAR A IMPULSIVIDADE

Quando nos fazem uma pergunta ou colocam um problema para resolver, é comum darmos a primeira resposta que vem à cabeça. Comum, mas imprudente.

Para diminuir a chance de erros e de frustrações, antes de agir devemos considerar as alternativas e as consequências das diferentes formas de chegar à resposta. Devemos coletar informações, refletir sobre a resposta que queremos dar, entender bem as indicações de uma atividade e ouvir pontos de vista diferentes dos nossos.

Essas atitudes também nos ajudarão a controlar aquele impulso de desistir ou de fazer qualquer outra coisa para não termos que resolver o problema naquele momento. Controlar a impulsividade nos permite formar uma ideia do todo antes de começar, diminuindo os resultados inesperados ao longo do caminho.

ESCUTAR OS OUTROS COM ATENÇÃO E EMPATIA

Você já percebeu o quanto pode aprender quando presta atenção ao que uma pessoa diz? Às vezes recebemos importantes dicas para resolver alguma questão. Outras vezes, temos grandes ideias quando ouvimos alguém ou notamos uma atitude ou um aspecto do seu comportamento que não teríamos percebido se não estivéssemos atentos.

Escutar os outros com atenção significa manter-nos atentos ao que a pessoa está falando, sem estar apenas esperando que pare de falar para que possamos dar a nossa opinião. E empatia significa perceber o outro, colocar-nos no seu lugar, procurando entender de verdade o que está sentindo ou por que pensa de determinada maneira.

Podemos aprender muito quando realmente escutamos uma pessoa. Além do mais, para nos relacionar bem com os outros — e sabemos o quanto isso é importante —, precisamos prestar atenção aos seus sentimentos e às suas opiniões, como gostamos que façam conosco.

PENSAR COM FLEXIBILIDADE

Você conhece alguém que tem dificuldade de considerar diferentes pontos de vista? Ou alguém que acha que a própria forma de pensar é a melhor ou a única que existe? Essas pessoas têm dificuldade de pensar de maneira flexível, de se adaptar a novas situações e de aprender com os outros.

Quanto maior for a sua capacidade de ajustar o seu pensamento e mudar de opinião à medida que recebe uma nova informação, mais facilidade você terá para lidar com situações inesperadas ou problemas que poderiam ser, de outra forma, difíceis de resolver.

Pensadores flexíveis têm a capacidade de enxergar o todo, ou seja, têm uma visão ampla da situação e, por isso, não precisam ter todas as informações para entender ou solucionar uma questão. Pessoas que pensam com flexibilidade conhecem muitas formas diferentes de resolver problemas.

ESFORÇAR-SE POR EXATIDÃO E PRECISÃO

Para que o nosso trabalho seja respeitado, é importante demonstrar compromisso com a qualidade do que fazemos. Isso significa conhecer os pontos que devemos seguir, coletar os dados necessários para oferecer a informação correta, revisar o que fazemos e cuidar da aparência do que apresentamos.

Não basta responder corretamente; é preciso comunicar essa resposta de forma que quem vai receber e até avaliar o nosso trabalho não apenas seja capaz de entendê-lo, mas também que se sinta interessado em saber o que temos a dizer.

Quanto mais estudamos um tema e nos dedicamos a superar as nossas capacidades, mais dominamos o assunto e, consequentemente, mais seguros nos sentimos em relação ao que produzimos.

QUESTIONAR E LEVANTAR PROBLEMAS

Não são as respostas que movem o mundo, são as perguntas.

Só podemos inovar ou mudar o rumo da nossa vida quando percebemos os padrões, as incongruências, os fenômenos ao nosso redor e buscamos os seus porquês.

E não precisa ser um gênio para isso, não! As pequenas conquistas que levaram a grandes avanços foram — e continuam sendo — feitas por pessoas de todas as épocas, todos os lugares, todas as crenças, os gêneros, as cores e as culturas. Pessoas como você, que olharam para o lado ou para o céu, ouviram uma história ou prestaram atenção em alguém, perceberam algo diferente, ou sempre igual, na sua vida e fizeram perguntas do tipo "Por que será?" ou "E se fosse diferente?".

Como a vida começou? E se a Terra não fosse o centro do universo? E se houvesse outras terras do outro lado do oceano? Por que as mulheres não podiam votar? E se o petróleo acabasse? E se as pessoas pudessem voar? Como será a Lua?

E se...? (Olhe ao seu redor e termine a pergunta!)

Atitudes para a vida | V

APLICAR CONHECIMENTOS PRÉVIOS A NOVAS SITUAÇÕES

Esta é a grande função do estudo e da aprendizagem: sermos capazes de aplicar o que sabemos fora da sala de aula. E isso não depende apenas do seu livro, da sua escola ou do seu professor; depende da sua atitude também!

Você deve buscar relacionar o que vê, lê e ouve aos conhecimentos que já tem. Todos nós aprendemos com a experiência, mas nem todos percebem isso com tanta facilidade.

Devemos usar os conhecimentos e as experiências que vamos adquirindo dentro e fora da escola como fontes de dados para apoiar as nossas ideias, para prever, entender e explicar teorias ou etapas para resolver cada novo desafio.

PENSAR E COMUNICAR-SE COM CLAREZA

Pensamento e comunicação são inseparáveis. Quando as ideias estão claras em nossa mente, podemos nos comunicar com clareza, ou seja, as pessoas nos entendem melhor.

Por isso, é importante empregar os termos corretos e mais adequados sobre um assunto, evitando generalizações, omissões ou distorções de informação. Também devemos reforçar o que afirmamos com explicações, comparações, analogias e dados.

A preocupação com a comunicação clara, que começa na organização do nosso pensamento, aumenta a nossa habilidade de fazer críticas tanto sobre o que lemos, vemos ou ouvimos quanto em relação às falhas na nossa própria compreensão, e poder, assim, corrigi-las. Esse conhecimento é a base para uma ação segura e consciente.

IMAGINAR, CRIAR E INOVAR

Tente de outra maneira! Construa ideias com fluência e originalidade!

Todos nós temos a capacidade de criar novas e engenhosas soluções, técnicas e produtos. Basta desenvolver nossa capacidade criativa.

Pessoas criativas procuram soluções de maneiras distintas. Examinam possibilidades alternativas por todos os diferentes ângulos. Usam analogias e metáforas, se colocam em papéis diferentes.

Atitudes para a vida

Ser criativo é não ser avesso a assumir riscos. É estar atento a desvios de rota, aberto a ouvir críticas. Mais do que isso, é buscar ativamente a opinião e o ponto de vista do outro. Pessoas criativas não aceitam o *status quo*, estão sempre buscando mais fluência, simplicidade, habilidade, perfeição, harmonia e equilíbrio.

ASSUMIR RISCOS COM RESPONSABILIDADE

Todos nós conhecemos pessoas que têm medo de tentar algo diferente. Às vezes, nós mesmos acabamos escolhendo a opção mais fácil por medo de errar ou de parecer tolos, não é mesmo? Sabe o que nos falta nesses momentos? Informação!

Tentar um caminho diferente pode ser muito enriquecedor. Para isso, é importante pesquisar sobre os resultados possíveis ou os mais prováveis de uma decisão e avaliar as suas consequências, ou seja, os seus impactos na nossa vida e na de outras pessoas.

Informar-nos sobre as possibilidades e as consequências de uma escolha reduz a chance do "inesperado" e nos deixa mais seguros e confiantes para fazer algo novo e, assim, explorar as nossas capacidades.

PENSAR DE MANEIRA INTERDEPENDENTE

Nós somos seres sociais. Formamos grupos e comunidades, gostamos de ouvir e ser ouvidos, buscamos reciprocidade em nossas relações. Pessoas mais abertas a se relacionar com os outros sabem que juntos somos mais fortes e capazes.

Estabelecer conexões com os colegas para debater ideias e resolver problemas em conjunto é muito importante, pois desenvolvemos a capacidade de escutar, empatizar, analisar ideias e chegar a um consenso. Ter compaixão, altruísmo e demonstrar apoio aos esforços do grupo são características de pessoas mais cooperativas e eficazes.

Estes são 11 dos 16 Hábitos da mente descritos pelos autores Arthur L. Costa e Bena Kallick em seu livro *Learning and leading with habits of mind*: 16 characteristics for success.

Acesse http://www.moderna.com.br/araribaplus para conhecer mais sobre as *Atitudes para a vida*.

Atitudes para a vida | VII

CHECKLIST PARA MONITORAR O SEU DESEMPENHO

Reproduza para cada mês de estudo o quadro abaixo. Preencha-o ao final de cada mês para avaliar o seu desempenho na aplicação das *Atitudes para a vida*, para cumprir as suas tarefas nesta disciplina. Em *Observações pessoais*, faça anotações e sugestões de atitudes a serem tomadas para melhorar o seu desempenho no mês seguinte.

Classifique o seu desempenho de 1 a 10, sendo 1 o nível mais fraco de desempenho, e 10, o domínio das *Atitudes para a vida*.

Atitudes para a vida	Neste mês eu...	Desempenho	Observações pessoais
Persistir	Não desisti. Busquei alternativas para resolver as questões quando as tentativas anteriores não deram certo.		
Controlar a impulsividade	Pensei antes de dar uma resposta qualquer. Refleti sobre os caminhos a escolher para cumprir minhas tarefas.		
Escutar os outros com atenção e empatia	Levei em conta as opiniões e os sentimentos dos demais para resolver as tarefas.		
Pensar com flexibilidade	Considerei diferentes possibilidades para chegar às respostas.		
Esforçar-se por exatidão e precisão	Conferi os dados, revisei as informações e cuidei da apresentação estética dos meus trabalhos.		
Questionar e levantar problemas	Fiquei atento ao meu redor, de olhos e ouvidos abertos. Questionei o que não entendi e busquei problemas para resolver.		
Aplicar conhecimentos prévios a novas situações	Usei o que já sabia para me ajudar a resolver problemas novos. Associei as novas informações a conhecimentos que eu havia adquirido de situações anteriores.		
Pensar e comunicar-se com clareza	Organizei meus pensamentos e me comuniquei com clareza, usando os termos e os dados adequados. Procurei dar exemplos para facilitar as minhas explicações.		
Imaginar, criar e inovar	Pensei fora da caixa, assumi riscos, ouvi críticas e aprendi com elas. Tentei de outra maneira.		
Assumir riscos com responsabilidade	Quando tive de fazer algo novo, busquei informação sobre possíveis consequências para tomar decisões com mais segurança.		
Pensar de maneira interdependente	Trabalhei junto. Aprendi com ideias diferentes e participei de discussões.		